高等职业教育烹调工艺与营养专业系列教材

西餐工艺学

主　编　薛　伟

副主编　唐　进　许　磊

重庆大学出版社

内容提要

本书为高等职业教育烹调工艺与营养专业系列教材，也是江苏联合职业技术学院烹调工艺与营养专业院本教材。全书根据五年制高职烹调工艺与营养专业学生的特点，理论与实际相结合，全面介绍了西餐概述、西餐厨房管理、西餐常用原料、原料加工工艺、西餐烹调工艺、西餐冷菜工艺、西餐制汤工艺、西餐调味工艺、西餐烹调表演、西餐菜单设计、西餐席间服务、西餐礼仪、中西饮食比较、西餐营销策略等内容。

本书为职业院校烹调工艺与营养专业教材，也可作为烹饪行业从业人员培训用书。

图书在版编目(CIP)数据

西餐工艺学 / 薛伟主编. -- 重庆: 重庆大学出版社，2019.8 (2022.7重印)
高等职业教育烹调工艺与营养专业系列教材
ISBN 978-7-5689-1190-0

Ⅰ. ①西… Ⅱ. ①薛… Ⅲ. ①西式菜肴—烹饪—高等职业教育—教材 Ⅳ. ①TS972.118

中国版本图书馆CIP数据核字(2018)第145220号

高等职业教育烹调工艺与营养专业系列教材
西餐工艺学
主　编　薛　伟
副主编　唐　进　许　磊
策划编辑：顾丽萍
责任编辑：杨　敬　王　倩　　版式设计：顾丽萍
责任校对：万清菊　　责任印制：张　策
*
重庆大学出版社出版发行
出版人：饶帮华
社址：重庆市沙坪坝区大学城西路21号
邮编：401331
电话：(023) 88617190　88617185(中小学)
传真：(023) 88617186　88617166
网址：http://www.cqup.com.cn
邮箱：fxk@cqup.com.cn(营销中心)
全国新华书店经销
重庆俊蒲印务有限公司印刷
*
开本：787mm×1092mm　1/16　印张：18　字数：451千
2020年1月第1版　2022年7月第2次印刷
印数：3 001—5 000
ISBN 978-7-5689-1190-0　定价：59.50元

PREFACE 前言

西餐是我国人民对欧美各国菜肴的总称，有着悠久的历史和文化。现代西餐以传统制作为基础，融入了世界各地的原料和餐饮工艺，形成了不同的菜系和特色。当今由于文化、信息和技术的交流，交通运输的发展及计算机网络的使用，西餐已经成为世界人民所喜爱的菜肴流派。目前，随着我国经济的增长、饭店业的发展，我国的西餐业取得了飞跃的发展。

为了适应经济发展以及餐饮市场的迫切需要，我们编写了本书。通过本书，读者能够比较系统地掌握西餐的基本理论和操作知识。本书对西餐文化与历史、生产与营销等知识进行了详尽的介绍，同时进一步突出了新颖实用的特色，力求理论联系实际，深入浅出，循序渐进。综合来看，本书具有以下鲜明的特点。

第一，本书结合最前沿的理论和实践，介绍了西餐发展史、西餐主要菜系以及现代西餐生产、菜单设计、营销策略、服务规范等管理知识。

第二，本书以理论为主线，强调实践操作。西餐工艺学是一门实践性较强的学科，尤其强调操作技能和实践经验。本书注重西餐工艺的这种特性，介绍了多种西餐制作工艺。此外，与其他只偏重操作的西餐书籍不同，本书在注重操作的同时，也没有忽视理论的重要性。

第三，本书在编写中力图文字简洁通畅，易读好懂，便于读者学习。

本书既可作为职业院校烹调工艺与营养专业、饭店管理和餐饮管理专业的教科书，也可作为饭店业和西餐业管理人员的学习手册。本书由江苏旅游职业学院薛伟担任主编，江苏省徐州技师学院唐进和江苏旅游职业学院许磊担任副主编，江苏旅游职业学院许文广、江苏省射阳中等专业学校吴利利、扬州旅游商贸学校许振兴、江苏省徐州技师学院许二栋、江苏省昆山第一中等专业学校杜官郎、苏州旅游与财经高等职业技术学校毛恒杰、镇江高等职业技术学校庄惠、江苏省淮阴商业学校蔡伟、江苏省宿迁技师学院唐敏、常州旅游商贸高等职业技术学校王东等老师参与编写，同时也感谢扬州大学朱云龙教授、李祥睿老师，扬州迎宾馆行政总厨陶晓东对教材编写工作的大力支持。

由于作者水平有限，本书难免有不足之处，恳请广大读者予以批评指正。

编　者

2019年8月

目 录

单元1 西餐概述

单元2 西餐厨房管理

单元3 西餐常用原料

单元4 原料加工工艺

单元5 西餐烹调工艺

目录

CONTENTS

CONTENTS

目录

单元1 西餐概述

【知识目标】

1. 了解西餐的概念；
2. 掌握西餐工艺的主要特点；
3. 了解西方各国餐饮概况。

【能力目标】

1. 能够简述西餐的形成与发展过程；
2. 能够阐述西餐工艺技术的特点。

随着改革开放日益深入，西餐已经成为全国城市餐饮消费的重要组成部分。西餐以其浓厚的地域特色，别具一格的风味流派，独特的菜品口味，讲究的饭桌服务和用餐礼仪，悠闲典雅的就餐环境，丰富多彩的饮食文化，给中国消费者提供了一种与中国传统饮食完全不同的享受。目前西餐业出现了快速发展趋势，并迅速成为一个新兴餐饮产业，在餐饮经济发展中发挥着重要作用。通过本单元学习，可了解西餐的概念及发展概况、西餐工艺的主要特点、西方各国餐饮概况等内容。

任务1　西餐的概念及发展概况

1.1.1　西餐的概念

西餐是东方国家和地区的人们对西方各国菜点及其餐饮的统称。“西方”原意是指在地球上阳光出现较晚的地区，习惯上我们把欧洲及以欧洲移民为主的北美洲、南美洲和大洋洲的广大地域泛指为西方，并把这些地区的菜点及其餐饮称为西餐。其实西方人自己并无明确的“西餐”概念，法国人认为他们做的是法国菜，英国人则认为他们做的是英国菜。

就西方各国而言，由于地理位置距离较近，在历史上又曾多次出现过民族大迁徙，文化早已相互渗透、相互融合，尤其是其餐饮文化彼此间有很多共同之处。中世纪罗马时代形成的饮食习惯、饮食品种、餐饮形式、饮食禁忌、进餐习俗等也表现出了相当多的共性。由于东方人在刚开始接触西方各国餐饮文化时还分不清什么是法国菜、意大利菜和英国菜，故而就把这些看起来大体相同，而又与东方餐饮文化迥异的西方各国餐饮统称为西餐。近代，随着东西方文化的不断撞击、渗透与交融，“西餐”作为一个笼统的概念逐渐趋于淡化，但西方餐饮文化作为一个整体概念还会继续存在。

1.1.2　西餐的发展概况

了解西餐发展的历史，有利于我们更好地掌握西餐专业技术知识，了解现代烹饪技术不断发展提高的过程，有利于在未来更进一步将西餐技艺运用到实践中去，不断创新。

1）传统西餐和现代西餐的起源

西方餐饮的发展与整个西方文明史的发展是密不可分的。西方文明最早是在地中海沿岸地区发展起来的。公元前3100年，地中海南岸的埃及形成了统一的国家，创造了灿烂的古埃及文明。据史料记载，埃及宫廷的饮食已十分丰富。

大约公元前2000年，古希腊的克里特岛出现了奴隶制国家，随后爱琴海诸岛及爱奥尼亚群岛的古希腊人逐渐汲取了埃及和西亚的先进文化，创造了欧洲古老的爱琴海文化。

到公元前5世纪，在古希腊的属地西西里岛上，已出现了高度发展的烹饪文化。煎、炸、烤、焖、蒸、煮、炙、熏等多种烹调方法均已出现并被广泛应用，技术高超的厨师得到社会的尊敬。

古罗马的烹饪较为落后，后来受到希腊文化的影响，逐渐受到重视，并得到了迅速的发展。当时，古罗马宫廷膳房分工很细，由面包、菜肴、果品、葡萄酒4个专业部分组成，厨师总管的等级与贵族大臣相当。古罗马时期，复合调味品的研发运用较为广泛，多达数十种，古罗马人还制作了最早的奶酪蛋糕。这一时期的餐饮文化后来影响了大半个欧洲，被誉为“欧洲大陆烹饪之始祖”。

罗马帝国灭亡后，整个欧洲进入“黑暗的中世纪”阶段，在此阶段大约1 000年的时间内，欧洲大部分地区的餐饮文明和其他文明一样发展得比较缓慢，直到进入欧洲文艺复兴时期，餐饮文化才得以进一步发展，各种名菜、甜点不断涌现，驰名世界的意大利空心粉就是此时出现的。到公元17世纪左右，餐桌上出现了切割食物的刀、叉等餐具，结束了用手抓食的进餐方法。18—19世纪，随着西方工业革命和自然科学的进步和发展，西方餐饮文化也发展到一个崭新阶段，瓷器餐具被普遍应用，先进的炊具和餐具不断涌现，各种精美的餐具令人目不暇接，社会上也涌现出大量的饭店和餐厅，形成了高度发达的餐饮文明。

20世纪是西方餐饮文化发展的鼎盛时期。一方面，上层社会豪华奢侈的生活反映到西餐的制作上；另一方面，西餐也朝着个性化、多样化的方向发展，品种更加丰富多彩。同时，西餐开始从作坊式的生产步入现代化的工业生产，并逐渐形成了一个完整的体系。西餐的发展与社会生产力的发展密不可分，它经历了一个从简单到复杂的过程，更经历了一个从自然发展到相对科学化、标准化发展的历程。

2）当代西餐的发展

现今的西餐工艺已发生了翻天覆地的变化，我们吃的西餐菜肴也因现代厨师们的创新和改革而发生了变化。对厨艺和菜肴的简化和改良工作在不断地进行，使西餐不断地适应现代人的口味和现实条件，也使得饮食服务业不断地发生着变化。

（1）新设备的发展

现今厨房中的常用设备如煤气灶、电烤箱、冰箱等，都被看作理所当然的必备物品，但其实它们也是最近才出现的。它们使食物的热量容易控制，而自动化的刀具、搅拌器以及其他一些加工设备使食品生产制作变得越来越简单。

现代科技研究的发展还在制造着更为先进的厨房设备。有些设备专业化程度很高，只适用于特殊性质的工作，且要受到工作量的限制。

现代化设备改变了许多食品的加工制作方法，先进的冷却、冷冻和加热设备可以使准备工作的效率大大提高，只需在一个大的加工场地就可以为多个单位准备好所需要的全部

食品，并且可以按单位分别进行包装、冷冻冷藏、加热和烹调处理，这就是21世纪有极大发展潜力的厨房工业。

（2）新的饮食产品的开发和应用

现代化的冷冻设备、快捷的运输使我们的饮食习惯发生了巨大的变革。我们可以全年不分季节地吃到各种新鲜蔬菜、瓜果和鱼肉，来自异域的各式美味佳肴也可以以最快的速度出现在我们的餐桌上。

各种保鲜技术的发展，如速冻、罐装、干冻、真空包、放射性处理等，将越来越多的新鲜食品提供给人们，使越来越多的人能买得起、吃得起原本珍稀昂贵的食品。

食品保鲜技术的发展还产生了另外一种影响，那就是使食品的准备加工过程大大缩短，而且可以不在饮食服务的场所进行，方便食品由此应运而生。目前方便食品在食品市场的销售量日趋增加。

一些厨师把方便食品和现代化的厨具设备看作一种威胁，他们害怕这些产品最终会威胁到他们的生存，因为所有的食品都可以预先准备好，或由机器来处理，没有必要再用技术熟练的厨师或专业人员了。但事实并非如此，即使是方便食品也需要专门的技术和知识才能妥善处理。食品的质量在很大程度上依赖于厨师的处理技巧，而且许多新产品、新设备所能做的只是一些不需要特别技术的工作，如削土豆皮或做菜泥等，这样就把厨师们从繁重的劳动中解脱出来，使得他们有更多的时间去做技巧性强的工作。

（3）卫生和营养问题日益受到关注

微生物学和营养学的发展对餐饮业产生了巨大的影响。100年前人们对营养学、对食物中毒和食物受损害的原因还知之甚微，对食物的处理也经历了漫长的探索和实践过程。时至今日，营养学已成为厨师们的一门必修课，同时顾客们对相关知识的了解也越来越多，因而对饮食的要求也越来越高。人们不再只满足于吃饱，更追求健康、平衡的饮食方式。

（4）现代烹饪方式

以上所有发展都在改变着人们的饮食习惯和烹调特点。持续了数百年的西餐革命依然在继续着，这些变化的发生不仅仅在于科技的进步，还在于人们对传统西餐的反思。

从西餐发展的历史来看，有两种因素决定着传统烹饪的变化，一种是人们对简单的就餐方式的追求。人们对饮食不再追求奢华繁杂的形式，而是讲究简朴，要求食品自然和新鲜。另一种因素是人们更注重厨师个人的创造才能，注重个人嗜好，喜好更多样化的展示形式和制作工艺。这两个因素都是合理的、健康的，正是在它们的作用下，西餐艺术才会有今天这样的创新发展和蓬勃生机。

近代史为我们提供了佐证，在20世纪60年代末到70年代初，法国的厨师摒弃了口味厚腻、制作烦琐的传统烹饪方式，开创了一种新型西餐方式，称为新式西餐。他们改变了许多传统的配料原则，即用调味品加面粉制成浓稠的沙司，转而追求简洁的风格，使用天然调味品来缩短烹调时间。然而，这种新式的烹饪方式很快变得豪华而且制作烦琐，变成了以新奇的食品、奢华的装饰及设计而著称的烹饪方式。到了20世纪80年代，有人开始说新式烹饪已经消亡。

新式西餐的最大成就在于它取代了传统西餐，同时也使人们忘记了许多过度烦琐的细节。

北美传统菜和地方特色菜都是移民们从欧洲大陆带来的烹调作品，结合当地富饶土地上的土特产品而形成。传统美式西餐给食客的印象是食谱单调、口味一般，可是近年来，美式西餐却成了时尚，几乎每一道地方特色菜都堪称经典之作。当然各国都有其独特的菜肴，有好有坏。不管怎样，无论是法国菜还是美国菜，每一道特色风味菜都必须由技术熟练、基本功扎实的厨师完成。

日益发展的餐饮业为广大厨师提供了施展才华的广阔天地。科技仍将给世界带来变化，我们需要的依然是那些敢于挑战并能适应不断变化形势的有志、有识之士。毋庸置疑，生产自动化和方便食品在人们生活中的地位日渐提高，但不要忘记人们永远需要那些想象力丰富的厨师来为他们创造新佳肴、开发新技术，人们永远需要技术娴熟的厨师融合烹调技巧，制作高品质的食品，供其享用。

1.1.3 西餐在中国的传播和发展

西餐在我国有着悠久的历史，它是伴随着我国人民和世界各民族人民的交往而传入的。西餐在中国的传播和发展，大致经历了以下几个阶段。

1）17 世纪中叶至辛亥革命前

西餐在我国开始萌芽可以追溯到17世纪中叶。当时西欧一些国家开始出现资本主义。一些商人为了寻找市场，陆续来到我国广州等沿海地区通商，一些西方传教士和外交官也不断到我国内地传播西方文化。由于生活上的习惯，他们同时也将西餐技艺带到了中国。到了清代，尤其是鸦片战争以后，进入我国的西方人越来越多，西餐烹调技术在中国得到了进一步传播。到清朝光绪年间，在外国人较多的上海、北京、广州、天津等地，开始出现由中国人自己开设的西餐馆（当时称为“番菜馆”）以及咖啡厅、面包房等，从此，我国有了西餐行业。据清末史料记载，最早的番菜馆是上海福州路的“一品香”，随后“海天香”“一家春”“江南春”等多家番菜馆也在上海开业。北京的西餐行业始于光绪年间，以“醉琼林”“裕珍园”为代表。

2）辛亥革命后至 1949 年前

辛亥革命以后，我国处于军阀混战的半殖民地半封建社会。各饭店、酒楼、西餐馆等成为军政头目、洋人、买办、豪门贵族交际享乐的场所，每日宾客如云，西餐业在这种形势下，很快便发展起来。从20世纪20年代起，上海又出现了几家大型的西式饭店，如礼查饭店（现浦江饭店）、汇中饭店（现和平饭店南楼）、大华饭店等。进入30年代，又有国际饭店、华懋饭店、上海大厦、成都饭店等大饭店相继开业。天津、广州等地也陆续新开了许多西式饭店。这些大型饭店所经营的西餐大都自成体系，但不外乎英、法、意、俄、德、美式菜肴，有的民间餐馆也经营带有中国味的“番菜”及家庭式西餐。这些西餐饭店的开业，在中国上层官僚、商人以及知识分子中掀起了一股吃西餐的热潮。享用西餐，似乎成为上层社会追求西方文化和物质文明的一种标记，此时期是西餐在中国传播和发展最快的时期。

3）1949 年后至十一届三中全会前

在我国，西餐几经盛衰。至1949年前夕，由于连年战乱，西餐业已濒临绝境，从业人员所剩无几。1949年后，随着与世界各国的友好往来日益增多，我国又陆续建起了一些经营西餐的餐厅、饭店，如北京的北京饭店、和平宾馆、友谊宾馆、新侨饭店、莫斯科餐厅等都设有西餐厅。由于当时我国与以苏联为首的东欧国家交往密切，因此，20世纪50年代和60年代，我国的西餐以俄式菜发展较快。到70年代，西餐在我国城市餐饮市场已占有一定地位，几乎所有中等以上的城市，甚至在沿海地区的县城都有数量不等的西餐馆。

4）十一届三中全会以后

十一届三中全会后，随着我国对外开放政策的实施、经济的发展、旅游业的崛起，西餐在我国进入了一个新的发展时期。20世纪80年代后，北京、上海、广州等地相继兴建了一批设备齐全的现代化饭店，世界上著名的希尔顿、喜来登、假日饭店等饭店集团也相继在中国设立了连锁店。这些饭店的兴起，引进了新设备，带来了新技术、新工艺，使西餐在我国得到了迅速发展，菜系也出现了以法式菜为主，英、美、俄等菜式全面发展的格局。此外，随着麦当劳、肯德基等著名西式快餐企业相继在中国落户，西餐在我国的普及也进一步加速。如今，西餐越来越为人们所了解，它以丰富的营养、绚丽奇特的风味、浓烈的异国情调，越来越受到人们的喜爱。

1.1.4 西餐对中国餐饮业的影响与推动

西餐在中国的传播和发展，对中国餐饮业产生了巨大的影响，也构成了一种推动力，促使中国餐饮业在经营理念、管理技术、生产手段和人才培养等方面发生了深刻的变化。

1）消费观念的变化

西餐一向以环境幽雅、器皿精美、服务周到、菜品精致而著称。西餐进入中国市场后所形成的较突出影响是人们消费观念的变化，人们更加注重品牌意识，注重就餐环境，注重服务质量。

2）生活方式的改变

西餐与中餐的共同发展，使人们的生活方式有了一定的改变。人们开始有意识地改变原来在家中就餐的生活方式。当然，从根本上说这一现象主要根植于经济的发展，但西餐的进入，西方人消费的示范作用不能忽视。

3）管理理念的不断深化

管理理念的不断深化主要表现在企业组织结构的转变、服务宗旨的升华、经营方向的扩展等方面。以往企业组织结构中的纵向层次太多，降低了组织的效率，企业未能把顾客置于服务对象这一金字塔的顶端，企业的经营方向缺乏弹性……在西餐的影响下，这些方面都在逐渐改变。

4）生产手段和技术环节有了一定改良

西餐在新技术的应用方面给中餐的启示是巨大的。要想提高生产率，要想保证产品质量，必须在技术环节上做出重大的改良。中餐在这方面面临着严峻的挑战。

5）更加注重人才培养

人才的培养是提高企业竞争力的重要途径之一。欧美发达国家的厨师多受过高等教育，至少都有大专学历，所以西餐厨师在烹饪中富于创新和变化，格调也高，更能将现代化科技应用于烹饪，加快了烹饪科学的发展。目前，我国烹饪队伍素质普遍偏低，严重阻碍了我国餐饮业的发展。

1.1.5 中国西餐市场

随着现代社会的飞速发展，尤其是交通、传媒、通信的快捷便利，地球似乎变得越来越小了。东西方文化交流的日益广泛与深入，使得作为西方饮食文化主流的西餐也逐渐深入普通百姓的生活。由于西餐具有用料精细、菜肴香醇、营养搭配合理、烹制工艺简单独特等优点，受到我国大中城市广大消费者特别是年轻人的喜爱。

1）中国西餐市场形成的主要原因

西餐行业迅速在国内兴起，是与庞大的消费市场紧密联系在一起的。西餐与中餐的就餐环境截然不同，中餐讲究的是热闹、喜庆，而西餐注重的是幽静、品位、私密。中式餐饮重视参与，比较开放；西式餐饮注重形象，比较内敛。如果将中式餐饮与西式餐饮比作矛盾的两个方面，则两者既对立又统一，对立的是消费对象的不同，统一的是消费对象的融合。

西餐的饮食结构比较合理，菜品的营养搭配比较均衡，如法式西餐，上菜顺序及饮食搭配比较有利于人体的吸收，上菜流程依次设定为前菜、汤、主菜（包括鱼类、肉类、禽类等）、甜点、咖啡和水果。另外，根据情况的差异，还配有餐前酒、佐餐酒等。在配餐酒的选择上，可以根据不同的饮食对象选用不同的酒类，如吃海鲜时饮用白葡萄酒，而吃牛、羊肉则选用红葡萄酒等。综合西餐饮食结构和膳食搭配，无论是食品、原料本身的营养价值，还是菜品的营养搭配，基本都能满足人们对合理膳食的要求。

我国对外开放形成了大量的商务往来，同时也促进了外国人来华经商、旅游和居住，增加了对西餐的需求。改革开放也使人们的消费观念发生了变化。有一部分人追求特殊的文化、高档的享受，于是西餐消费群出现了。生活水平的提高和支付能力的增强，促进了需求的多样化。中国的强大使海归人士也大量增加，其生活习惯促进了西餐市场的发展。

从以上几个方面可以看出，西餐业的兴起是整个社会开放的结果，因此只要改革开放不停步，西餐业的发展就会不断地深入。改革开放的不断扩大与深入，必将带来西餐业的大发展，把中国西餐业引入一个新的发展阶段。

2）中国西餐业的主要分布

①沿海发达城市受海外影响较大的地区。例如，广州、深圳、厦门、天津，特别是广州、深圳等地西餐业发展得非常迅速。

②受殖民地时期的遗留文化和生活习惯影响的地区。例如，上海、天津、大连、青岛，帝国主义列强和商人进入中国，带来了西餐文化，也给当地留下了部分西餐文化。

③经济发达、对外开放比较早的地区。例如，江苏、浙江等地经济相对发达，其对外开放的活动比较多，它们也引进了一些西方的生活习惯。

④旅游发达地区。例如，云南、广西、海南、西藏等地。一些旅游发达地区虽然偏远，但西餐业发展很快。

这是目前西餐发展的分布状态，从这一分布状态可以看出，我国主要的西餐消费群体是近几年成长起来的，主要是人们支付能力的增强和消费观念的变化所致。应该把这种力量的生成看作一个开端，这种增长会随着整个社会大环境的不断变化而发生裂变，出现很大的突破。

3）目前西餐业的重要特征

西餐一进入中国，就将快速与丰富作为自己的重要特征。让大多数中国人接受西餐首先要归功于麦当劳和肯德基。麦当劳和肯德基用它们自己特有的现代经营方式和理念很快在中国推广开来。麦当劳和肯德基最根本的东西还是西餐中最基础的东西，也为中国消费者所接受。经过这些年的发展，我国的西餐已经呈现出多样化的特点，国外的流行业态都能很快地进入中国。目前西餐业态主要分成以下4种形式。

第一种是西式正餐。西式正餐从服务、文化包装到菜品都有各自不同的体系，法餐、德餐、意餐等不同口味也有自己的明显特色。

第二种是西式快餐。西式快餐以麦当劳和肯德基为主，还包括比萨、主菜配饭、意面等。

第三种是酒吧和咖啡厅。酒吧以酒为主，配有简易食物，也归为西餐业。目前咖啡厅分成两种形态，一种以经营咖啡为主，稍带经营一些小点心；另外一种虽然也称为咖啡厅，但实际上是一种售卖咖啡、茶、便餐的混合体。这是咖啡厅的早期形态，在中国可能会存在相当长的时间。

第四种是茶餐厅。茶餐厅是中国西餐业的一个特色，最早是从中国香港引进来的，特点是可以让顾客在很西式的环境下享受有中式特点的食物。

4）西餐市场的发展趋势

西餐企业的发展是与本地消费者生活水平及支付能力的提高和追求品位生活群体的壮大紧密相连的。多样化仍然是业态发展的主要方式。多样化的业态发展紧扣市场，更趋向于适应自己面对的消费群体，与各地消费群体生活水平的发展速度合拍。

西餐企业的文化是随着西餐业在中国的兴起而诞生的，它将随着西餐业的进步而丰富、成熟并完善。西餐企业的文化色彩将更趋于潮流化和多元化。多元的文化色彩是基于西餐企业所提供的不同地方风格的菜品而展现的，为了区别于中餐和其他同类企业，西餐企业将更加注重独特的文化色彩。

我国西餐业大量采用现代科技，从制作技术设备到酒水设备，从餐厅光照到装饰都成为餐饮现代化的排头兵。本土化西餐会是相当长一个时期内的主流。或许有些西餐店经营的产品不那么正宗，但对于习惯中餐的人来说也是一大进步，企业效益正是从越来越多的喜爱、接受西餐的消费群中来的。

我国一批中餐企业转入西餐行业，形成西餐投资和经营主体的多元化。随着西餐市场的蓬勃兴起和西餐经营所带来的丰厚回报，部分中餐经营者开始转向关注和投资西餐，会有相当一批成熟的中餐企业开始经营西餐。西餐企业数量的快速增加会使原本较为平静的西餐市场出现竞争的局面，而恰恰是这种自身的竞争会给西餐企业的经营管理水平、菜品品类、服务质量等带来很大的推动作用。西餐企业的竞争终将促进西餐业的发展。

我国将有更多的西餐企业从本土化、大众化的西餐中诞生。如果说本土化西餐是一个过渡阶段的话，它将引导出一批有品位的正宗西餐消费者。

5）西餐业现阶段的发展特点

我国西餐业发展迅速、灵活多样、紧跟时代。发展迅速是指近几年西餐业在全国范围内的发展明显快于以前；灵活多样是指西餐业出现多种业态，不拘泥于一种形式；紧跟时代是指西餐企业的产生适应了当代消费群体的需求。经营管理者对现代科学经营理念的追

求和对开办西餐企业因无经验而小心谨慎的态度，促使其对整个消费市场进行调查，以及对本企业进行科学化的预测，最终促进企业紧跟消费市场。

文化包装创造了重要的附加值。与中餐不同，西餐店的菜点品种并不多，不是靠品种繁多的菜点来吸引客人，而是更重视营造一种文化。文化包装可以创造丰厚的附加值。

标准化、规范化，代表了现代的经营理念。西餐店由于经营的特点，对标准化和规范化非常讲究，特别是一些连锁店，在建店以前就考虑了中心厨房、配送和产品标准化，减少了厨房的占地面积，保证了各店的出品品质一致，在经营中取得了非常好的效果。而且西餐的用品、灶具有很高的标准和要求，这样可以使西餐企业一起步就在一个很高的起点上。

品牌树立完整，颇具吸引力。不少西餐品牌创建不久就在消费者中树立了良好的形象，部分品牌还延伸进入食品及其他行业。西餐企业从进货到厨房，从原料选择到制作，从营养搭配到出品大都遵循西方传统的卫生营养原则，加之烹炸类菜少，讲究原汁原味，对原料营养保存完好，突出卫生、安全，从而吸引了高层次的消费群体。

任务2　西餐工艺的主要特点

1.2.1　西餐原料使用特点

1）注重选材的严谨性

西餐菜肴在制作前，对食材的选择十分严谨，对原料品质和质地要求较高。以动物性原料为例，西餐通常只选择牛、羊、猪、鸡、鸭、鱼、虾等原料的净肉部分。例如，牛的背部和腰柳肉，鸡、鸭的胸脯和腿部肉，鱼身两侧的肉等，基本不使用头、蹄、爪、内脏、尾等部位。只有法国等少数国家使用动物原料的其他部位，如鸡冠、鹅肝、牛肾、牛尾等。

2）讲究食材的新鲜度

西餐菜肴制作过程中对原料新鲜度的要求非常高。例如，在制作蔬菜、水果沙拉时要求蔬菜、水果必须新鲜；制作沙拉酱时要求鸡蛋等原料要绝对新鲜；在选择牡蛎、牛肉、羊肉等原料时对品质的要求也非常严格。新鲜的原料，还可以保证菜点营养、质地与口感最佳。

3）注重菜肴制作口感

西餐工艺对肉类菜肴，特别是牛肉、羊肉的老嫩程度很讲究。如一般肉类有5种成熟度，即全熟、七成熟、五成熟、三成熟、一成熟。在客人点此类菜肴时，服务人员需问清客人的要求，厨师按客人口味进行烹制。

4）奶制品的使用量大

在菜肴制作过程中大量使用奶制品，也是西餐的一个重要特点。西餐使用的奶制品非常多，如鲜奶、奶油、黄油、奶酪等。每一种奶制品可以分为许多不同的品种，其中，奶酪就有上百种之多。

奶制品在西餐中的应用非常广泛，而且作用各不相同。鲜奶除直接饮用外，还常用来制作各种沙司，以及用于煮鱼、虾或谷物，或拌入肉馅、土豆泥中，以增加鲜美的滋味。在西餐烹调中，淡奶油常被用来增香、增色、增稠或搅打后装饰菜点。黄油不仅是西餐常用的油脂，还可以制作成各种沙司，并常用于菜肴的增香、保持水分以及增加滑润口感。奶酪常常直接食用，或者作为开胃菜、沙拉的原料；在热菜的制作中常常加入奶酪，能起到增香、增稠、上色的作用。

5）注重营养组配及卫生

西餐工艺对原料的组配要求严格，统一配方，统一规格，营养均衡合理，同一产品的风味品质不受制作数量和制作速度的影响。在西餐中，一般什么样的肉就要配什么样的沙司和素菜，有严格的规定，不能逾矩。此外，西餐在制作过程中对原料的卫生要求也非常严格。

1.2.2 西餐刀工技术特点

1）刀具种类繁多，根据原料特点进行选择

西餐加工过程中常根据不同烹饪原料的特点和性质选择刀具。西餐有专门切肉的刀，专门去骨的刀，专门切蔬菜和水果的刀，专门切熟食的刀，专门切面包的刀等。例如，在加工韧性较强的动物性原料时，一般选择比较厚重的厨刀。而加工质地细嫩的蔬菜和水果原料，则选择规格小、轻巧灵便的沙拉刀。根据原料的特点选择不同的刀具，便于操作者操作，也使原料成型更简单、规格更整齐。

2）刀工刀法简洁，成型大方整齐

西餐的刀工具有简洁、大方，动物性原料成型比较大的特点。由于西餐消费者习惯使用刀叉作为食用餐具，原料在烹调后，食者还要进行第二次刀工分割，因此，许多原料，尤其是动物原料，在刀工处理上，通常呈大块、片等形状，如牛扒、菲力鱼、鸡腿、鸭胸等。一般每块（片）的质量为150～250克。

与中餐刀工相比，西餐的刀工处理比较简单，刀法和原料成型的规格相对比较少。西餐的刀工成型，以条、块、片、丁为主，虽然成型规格较少，但要求刀工处理后原料整齐一致、干净利落。

3）刀工工艺先进，设备现代化

西餐刀工的另一个特点是大量使用现代化的设备完成原料的成型过程。自动化、规范化是西餐刀工技术的重要特点之一。西餐厨房的原料加工大都使用精密的食品机械，如切肉机、切菜机、绞肉机等多种设备，切出的原料均匀整齐，科学化、规范化程度很高，成型规格更容易统一，不仅降低了厨师的劳动强度，而且大大提高了菜品的出菜速度。

1.2.3 西餐调味工艺特点

1）制作过程善于用酒

西餐常根据不同原料、菜式以及成菜要求，选用不同的烹调用酒。例如，制作鱼虾等浅色肉菜肴时，常使用浅色或无色的干白葡萄酒、白兰地酒；制作畜肉等深色肉类时，常使用香味浓郁的干红、雪利酒等；制作野味菜肴时则使用波特酒除异增香；而制作餐后甜

点时，常用甘甜、香醇的朗姆酒、利口酒等。通过酒类的运用，起到增香除异的作用，形成不同风味的菜肴。

2）讲究烹调后调味

菜肴的调味，一般分烹调前调味、烹调中调味、烹调后调味三个阶段。西餐的制作过程，更注重烹调后调味的环节。如制作种类繁多的西餐沙司，是西餐烹调中的重要技术之一。这些各式各样的沙司（调味汁），主要用于烹调后的调味。

1.2.4 西餐烹调技术特点

1）烹调工具多样化，便于操作

西餐烹调的工具多为专用，而且数量、品种以及规格都比较多。例如，有专门用于煎制原料的各种规格尺寸的煎盘，有专门用于制作沙司的各种尺寸的沙司锅，专门用于制作基础汤的汤锅，以及汤勺、蛋抽、切片机、粉碎机、搅拌机等。西餐的加热设备也非常多，如用于扒制的平扒炉和条扒炉，用于炸制的炸炉，以及烤箱、蒸箱等。用于制作西餐的大多数工具和设备，由于有尺寸刻度，或者有可以操纵温度和时间的旋钮，比较容易操作，也便于对成品的质量进行把握。

2）主料、配料、沙司常分别制作

西餐与中餐相比，其制作工艺更为复杂，在西餐的菜肴制作中，主料、配料（配菜）、沙司在许多情况下是分别烹制的，并不是一锅成菜。主料、配料（配菜）、沙司分别烹调成熟后，再组合到一起。

西餐中的配菜是热菜制作不可缺少的组成部分。在菜肴的主要部分（主料）做好后，在盘子的边上或在另一个盘内配上少量加工成熟的蔬菜或米饭、面食等菜品，从而组成一道完整的菜肴，这种与主料相搭配的菜品就叫配菜。配菜在西餐中的作用主要体现在以下三个方面。

①使菜肴形态美观。西餐的各种配菜，多数是用不同颜色的蔬菜或者米面制作的，一般要有一定的形状，如条状、块状、橄榄状、球状等，与主料相配，起到美色与美形的作用。

②使营养搭配合理。西餐菜肴主料大多数是用动物性原料制作的，而配菜一般由植物性原料制作，这样搭配，就使一份菜肴既有丰富的蛋白质、脂肪，又含有维生素和无机盐，搭配更为合理，满足平衡膳食的要求。

③使菜肴内容丰富。西餐配菜的品种很多，什么菜肴用什么配菜，并不完全固定。虽然有一定的随意性，但也有规律可循。比如，汤汁较多的菜肴习惯上配米饭，水产类菜肴多配土豆或土豆泥，意式菜肴多配面食，煎炸类菜肴要配时令蔬菜。这样的搭配既丰富了菜肴的内涵，又在风格上协调统一。

1.2.5 西餐菜肴装盘特点

1）主次分明，和谐统一

西餐的摆盘强调菜肴中原料的主次关系，主料与配料层次分明、和谐统一。在一道菜肴里不建议有太多的表现手法，尽量突出主料，避免出现主次不分的情况，破坏菜肴本身的美感。

2）几何造型，简洁明快

几何造型是西餐最常用的装盘技法之一，它主要利用点、线、面进行造型。几何造型的目的是挖掘几何图形中的美，追求简洁明快的装盘效果。

3）立体表现，空间发展

西餐的摆盘除了在平面上表现外，也在立体上进行造型。立体造型方法是西餐摆盘常用的方法之一，也是西餐摆盘的一大特色。从平面到立体，菜肴美感的展示空间扩大了，更赋予了菜肴艺术价值。

4）讲究破规

整齐划一、对称有序的装盘，会给人以秩序之感，是创造美的一种手法。但在西餐摆盘过程中，还可以适当加以变化，采取破规的表现手法，体现静中求动。例如，在排列整齐的菜肴上，斜放两三根长长的细葱，这种长线形的出现，会改变盘中已有的平衡，使盘面活跃起来，配合立体表现手法，更能体现菜肴的动态美。

5）讲究变异

变异，从美学角度来说，是指具象的变形。常用的手法是对具体事物进行抽象的概括，即通过高度整理和概括，以神似而并非形似来表现。变异的手法，也是西餐中摆盘的技法之一，通过对菜肴原料的组合，形成一种既像又不像的造型，引起食客无限的遐想。中国菜常用写实装盘手法来表现，例如，将原料摆成花、鸟、虫等逼真的形状。与写实装盘不同，西餐的变异装盘技法，会给食客留下更加广阔的想象空间。

6）盘饰点缀，回归自然

西方菜肴的盘饰喜欢使用天然的花草树木，追求自然的美感，遵从点到为止的装饰理念。西方人一般不主张太过缤纷复杂的点缀，认为这样会掩盖菜肴的实质，给人一种华而不实的感觉。西餐装饰料在盘中仅仅是点缀而已，在使用上具有少而精的特点。

1.2.6 学习西餐工艺的意义

西餐作为一种异域的烹饪技艺已经历了数千年的演变和发展。西餐既属于西方各国，也属于全世界人民。在资讯日益发达的今天，世界变得越来越小，西餐进入中国，能使中国消费者领略异国情趣。特别是西餐工艺在用料选择、营养意识、卫生标准、工艺要求等方面，以及现代西式快餐在标准化、工厂化和连锁经营方面，给中国餐饮业带来了许多新观念、新做法，有许多地方值得我们借鉴和采用。

我们学习西餐工艺，一方面可以满足中国人追求文化多样性的内在需求；另一方面可以满足旅游事业和外交事业发展的需要。同时也可以吸取西餐工艺之长，洋为中用，丰富、发展、提高、完善我国的烹饪技艺。同学们要想学好西餐工艺学这门课程，必须要学好外语，以理论为基础，以实践为手段，弄清西餐工艺所涉及的基本概念、基本原理，在学好专业理论的基础上，深入进行实践训练。只有通过实践，才能发现问题，丰富理论，才能真正掌握西餐烹调技术，成为一名合格的烹饪工作者。

任务3 西方各国餐饮概况

1.3.1 法国

1）法国菜概况

法国位于欧洲西部，人口以法兰西人为主，绝大部分信奉天主教，地理条件优越，农牧业发达，葡萄酒产量居世界第一，是世界农产品出口大国。法国的葡萄酒、香槟酒、白兰地酒、奶酪在世界上知名度很高。

法国的烹饪技术也一向著称于世，法式菜是世界三大美食之一，被誉为“西菜之首”。法国菜的文化源远流长，相传16世纪的法国国王亨利二世迎娶了一位意大利公主为妻。随着这位爱好美食的公主嫁到法国，技艺高超的意大利厨师也一同来到了巴黎。这些意大利御厨，将意大利文艺复兴时期盛行的烹调方式和技巧、食谱及华丽的餐桌装饰艺术也带到了法国，使法国烹饪获得了发展的良机。到了路易十四时代，法国烹饪进一步得到发展。路易十四在凡尔赛建起庞大宫殿，让皇肯贵族到宫廷享受荣华富贵，开启了法国奢靡饮食的食风。路易十四还开创了全国性的厨艺大赛，获胜者被招入凡尔赛宫，授予“蓝带奖”，此后，获得“蓝带奖”成为全法国厨师们追求和奋斗的目标。到了路易十五时代，法国菜被进一步发扬光大，厨师的社会地位也逐渐提高，厨师成为一种既高尚又富于艺术性的职业，法国烹饪进入了黄金时期。宫廷豪华饮食在法国大革命以后逐渐走向民间。巴黎成为西方美食的中心，法国菜以其精致、浪漫的品位征服了世界。

法式菜不仅美味可口，而且菜肴的种类繁多，烹调方法也有独到之处。它的口感之细腻、酱料之美味、餐具摆设之华美，堪称艺术，无时无刻不在挑战着食客的味蕾。法式菜中每一道菜，都是艺术佳作，除了味蕾上的满足外，还有很多想象与创意的元素，带给食客无限的惊喜。

2）法式菜的主要特点

（1）选料广泛、用料讲究

一般来说，西餐多在选料上有较大的局限性，而法式菜的选料却很广泛，如蜗牛、黑菌、洋百合、椰树心、马兰等皆可入菜。另外，法式菜在选料上也很精细，由于法国人追求适度烹饪，因此用料要求绝对新鲜，配菜也非常讲究。

（2）烹调精细、讲究原汁原味

法式菜制作精细，有时一道菜要经过多道工序。如沙司一般要由专门厨师制作，而且制作什么菜用什么沙司都有一定之规，如做牛肉菜肴用牛骨汤汁，做鱼类菜肴用鱼骨汤汁，有些汤汁要煮8小时以上，使菜肴具有原汁原味的特点。

（3）追求菜肴的鲜嫩

法式菜讲究口味的自然和鲜美，要求菜肴水分充足，质地鲜嫩。如牛排一般只要求三四成熟，烤牛肉、烤羊腿只需七八成熟，海鲜烹调不可过熟，而牡蛎则大都生吃，力求将原料最自然、最美好的味道呈现给食客。

（4）喜欢用酒调味

由于法国盛产酒类，烹调中也喜欢用酒调味，烹调用酒与主菜需合理搭配，如海鲜用白兰地酒、白葡萄酒，肉类和家禽用雪利酒和玛德拉酒，野味用红酒，制火腿用香槟酒，制烩水果和点心用朗姆酒、甜酒等。而且酒的用量也很大，法式菜大都带有酒香气。

（5）奶制品使用量大

奶制品使用量大也是法式菜的主要特点。法国奶酪闻名于世，也是法国烹饪的骄傲，有将近400个不同的种类。不同的奶酪特色不同，用法也各异，有些直接食用，有些制作成沙司，还有一些作为菜肴的原料。奶酪在法式菜中的广泛使用，使得法国菜肴丰富多彩，香味浓郁。

（6）注重沙司和香料的使用

法式菜特别注重沙司的制作和香料的使用，据说收入法式菜谱的沙司有700种之多。法式菜常用的香料有大蒜头、欧芹、迷迭香、塔立刚、百里香、茴香等，从而形成法式菜独特的风味。

（7）注重菜肴的命名

法式菜比较喜欢以人名、地名、物名来命名菜肴，佳肴典故相映成趣。如拿破仑红烩鸡、里昂的带血鸭子、南特的奶油梭鱼、马赛的普鲁旺斯鱼汤等都是著名菜肴。典型的法式菜肴很多，如洋葱汤、牡蛎杯、蜗牛、鹅肝冻、烤牛外脊等。除此之外，法国还有许多著名的地方菜，如阿尔萨斯的奶酪培根蛋挞、布艮第的红酒烩牛肉、诺曼底的诺曼底烩海鲜等。

法国菜典型的代表菜肴主要有法式乳鸽肉松挞、香煎鹅肝蓝莓汁、黑松露番茄鞑鞑伴鲜蚝、玫瑰三文鱼拌鱼子酱、鲜香草忌廉蔬菜汤。

1.3.2 意大利

1）意大利菜概况

意大利地处南欧的亚平宁半岛上，人口以意大利人为主，约占总人口的94%，绝大部分信奉天主教。地理条件优越使得意大利的农牧业和食品加工业都很发达。

意大利历史悠久，是古罗马帝国和欧洲文艺复兴的中心，其餐饮文化非常发达，影响了欧洲大部分国家和地区，被誉为“欧洲大陆烹饪之始祖”。意大利北部邻近法国，受法式菜的影响较大，多用奶油、奶酪等乳制品入菜，口味较浓郁而调味则较简单。南部三面临海，物产丰富，擅长用番茄酱、番茄、橄榄油等制菜，口味丰富。

意大利菜有“妈妈的味道”，而“妈妈的味道是世界上最棒的佳肴”。意大利大多数的母亲会在周日做手擀的意大利面及调味酱。意大利菜之所以有“妈妈的味道”，是因为它们是以自家庭院栽种的青菜、养的鸡、捕获的猎物，再加上母亲的爱，所烹煮出的人间美食。意式菜最看重原料本质和保持原汁原味，一般汁浓味厚，调味料擅用番茄酱、酒类、柠檬、奶酪等。

2）意式菜的主要特点

（1）讲究火候，注重传统菜肴制作

意式菜对菜肴火候的要求很讲究，很多菜肴要求烹制成六七成熟，牛排要鲜嫩带血。

意大利饭、意大利面条一般七八成熟有硬心时食用，这是意式饮食的一个特点。意式菜中传统的红烩、红焖的菜肴较多，而现今流行的烧烤、铁扒的菜肴相对较少，意大利厨师也比较喜欢炫耀自己的传统菜点。

（2）注重本味，讲究原汁原味

意式菜多采用煎、煮、蒸等保持原料原味的烹调方法制作，讲究直接利用原料自身的鲜美味道。在调味上直接简单，除盐、胡椒粉外，主要以番茄、番茄酱、橄榄油、香草、红花、奶酪等调味。在沙司的制作上讲究汁浓味厚，原汁原味。

（3）以米、面做菜，品种丰富

意式菜以米、面入菜是其不同于其他西餐菜式的最明显的特色。意大利面食的代表之一就是意大利面条，其品种有数百种之多。意大利面食一般分成两大类：一是面条或面片；二是带馅的面食，如饺子、夹馅面片、夹馅粗通心粉等。意大利面食可谓千变万化，既可做汤，又可做菜、做沙拉等。除面食外，意大利饭也是第一道菜的热门之选。意大利的比萨饼种类也有数十种之多，根据加入的馅料不同，风味也有差异。

典型的意式菜肴有佛罗伦萨烤牛排、意大利菜汤、米兰式猪排、罗马式魔鬼烤鸡、撒丁岛烤乳猪、比萨饼、意式馄饨等。

1.3.3 英国

1）英国菜概况

英国地处欧洲西侧的大不列颠岛上，目前有人口6 000多万，多为英格兰人，此外还有苏格兰人、威尔士人及爱尔兰人，大部分信奉基督教（新教）。气候属温带海洋性气候，畜牧业和乳制品业较发达。

罗马帝国曾经占领并控制过英国，因此影响了英国的早期文化。公元1066年，法国的诺曼底公爵威廉继承了英国王位，带来了灿烂的法国和意大利的饮食文化，为传统的英国菜打下基础。

受地理及自然条件所限，英国的农业不是很发达，而且英国人也不像法国人那样崇尚美食，英国菜相对来说比较简单。英国人常自嘲不精于烹调，英国菜可以用一个词来形容——“Simple”。简而言之，其制作方式只有两种：放入烤箱烤或者放锅里煮。英国人做菜基本上不放调味品，吃的时候再依个人爱好放些盐、胡椒或芥末、辣酱油等调味。虽然英式菜相对来说比较简单，但英式早餐却很丰盛，主要品种有燕麦片牛奶粥、面包片、煎鸡蛋、水煮蛋、煎培根、黄油、果酱、威夫饼、火腿片、香肠、红茶等。此外，下午茶也是英式菜的一个特色。

英国人正餐时常吃的烤鸡、烤羊肉、火腿、牛排和煎鱼块，一般都配料简单，味道清淡，少油。他们只是在餐桌上准备足够的调味品——盐、胡椒粉、芥末、沙拉油、辣酱油和各种沙司，由进餐的人自己选用。英国人非常喜欢在正餐结束前吃水蒸的布丁。在很隆重的家宴上，主妇常以自己亲手做的布丁为荣。

2）英式菜的主要特点

（1）选料单调，烹调简单

英式菜选料的局限性比较大，有许多禁忌。英国虽是岛国，但英国人不喜欢吃海鲜，反而比较偏爱牛肉、羊肉、禽类、蔬菜等。在烹调上喜用煮、烤、铁扒、煎等方法，菜肴制作大都比较简单，肉类、禽类、野味等也大都整只或大块烹制。

（2）调味简单，口味清淡

英式菜调味比较简单，主要以黄油、奶油、盐、胡椒粉等为主，较少使用香草和酒调味，菜肴口味清淡，油少不腻，尽可能地保持原料原有的味道。

英式菜的典型代表菜肴主要有英格兰煎牛扒、英格兰烤皇冠羊排、煎羊排配薄荷汁、土豆烩羊肉、烤鹅填栗子馅、牛尾浓汤等。

1.3.4 美国

1）美国菜概况

美国位于北美洲大陆中南部，东濒大西洋，西临太平洋，属温带和亚热带气候。美国人大都是来自世界各地的移民，其中以欧洲移民为主，是典型的移民国家。辽阔的土地、充沛的雨量、肥沃的土壤、众多的河流湖泊，是美国饮食形成与发展的物质基础。

自哥伦布发现美洲大陆后，欧洲人就不断向北美移民，到1733年，英国在北美建立了十三个殖民地。美式菜是以英式菜为基础，融合了众多国家的烹饪精华，并结合当地丰富的物产而发展起来的，形成了自己特有的餐饮文化。

美式菜糅合了印第安人及法、意、德等国家的烹饪精华，口味讲究清淡，特点是咸中带甜，常用水果作为菜肴的配料。代表性的菜肴有烤鸭配烤苹果、菠萝火腿扒、水果沙拉等。同时美国人喜食铁扒、炙烤、烘烤类等菜肴。美国人酷爱甜食，因此对甜点很讲究。此外，不论男女老少，对冷饮颇感兴趣，就餐前先喝开胃的果汁，餐中佐以啤酒或可乐等饮料，一般不喝烈性酒，即便喝烈性酒也要加些苏打水及相当数量的冰块。近些年来，美国人越来越重视营养均衡，吃肉食的人渐渐少了，或者食肉量减少了，海鲜类、蔬菜类及菌类消费量有所增加。

2）美式菜的主要特点

（1）口味自然、清淡，制作工艺简单

美式菜的基本特色是用料朴实、简单，口味清淡，突出自然，制作过程也不复杂。由于美国盛产水果，因此，水果经常是菜肴中不可缺少的原料。在调味上，美国沙司的种类比法国要少得多。而在烹调方法上，美国菜偏重拌、烤、扒等简单迅速的制作方式。

（2）风格多样，融会贯通

由于美国是一个多民族国家，不同地区移民带来不同文化背景的菜式，美式菜各流派并存、丰富多彩、相互融合。如普罗旺斯沙拉，吸收了法国普罗旺斯地区善于使用香料的特点，以美国人最喜爱的生拌形式（即沙拉）表现出来；美国著名汤菜秋葵浓汤是由移居美国路易斯安那州的法国移民所创造；脆皮奶酪通心粉的奶酪是产于美国的切德奶酪，主要原料和做法却来源于意大利；西班牙人擅长的米饭做法，在美国烹饪中被用于制作葡萄干米饭、蘑菇烩饭、什锦炒米饭等；还有受到南美影响而创造出的各种辣味菜式，如辣味烤肉饼、辣椒牛肉酱、炖辣味蚕豆等。

（3）快餐食品发展迅速

由于美国经济比较发达，人民生活节奏快，因此，快餐业在美国得到了迅速发展，并很快影响了世界各地的餐饮业。例如，销售汉堡、薯条、肉饼、炸鸡块、蛋挞、可乐等快餐食品的肯德基、麦当劳等快餐企业发展迅速，在世界各地开设几万家分店，推动了全世界快餐产业的发展。

美式菜典型的代表菜肴主要有煎金枪鱼、烧烤鸡肉比萨、熏三文鱼、梨干酪沙拉、得州烧烤排骨。

1.3.5 俄罗斯

1）俄罗斯菜概况

俄罗斯横跨欧亚大陆，地域广阔，人口大多集中在欧洲。俄罗斯的畜牧业较发达，乳制品的生产量较大，伏特加酒、鱼子酱也闻名于世。

俄罗斯菜，主要指俄罗斯、乌克兰和高加索等地区的烹饪饮食，在西方饮食流派中，是独具特色的一类。从历史的发展来看，俄罗斯的烹饪受其他国家影响很大，许多菜肴从法国、意大利、奥地利和匈牙利等国传入。这些传入俄罗斯的外国菜肴与本国菜肴融合后，形成了独特的菜肴体系。据资料记载，意大利人16世纪将香肠、通心粉和各种面食带入俄罗斯，德国人17世纪将德式香肠和水果带入俄罗斯，法国人则在18世纪初期将沙司、奶油汤和法国面食带入俄罗斯。

2）俄式菜的主要特点

（1）传统菜肴油性较大

由于俄罗斯大部分地区气候比较寒冷，人们需要较多的热能，因此，传统的俄式菜油性较大，较油腻。黄油、奶油是必不可缺的，许多菜肴做完后还要浇上少量黄油，部分汤菜也是如此。随着社会的进步，人们的生活方式也在改变，俄式菜也逐渐趋于清淡。

（2）菜肴口味浓重

俄式菜喜欢用番茄、番茄酱、酸奶油调味，菜肴多具有多种口味，如酸、甜、咸和微辣等，俄罗斯人还喜欢生食大蒜、洋葱。

（3）擅长制作蔬菜汤

汤是俄罗斯人每餐不可缺少的食品。由于俄罗斯气候寒冷，汤可以驱走寒冷，带来温暖，还可以帮助进食，增进营养。俄罗斯人擅长用蔬菜调制蔬菜汤，常见的蔬菜汤就有60多种，汤是俄式菜的重要组成部分，其中莫斯科的红菜汤颇具盛名。

（4）冷菜注重生鲜

俄罗斯冷菜的特点是新鲜和生食，如生腌鱼、新鲜蔬菜、酸黄瓜等。俄式菜讲究冷小吃的制作，且品种繁多，口味酸咸爽口，其中黑鱼子酱最负盛名。

俄式菜的典型代表菜肴主要有鱼子酱、红菜汤、基辅鸡卷、罐焖牛肉、莫斯科烤鱼等。

1.3.6 德国

1）德国菜概况

德国位于欧洲的中部，是连接西欧和东欧内陆的桥梁，人口以德意志人为主，大部分人信奉基督教新教和天主教。农牧业发达，机械化程度高。德国的啤酒和品种繁多的肉制品在世界上享有盛名。

德国是在西罗马帝国灭亡后，由日耳曼诸部落建立起来的国家，中世纪时期一直处于分裂状态，直至1870年才真正统一。德国的饮食习惯与欧洲其他国家有许多不同之处。德国人注重饮食的热量、维生素等营养成分，喜食肉类食品和土豆制品。德式菜肴以丰盛实惠、朴实无华著称。

2）德式菜的主要特点

（1）肉制品丰富

由于德国人喜食肉类食品，因此德国的肉制品非常丰富，种类繁多，仅香肠一类就有上百种，其中的法兰克福肠早已驰名世界。德式菜中有不少菜肴是用肉制品制作的。

（2）口味以酸咸为主，清淡不腻

德式菜经常使用酸菜，特别是制作肉类菜肴时，加入酸菜，使菜肴口味酸咸，浓而不腻。

（3）生鲜菜肴较多

德国人有吃生牛肉的习惯，如著名的鞑靼牛扒，就是将嫩牛肉剁碎，拌以生葱头末、酸黄瓜末和生蛋黄食用。德式菜中生鲜菜肴较多。

（4）喜用啤酒制作菜肴

德国盛产啤酒，啤酒的消费量居世界之首。德式菜中一些菜肴也常用啤酒调味，口味清淡，风味独特。

德式菜典型的代表菜肴主要有柏林酸菜煮猪肉、酸菜焖法兰克福肠、汉堡肉扒、鞑靼牛扒等。

1.3.7 西班牙

1）西班牙菜概况

处于地中海地区的西班牙，具有独特的地理环境。西班牙三面环海，内陆山峦起伏，气候多样，因此西班牙物产丰富、菜式多样，具有比较明显的地域特色。

在饮食上，西班牙屡受外族入侵，又受不同宗教影响，因此菜肴融合了外族的特色，丰富多彩。西班牙的食风具有明显的地中海特色，善于使用海鲜、橄榄油以及地中海特色香料调味，烹调方式简洁，在口味上强调清新自然。

西班牙的食风之浓，在世界享有盛名。在高规格的餐厅吃饭，通常会是头盘、沙拉、汤、主菜、甜品、咖啡依次上桌，侍者们风度翩翩，动作优美。一些休闲餐厅，食客在吧台前或坐或站，前面放满火腿、面包、烩蘑菇、烩鱼等食物，随便取食。西班牙盛产海鲜，海鲜多用于主菜和头盘中，做法多样。西班牙菜包含了贵族与民间、传统与现代的烹饪艺术，加上特有的优质食材，使得西班牙菜在西餐中占有重要的位置。

2）不同区域西班牙菜的特点

（1）安达卢西亚和埃斯特雷马杜拉地区

安达卢西亚和埃斯特雷马杜拉地区的菜肴以清新和色彩丰富为主，多采用橄榄油、蒜头调味。当地人秉承了阿拉伯人的烹饪技巧，以油炸形式烹饪西班牙海鲜饭，特点是味道清鲜、口感香脆酥松。特产有风干火腿、沙丁鱼、三角豆等。代表菜为西班牙冻汤。

（2）加泰罗尼亚地区

加泰罗尼亚地区位于比利牛斯山地区，接邻法国，烹饪方法与地中海地区接近。当地多以炖、烩菜肴出名。盛产香肠、奶酪、蒜油和著名的卡瓦气泡酒。代表菜为墨鱼汁饭、蒜蓉蛋黄酱、海鲜烩。

（3）加利西亚和莱昂地区

加利西亚和莱昂地区位于西班牙西北部，盛产海鲜和藤壶。有别于其他地方菜的是，此地菜肴很少用蒜和橄榄油，多用猪油。代表菜为醋酿沙丁鱼。

（4）拉曼查地区

拉曼查地区位于西班牙中部，畜牧业发达。当地以烤肉为主菜，盛产奶酪、高维苏猪肉肠和被称为“红金”的西班牙藏红花。代表菜有红粉汤、西班牙红肠、藏红花饭等。

（5）巴伦西亚地区

巴伦西亚地区毗邻地中海，为稻米之乡。当地盛产蔬菜和水果、海鲜。著名的西班牙海鲜饭出自这里，被称为“西班牙国菜”。

（6）里奥哈和阿拉贡地区

里奥哈和阿拉贡地区位于比利牛斯山东部，当地菜肴烹饪简单，但特色酱汁和红酒世界驰名。

西班牙菜典型的代表菜肴主要有西班牙海鲜饭、墨鱼汁烩饭、辣味土豆、西班牙冷汤、西班牙酿红椒。

1.3.8 荷兰

1）荷兰菜概况

荷兰位于欧洲西部，东面与德国为邻，南接比利时，西、北濒临北海，地处莱茵河、马斯河和斯凯尔特河三角洲。荷兰的民族以日耳曼民族为主，“荷兰”在日耳曼语中叫尼德兰，意为“低地之国”，因其国土有一半以上低于或几乎水平于海平面而得名。奶牛多，奶制品多，是荷兰饮食的一大特色。

荷兰人的一日三餐，只有一餐吃热食，这餐热食为正餐。农村把正餐放在工作之中，即午餐，而城市则放在工作之余，即晚餐。不论是午餐还是晚餐，人们都非常重视，菜肴都力求丰富多彩，畜、禽、海味及蔬菜样样俱全，当然也离不开奶制品，同时，荷兰人还喜欢吃有点像东南亚风味的辛辣品，这在欧洲人中是很少见的。

2）荷兰菜的主要特点

（1）制作手法比较粗犷

荷兰传统菜就是红烧肉圆加菜泥，再加一根红肠，适合冬天吃，很积热量的。据说荷兰人以前很贫穷，每家每户只能用一个锅煮饭，所以他们就把肉和菜放在一起煮，形成了今天的特色。

（2）奶制品使用量大

奶酪是荷兰的特产，荷兰人喜欢把干奶酪切片夹入面包，或是把奶酪研成粉末，放入汤内。最常见的是一种淡黄色的半硬奶酪。在各种酒吧和聚会上，被切成小方块的奶酪随处可见。除了奶酪，荷兰的其他奶制品种类也非常多。荷兰人不喜欢喝茶，平时常以牛奶解渴。

（3）汤的应用较为广泛

如果说三明治是荷兰最普遍的快餐食品，那么豌豆浓汤就是荷兰非常传统和常见的一道家庭必备菜了，适合在家时慢慢熬制。豌豆浓汤是用包括豌豆在内的各种新鲜蔬菜、成肉和腊肠放在一起，用肉汤做底熬制成的。按照荷兰的传统做法，光肉汤就要熬几小时。

典型的荷兰菜肴有大杂烩、生鲱鱼、炖生菊苣、卡勒炖、豌豆浓汤、香肠布丁等。

[思考题]

1. 简述西餐的概念。
2. 简述西餐工艺的主要特点。
3. 简述西方各国餐饮概况。
4. 简述西餐的形成与发展过程。

单元2 西餐厨房管理

【知识目标】

1. 了解西餐厨房的设置；
2. 熟悉西餐厨房设备与工具；
3. 了解西餐生产管理。

【能力目标】

1. 能够简述西餐厨房的设置；
2. 能够正确使用西餐厨房设备与工具。

酒店或餐厅的正常营业，离不开各职能部门的协调与配合。其中，餐饮质量管理是酒店或餐厅管理中的重要环节，决定着酒店或餐厅的声誉和效益。而厨房是餐饮的核心，厨房的管理是餐饮管理的重要组成部分。厨房的管理水平和出品质量，直接影响餐饮的特色、经营及效益。西餐烹调过程中使用的各种厨房设备与中餐区别很大，特别是大型的厨房烹调设备，以及各种小巧实用的刀具、器具、模具，这些厨房设备都是为了提高工作效率，减轻劳动强度，以及方便规模化、标准化管理厨房而设计的。通过本单元的学习，可了解西餐厨房的设置、西餐厨房设备与工具和西餐生产管理。

任务1　西餐厨房的设置

2.1.1　西餐厨房的分类

西餐厨房的类型主要是根据餐厅的营业方式，即餐厅菜单上确定的供应范围和提供的服务形式与方法决定的。餐厅根据其供应特点和营业方式一般分为零点式餐厅和公司式或团体式餐厅两种。

零点式餐厅即客人根据餐厅菜单，临时零星点菜，又有常规式零点餐厅和快餐式零点餐厅之分，如特色餐厅、咖啡厅、酒吧等。

公司式或团体式餐厅又分为预订式餐厅和混合式餐厅，即餐厅定时、定菜、定价供应套餐，如宴会餐厅、自助餐厅等。

在一些大饭店中，往往有多个不同类型的餐厅，为了适应不同类型餐厅的需要，饭店中一般都设有一个主厨房或宴会厅厨房及数个小型厨房。它们既有明确的分工，又彼此相互联系，共同构成饭店的厨房体系。在饭店中西餐厨房一般主要由以下几个部门构成，如图2.1所示。

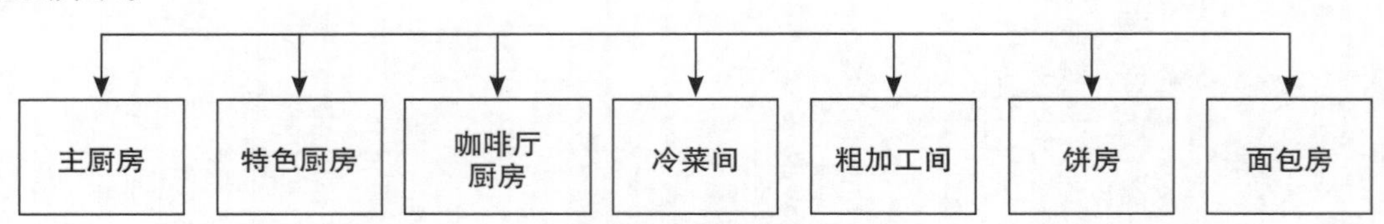

图2.1　西餐厨房构成

1）主厨房

主厨房主要负责宴会厅、自助餐厅等处菜肴的制作及向各个分厨房供应基础汤汁和半成品等。

2）特色厨房

特色厨房负责常规式零点餐厅菜肴的制作，主要以制作各式特色菜肴为主，如意式菜、法式菜、德式菜等。

3）咖啡厅厨房

咖啡厅厨房负责咖啡厅菜肴的制作，厨房规模一般较小，以制作一些快捷、简便的菜肴为主。

4）冷菜间

冷菜间主要负责向各个餐厅提供各式冷菜食品，如各种沙拉、冷沙司及冷调味汁、各色开胃菜、冷肉及三明治等。冷菜间又包括蔬菜加工间和水果加工间等。

5）粗加工间

粗加工间又称肉房，主要负责猪、牛、羊、禽、鱼等肉类食材的分档取料。

6）饼房和面包房

饼房和面包房一般统称面点房，负责向各个餐厅提供面包、饼干、蛋糕、布丁及巧克力食品等面点制品。

2.1.2 厨房人员的组织结构

1）传统厨房的人员构成

厨房人员主要是由厨师长和厨师等组成，其组织结构和人员结构根据厨房规模的大小而不尽相同。一般中小型厨房由于生产规模小，人员也较少，分工较粗，厨师长和厨师都可能身兼数职，从事厨房的各种生产加工活动。大型厨房，生产规模大，部门齐全，人员多，分工细，其组织结构复杂，如图2.2所示。

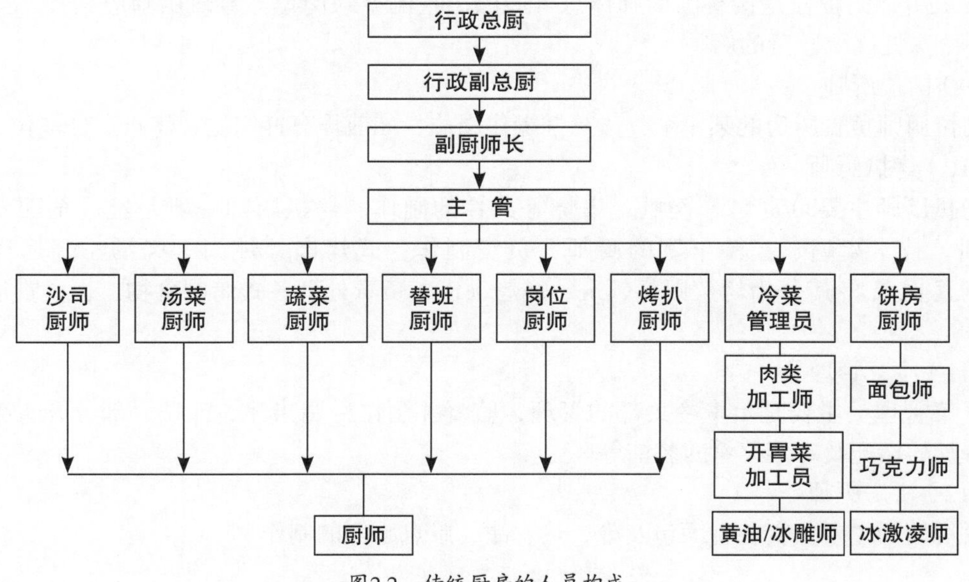

图2.2 传统厨房的人员构成

（1）行政总厨

行政总厨亦称厨师长，全面负责整个厨房的日常工作，包括制定菜单及菜谱，采购食品原料，进行成本核算，检查菜点质量、排班等。他负责厨房的烹饪和餐厅的食品供应等生产活动，包括各种宴会和各种饮食活动。

（2）行政副总厨

协助行政总厨负责主持厨房的日常工作，包括参与菜单和菜谱的制定，负责对菜点质量进行检查等。

（3）副厨师长

副厨师长直接负责食品制作。在大型饭店中，行政总厨花费大量时间来处理行政事务，因此，副厨师长负责管理厨房中的人员和实际操作。副厨师长一般由厨房中具有多年实践经验的人担当。

（4）厨师领班 / 主管

厨师领班 / 主管主要负责厨房的某一部门管理，负责本部门人员的工作安排和菜点烹调，控制菜点的质量等。

（5）沙司厨师

沙司厨师负责制作厨房所需的各种基础汤、各种沙司，炖菜、文火炖菜、炒菜等热菜，沙司厨师领班通常是各区中地位最高的。

（6）汤菜厨师

汤菜厨师主要负责各种奶油汤、清汤、肉羹、蔬菜汤等汤菜菜肴的制作。

（7）蔬菜厨师

蔬菜厨师主要负责厨房所需的各种蔬菜的清洗、整理及蔬菜菜肴的制作。负责制作各式蔬菜、汤、淀粉类食物、蛋类菜肴。在大型厨房中又将其分为蔬菜厨师、煎菜厨师、汤菜厨师。

（8）替班厨师

替班厨师的责任是接替因厨师休息等原因出现的空缺岗位。替班厨师应是技术全面、擅长各个烹饪岗位职责的厨师。

（9）岗位厨师

岗位厨师负责厨房的某一个具体烹饪操作岗位，如煎炸烹饪岗位、烤扒烹饪岗位等。

（10）烤扒厨师

烤扒厨师主要负责烤、铁扒、串烧等菜肴的制作。烤扒厨师一般是经过全面专业技术培训、技术高超、经验丰富的厨师，负责制作各式烤肉、炖肉、肉汤、烧烤肉。大型的厨房内又将其分为烤菜厨师领班、烧烤领班，负责处理各式烤制食物，也负责油炸的肉、鱼。

（11）冷菜管理员

冷菜管理员主要是负责冷菜部的管理，监督并制作冷调味汁、沙拉、部分开胃菜和水果、冷盘的切配及冷菜菜肴的装饰等。

（12）饼房厨师

饼房厨师主要负责各种面包及冷、热、甜、咸点心等的制作。

(13)肉类加工师

肉类加工师主要负责肉类、禽类、鱼类及海鲜原料的初加工，各种猪排、牛排、羊排等原料的分档，负责制作各式鱼类菜肴(有的地方将此区与沙司区合并在一起)。

(14)面包师

面包师主要负责各色面包、餐包、煎包等的制作。

(15)黄油/冰雕师

黄油/冰雕师主要负责利用黄油胶、冰块等材料，制作用于各种宴会装饰或烘托氛围的黄油雕、冰雕等。

(16)开胃菜加工员

开胃菜加工员主要负责开胃菜原料的准备、加工以及菜品的制作。

(17)巧克力师

巧克力师主要负责零点菜单和宴席菜单中巧克力品种菜肴的制作。

(18)冰激凌师

冰激凌师主要负责零点菜单和宴席菜单中冰激凌品种菜肴的制作。

2)现代厨房的组织结构

从上述描述中可以看出，只有比较大型的餐饮场所才需要这种传统的厨房操作体系。

现代的厨房操作体系大多规模较小，一般将两个或更多的职位合并到一起，如现代厨师中设有二厨一职，集传统的沙司厨师、肉菜厨师、汤类厨师、蔬菜厨师等职位于一体。

一般的中型厨房操作系统中有厨师长一人，二厨一人，烤菜厨师、烧烤师各一人，杂工若干人。

若经营规模不大，厨师长除负责整个后厨事务外还可负责其中一个工作区的具体工作，如可负责炒制区、负责装盘，或在某个区需要人手时，临时帮忙。

小型后厨只需一个厨师长、一两个厨师，并配备一两名厨工做些简单杂务，如洗菜、削皮等。

在许多小型餐馆中，散点厨师是顶梁柱，负责烤制、烧烤、油炸、盘烤、三明治、煎炒等，换句话说，散点厨师负责一切需要快速出锅食用的食物。

3)技术等级

由于厨房的组织结构种类繁多，在此只能做简略概括的介绍。同样，厨师的头衔也是多种多样的。例如，同样是二厨，但在不同的地方，其负责的工作内容却不尽相同。

“厨师长”一词因使用广泛而被许多人误解。一般人认为凡是头戴白帽的均为厨师长。严格地说，厨师长应该是负责整个厨房所有或部分事务的人。他不仅需要制作各式食品的实际操作经验，还必须具有管理和制订生产计划的能力。

对食品制作人员的技术等级，既可以根据工作水平要求的不同，也可以根据后厨所属机构的不同以及制作食品种类的不同而有不同的划分标准。这里，按工作水平要求的不同，划分为以下三个等级。

①厨房管理者。厨房管理者是后厨中的主要负责人。不管是称为行政总厨、厨师长，还是称为厨房总监，总之担当这一职位的人员必须具有全面的食品制作的业务知识、技巧和管理才能。既然处于领导地位，那么就必须懂得如何组织和调动员工的积极性，懂得合

理制定菜单和生产操作程序，懂得合理控制成本、编制预算，懂得如何进行食品设备的采购供应。即使是不做实际的烹调工作，处于此岗位的人也要求是经验丰富的厨师，以利于合理安排时间，指导操作人员，控制食品质量。最重要的是厨房管理者必须具备在极大的压力下也能与人和睦共处的能力。

②经验丰富、技术熟练的厨师。厨房管理者为一厨之首，厨师们则是厨房的脊梁，他们承担实际操作，因而必须具备专业技术知识和实践经验。作为一名合格的厨师，至少要对本区内制作的各种菜肴熟记于心，且要具有团结协作的精神，做好本职工作并配合他人或他区的人完成工作，优秀的菜品是团队集体力量的结晶，需要团队精神。

③初级技工。餐饮业的初级技工基本不需要什么特殊的技能或经验，他们的基本工作就是洗菜、准备做沙拉用的蔬菜等简单工作。随着经验知识的增加，他们会被安排做一些稍微复杂的工作，直到最终成为一名熟练技师。许多主厨都是从最基本的工作做起的。

任务2　西餐厨房设备与工具

2.2.1　厨房设备

全面、彻底地了解厨具与设备，对在厨房中制作食品是非常重要的。除了炉灶、炉具、锅盘、刀具和其他手工操作使用的工具以外，现在的厨房中少不了使用一些现代化的设备，这些设备的科技水平越来越高，越来越专业化，大大地减轻了后厨手工操作的压力。

很多的现代化设备结构异常复杂先进，若非当场接受指导并亲自操作是无法安全有效地使用的。而有些设备，特别是手工操作工具，则非常简单，无须指导，只要多加练习就可以熟练使用。

现代厨房中的专业设备种类繁多，在科学技术飞速发展的今天，时时会有新的设备、工具出现，逐步减轻简化厨师的各种工作负担，如面食机、汉堡机、裹面机、曲奇器、饮料机等。

1）西餐灶

西餐灶是西餐厨房最基本的烹调设备。目前常用的西餐灶多是一种组合型烹调设备，由灶眼、扒炉、平板炉、炸炉、烤炉、多士炉、烤箱等组合而成。

西餐灶有煤气灶和电灶多种常用的类型，用途广泛，适于煎、焖、煮、炸、扒、烤等多种烹调方法。根据用户的需求或厂方的设计，它的组合方式多种多样。通常西餐灶还多指灶眼或炉眼部分。所谓灶眼，类似我们中餐灶的灶眼，西餐灶就是由数个灶眼或炉眼组成的。根据厨房实际需要，西餐灶的灶眼可以有两个、四个、六个等。灶眼有开放式和覆盖式两种，开放式灶眼中的燃烧器可以直接看到，而覆盖式灶眼的燃烧器被工具全覆盖。

西餐灶也有单独成体的，如常用的燃气西餐灶，又称四眼平炉。其特点是操作简便、

火焰稳定、噪声小、便于调节火力的大小，如图2.3所示。

图2.3 西餐灶

常见的西餐灶有平顶灶、重型平顶灶和感应炉灶等。

（1）平顶灶

平顶灶燃烧口处用钢板覆盖，一次可支持多个锅，烹调量大且可支撑重物。

（2）重型平顶灶

重型平顶灶用重钢罩罩住燃烧口，上面可同时支持多口很重的锅。这种西餐灶预热时间长，但可调节其热量，需要不同热量的锅可以放在顶上的不同地方。

（3）感应炉灶

这是一种新型的平顶灶，已经逐渐在厨房里占有一定地位。这种厨具本身不发热，通过使钢或铁进行磁化运动的方式为厨具加热。这种做法可大大节省能源，并且由于只有锅、盆内食品被加热，因此厨房可保持凉爽、灶表面不热，也没有明火。炉灶无须预热，可迅速开闭。

缺点：只能使用钢、铁制锅，传统的铝或铜制锅不能使用。一些炊具制造商已经应此要求将铝制锅和盆用不锈钢加上涂层，这样导热良好的铝制品就能满足这一新兴技术的要求。

注意事项：

①确保打开煤气开关前点火器已点燃，如果点火未着，要关掉煤气，并保持通风一段时间后再点燃。

②调节好火力，保证最大火力时火苗为蓝色焰身、白色焰尖。

③若未烹调食物，平顶灶不要保持高温，否则会损坏平顶。

2）烤箱

烤箱又称烤炉。烤箱和灶是传统厨房中的两大主力军，这就是为什么这两种厨具总是出现在同一设备上的原因。烤箱通常是内嵌式的，通过燃烧、微波、红外线辐射等产生热量，给食物加热。除能烤制食物外，烤箱还具备灶的一些功能。食物可以在烤箱里炖、煮等，这样可以节省时间、空间，使厨师有时间去做其他的工作。

从热能来源上分主要有燃气烤箱和远红外电烤箱等。从烘烤原理上分又有对流式烤箱和辐射式烤箱两种。现在主要流行的是辐射式电烤箱，其工作原理主要是通过电能的红外线辐射产生热能，烘烤食品。烤箱主要由烤箱外壳、电热管、控制开关、温度仪、定时器等构成，如图2.4所示。

图2.4 烤箱

(1)普通型烤箱

普通型烤箱主要通过燃烧产生热量，在封闭式的空间内烹调食物，最常见的烤箱是与灶连在一起的。层架烤箱是由一层层的网架摞在一起组成的。烤盘直接放在烤箱板上，而不是放在金属层架上。每层的温度都可以调节。

注意事项（这些注意事项也适用于其他种类的烤箱）：

①烤箱充分预热，但不要超时，以节约能源。

②避免能量损失，不要中途停炉，不需要时不要打开烤箱。

③注意各层间和食物间要留有空隙，以利于热量流通循环。

④打开煤气开关前要看看点火器是否已点燃。

(2)对流式烤箱

对流式烤箱内装有风扇，以利于烤箱内空气对流和热量传递，因此加热速度快、各层间的空隙可更小，对流式烤箱可节省空间和能量。

注意事项：

①多数食品的制作温度只需保持在15～30 ℃，比普通型烤箱所需温度低，请参见制造商推荐的温度指示。

②注意烹调时间。由于这种烤箱回热速度快，若超时，食物很可能干硬，而且烤制食品的收缩性比普通型烤箱大。

③多数对流式烤箱在运行时，不要将鼓风机关掉，否则会烧坏电机。

④对流式烤箱的强热量会使一些松软的食品变形，如蛋糕可能起皱。制作这类食品时，请参见制造商推荐的时间和温度指标。

(3)旋转式烤箱

旋转式烤箱是一种大型炉具，也称为卷式烤箱，在大大的炉膛内一个转轮型的装置上摆放有多层的架子或烤盘，这种装置可以来回旋转，避免了炉内热量不均的现象。旋转式烤箱主要用于烤制面包和需大量制作的食物。

(4)慢烤和保温烤箱

一般来说，普通型烤箱只相当于安装了温度计的加热箱。而现代的烤箱要先进得多，有多种使用功能。比如它有电脑控制系统和特殊的探测器，可以分辨出烤制的食品是否烤好，如果已烤好，可以自动发出指令，把炉内的温度调整到保温温度。

许多这类烤箱主要用于低温烤制食品。它敏感的控制系统可以使烤箱稳定在95 ℃或稍

微低一点的温度进行烤制，烤好后，还可以自动调节到60 ℃长时间地保存食物。由于大块的肉以相对较低的温度95 ℃烘烤时需要好几个小时，甚至可以过夜烘烤，因而无须看管。这种烤箱也很普及。

（5）多功能式烤箱

多功能式烤箱是一种比较新型的烤箱，具有3种功能，它可以当作对流式烤箱，也可以当作蒸柜，还可以同时具备以上两种功能。当作高温度烤箱时可随时往烤箱内加入湿气，以减少收缩和干化。

（6）烧烤烤箱或烟熏烤箱

烧烤烤箱与普通型烤箱非常相似，只有一点不同之处，烧烤烤箱会在食物周围产生烟，增添食物的味道。此外，一般要根据制造商的要求，不同型号、不同品牌的烤箱使用不同的木炭、木柴，如有的要求用山核桃木，有的要求用牧豆木，还有的要求用果树木柴，如苹果树、樱桃树等。这种烤箱与一般加热器一样简单，都是使热量达到一定的高度，既可使木炭产生烟，又不使木柴燃烧起来，产生火焰。

不同类型的烤箱具有不同的特点。有的为无烟烧烤，有的为冷烟循环，有的为储存循环。

（7）红外线烤箱

红外线烤箱内装有石英管或石英板，产生强烈的红外射线，主要用于解冻食品。它能在很短的时间内使大量的食物达到可食用的温度。热量均匀，可以调节。

（8）微波炉

微波炉的工作原理是利用电磁管将电能转换成微波，通过高频电磁场使被加热物体分子剧烈振动而产生高热，加热效率高。微波电磁场由磁控管产生，微波穿透原料，使加热体内外同时受热。微波炉加热均匀，食物营养损失少，成品率高，并具有解冻功能。但微波加热的菜肴缺乏烘烤产生的金黄色外壳，风味较差，如图2.5所示。

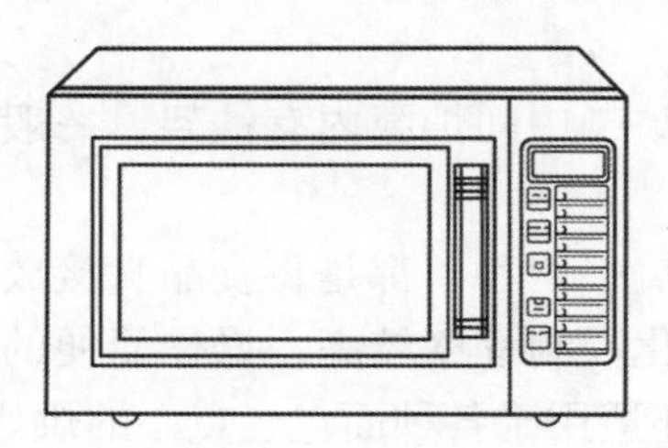

图2.5　微波炉

除了这里所讲的烤箱外，还有许多其他种类的烤箱，有的有特殊用途，有的适宜大量制作食物。例如，传送带上的烤箱，用来把在钢制传送带上的烤箱里烹调的食物运送到其他地方；储存式烤箱或保温炉可以长时间保温多种食物，直到送到餐桌上（包括可以先烹调然后自动保温的烤箱）；还有适合大批量制作的烤箱，其容量大，可以将满载食物烤盘的手推车直接装入炉内烹调。

3）铁扒炉

铁扒炉是直接用于煎扒的加热设备，操作时将食品平放在铁板上，通过铁板和食用油传热的方法将食物加热烹制成熟，是西餐最常用的设备之一，具有使用简便、省时、省工、卫生、实用等特点。许多西餐菜肴如牛排、肉饼都适合用铁扒炉进行烹制，如图2.6所示。

图2.6　铁扒炉

4）平面煎板

平面煎板又称平面扒板。其表面是一块1.5～2厘米厚的平整的铁板，四周是滤油槽，铁板下面有一个能抽拉的铁盒。其热能来源主要有电和燃气两种，靠铁板传热使被加热物体均匀受热。使用前应提前预热，如图2.7所示。

图2.7　平面煎板

5）面火焗炉

面火焗炉是一种立式的扒炉，中间炉膛内有铁架，一般可升降。热源在顶端，一般适用于原料的上色和表面加热。

面火焗炉有燃气焗炉和电焗炉两种，都是将食品直接放入炉内受热、烘烤的一种西餐厨房常用设备。该炉具有自动化控制程度较高，操作简便的特点。烤制时食品表面易于上色，可用于烤制多种菜肴，且还适用于各种面包、点心的烘烤制作，如图2.8所示。

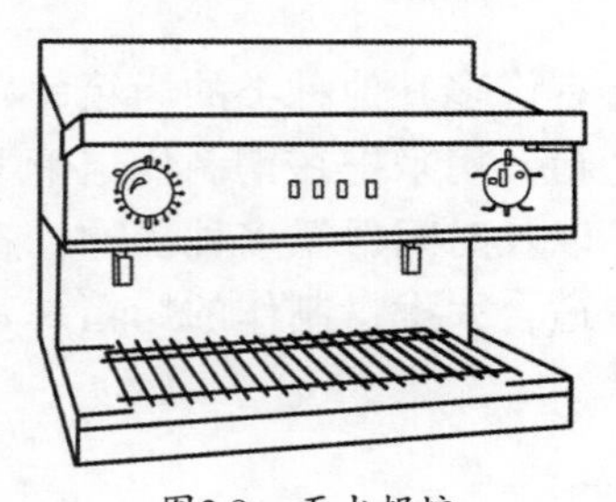

图2.8　面火焗炉

6）蒸汽夹层汤锅

蒸汽夹层汤锅主要由机架、蒸汽管路、锅体、倾锅装置组成，主要材料为优质不锈

钢，符合食品卫生要求，外观造型美观大方，使用方便省力。倾锅装置通过手轮带动蜗轮蜗杆及齿轮传动，使锅体倾斜出料。翻转动作也由电动控制，使整个操作过程安全且省力，如图2.9所示。

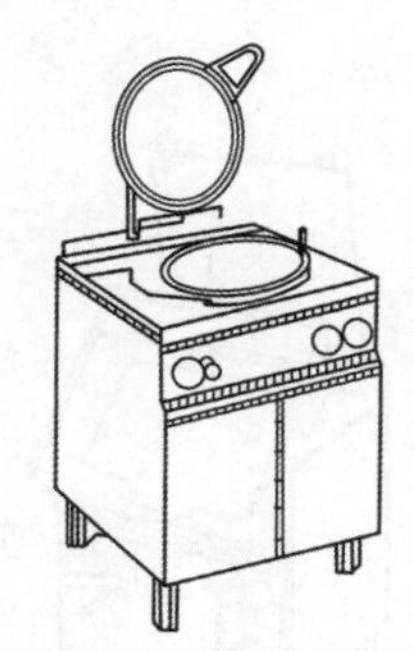

图2.9 蒸汽夹层汤锅

采用蒸汽为热源，其锅身可倾覆，以方便进卸物料。此设备为间隙式熬煮设备，适用于酒店、宾馆、食堂及快餐行业，常用于布朗基础汤的熬制，肉类的热烫、预煮，配制调味液和熬煮一些粥及水饺类食品。此锅处理粉末及液态物料尤为方便。

7）蒸汽炉

蒸汽炉有高压蒸汽炉和普通蒸汽炉两种，主要是利用封闭在炉内的水蒸气对被加热物体进行加热。高压蒸汽炉最高温度可达182 ℃，食品营养成分损失少、松软、易消化，如图2.10所示。

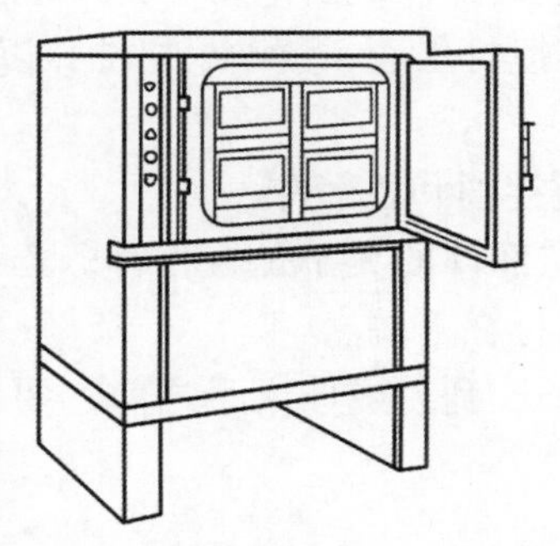

图2.10 蒸汽炉

8）油炸炉

油炸炉由不锈钢结构架、不锈钢油锅、温度控制器、加热装置、油滤装置等组成，一般为长方形，以电加热为主，也有气加热，能自动控制油温，如图2.11所示。

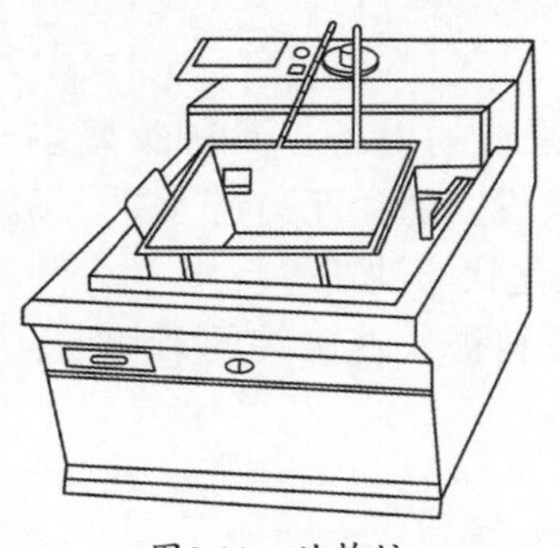

图2.11 油炸炉

9）多功能加热炉

多功能加热炉主要由两部分组成，上半部为长方形的容器锅，有盖，容积大；下半部是加热装置，主要由加热容器锅、电热元件、热能控制装置、摇动装置等组成，加热容器锅能倾斜。多功能加热炉用途广泛，适用于煎、炸、煮、蒸、烩等多种烹调方法，如图2.12所示。

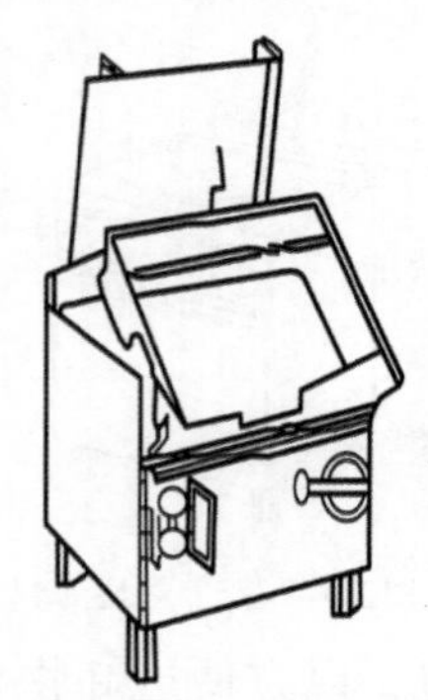

图2.12　多功能加热炉

2.2.2　加工设备

1）立式搅拌机

立式搅拌机又称多功能搅拌机，是面包店和厨房中的重要工具，用途广泛，可做各种食品的搅拌和食品加工工作。立式搅拌机由电机、升降装置、控制开关、速度选择手柄、容器和各种搅拌龙头组成，适宜搅打蛋液、黄油、奶油，以及揉制、搅打各种面团等。

注意事项：

①开动机器前，要固定好搅拌桶和各部件。

②检查搅拌桶型号的大小与部件的大小是否相符，若不符，则会造成重大损害。搅拌桶的型号标在旁边，部件的型号标在上端。

③在擦搅拌桶，往里插勺子、刮刀或伸入手之前，要先停机。搅拌机功率特别大，小心造成严重伤害。

2）打蛋机

打蛋机由电机、钢制容器和搅拌龙头组成，主要用于打蛋液、奶油等。

3）压面机

压面机又称滚压机，由电机、传送带、滚轮等主要构件组成，主要用于制作各种面团卷、面皮等。

4）多功能粉碎机

多功能粉碎机是用来切碎原料的设备。其种类繁多，用途广泛。多功能粉碎机由电机、原料容器和不锈钢叶片刀组成，适用于打碎水果、蔬菜、肉、鱼等，也可以用于混合搅打浓汤、鸡尾酒、调味汁、乳化状的沙司等。

工作方法是使旋转桶内的原料被快速旋转的刀切下，原料切割的粗细程度取决于原料在机器中时间的长短。

注意事项：

①使用前，确保机器的各种部件已安装妥当。

②开机前，要将盖上的锁锁好。

③机器转动时，一定不要将手伸入机器中。

④若切割相同规格的原料，可将原料一次性放入桶内。

⑤刀要锋利，刀钝会捣烂食物。

5）切片机

切片机是一个非常有价值的工具，因为用切片机削的食物厚度比用手工削的更均匀，大小更一致。切片机在控制原料用量、减少原料损失方面很有优势。切片机主要用来切面包片，也可加工其他食品，并可根据要求切出规格不同的片。

多数现代切片机的刀片都倾斜一定的角度，这样切下的片就不容易破碎或打卷。手工操作机器时，操作人员必须前后拉动台架来切削食物。自动切片机用电动机带动台架前后移动。

注意事项：

①使用前确保机器安装稳妥。

②要用根部力量挤压食物进行切削，这样可以避免手部受伤，也可使食物受力更均匀，切出来的片更整齐一致。

③机器停用或进行清洗时，要将调节肉片厚度的按钮定在零位上。

④拆卸和清洗机器时，要将电源插头拔下来。

⑤保持刀片锋利。

2.2.3 制冷设备

1）冷藏设备

厨房中常用的冷藏设备主要有小型冷藏库、冷藏箱和小型电冰箱。这些设备的共同特点是都具有隔热保温的外壳和制冷系统。冷藏设备按冷却方式分类可分为冷气自然对流式（直冷式）和冷气强制循环式（风扇式）两种，冷藏的温度范围在-40～10 ℃，并具有自动恒温控制、自动除霜等功能，使用方便。

2）制冰机

制冰机主要由蒸发器的冰模、喷水头、循环水泵、脱模电热丝、冰块滑道、贮水冰槽等组成。整个制冰过程是自动进行的，先由制冷系统制冷，水泵将水喷在冰模上，逐渐冻成冰块，然后停止制冷，用电热丝加热使冰块脱模，沿滑道进入贮冰槽，再由人工取出冷藏。制冰机主要用于制备冰块、碎冰和冰花。

3）冰激凌机

冰激凌机由制冷系统和搅拌系统组成，制作时把配好的液状原料装入搅拌系统的容器内，一边冷冻一边搅拌使其成糊状。由于冰激凌的卫生要求很高，因此，冰激凌机一般用不锈钢制造，不易沾污物，且易消毒。

2.2.4 厨房常用炊具

1）煎盘

煎盘又称法兰盘，圆形、平底，直径有20厘米、30厘米、40厘米等规格，用途广泛。

2）炒盘

炒盘又称炒锅，圆形、平底，形较小，较深，锅底中央略隆起，一般用于少量油脂快炒。

3）奄列盘

奄列盘圆形、平底，形较小，较浅，四周立边呈弧形，用于制作奄列蛋。

4）沙司锅

沙司锅圆形、平底，有长柄和盖，深度一般为7～15厘米，容量不等，锅底较厚，一般用于沙司的制作。

5）汤桶

汤桶桶身较大、较深，有盖，两侧有耳环，容积10～180升不等，一般用于制汤或烩煮肉类。

6）双层蒸锅

双层蒸锅底层盛水，上层放食品，容积不等，有盖，一般用于蒸制食品。

7）帽形滤器

帽形滤器有一长柄，圆形，形似帽子，用较细的铁纱网制成，一般用于过滤沙司。

8）锥形滤器

锥形滤器由不锈钢制成，锥形，有长柄，锥形体上有许多小孔眼，一般用于过滤汤汁。

9）蔬菜滤器

蔬菜滤器一般用不锈钢制成，用于沥干洗净后的水果和蔬菜等。

10）漏勺

漏勺用不锈钢制成，浅底连柄、圆形广口，中有许多小孔，用于食品油炸后沥去余油。

11）蛋铲

蛋铲一般用不锈钢制成，长方形，铲面上有孔，以沥掉油或水分，主要用于煎蛋等。

12）盅

盅又称罐，多以耐火的陶瓷或搪瓷材料制作，深底、椭圆形，用于制作罐焖、烩、肉批等菜肴。一般可连罐上桌。

13）汤勺

一般用不锈钢制成，有长柄，供舀汤汁、沙司等。

14）擦床

擦床一般呈梯形，四周铁片上有不同孔径的密集小孔，主要用于擦碎奶酪、水果、蔬菜。

15）蛋抽

蛋抽是由钢丝捆扎而成，头部由多根钢丝交织编在一起，呈半圆形，后部用钢丝捆扎成柄，主要用于搅打蛋液等。

16）食品夹子

食品夹子一般是用金属制成的有弹性的V形夹子，形式多样，用于夹取食品。

17）烤盘

烤盘呈长方形，立边较高，薄钢制成，主要用于烧烤原料。

18）烘盘

烘盘呈长方形，较浅，薄钢制成，主要用于烘烤面点食品。

2.2.5 厨房常用刀具

1）法式分刀

法式分刀刀刃锋利呈弧形，背厚，颈尖，型号多样，20～30厘米不等，用途广泛，切、剁皆可，如图2.13所示。

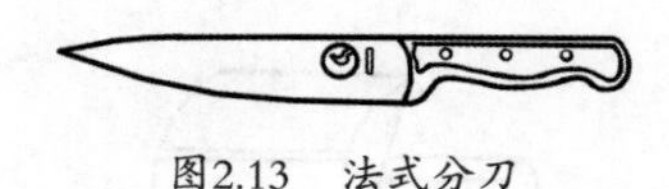

图2.13　法式分刀

2）厨刀

厨刀刀锋锐利平直，刀头尖或圆，主要用于切割各种肉类，如图2.14所示。

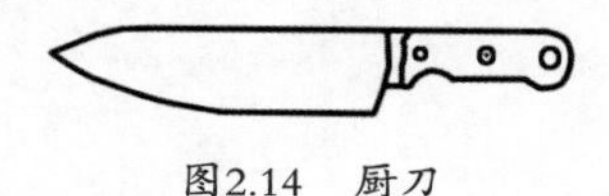

图2.14　厨刀

3）剔骨刀

剔骨刀刀身又薄又尖，较短，用于肉类原料的出骨，如图2.15所示。

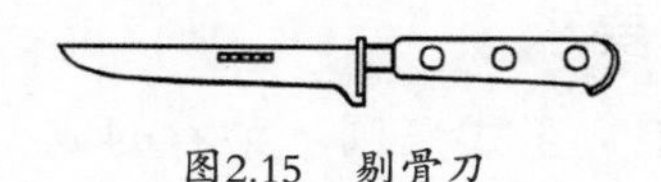

图2.15　剔骨刀

4）剁肉刀

剁肉刀一般呈长方形，形似中餐刀，刀身宽，背厚，用于带骨肉类原料的分割，如图2.16所示。

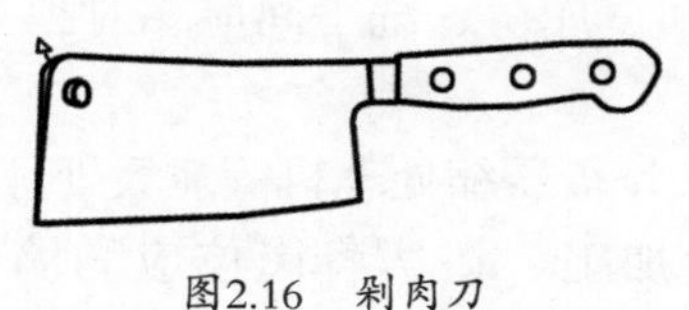

图2.16　剁肉刀

5）牡蛎刀

牡蛎刀刀身短而厚，刀头尖而薄，用以挑开牡蛎外壳，如图2.17所示。

图2.17　牡蛎刀

6）蛤蜊刀

蛤蜊刀刀身扁平、尖细，刀口锋利，用于剖开蛤蜊外壳，如图2.18所示。

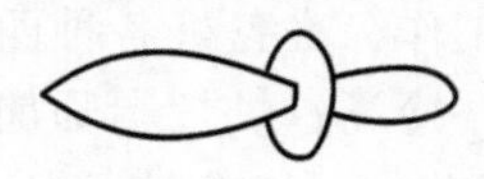

图2.18　蛤蜊刀

7）肉叉

肉叉形式多样，用于辅助切片、翻动原料等，如图2.19所示。

图2.19 肉叉

8）拍刀

拍刀又称拍铁，带柄、无刃，下面平滑，背面有脊棱，中间厚，两边薄，主要用于拍砸各种肉类，如图2.20所示。

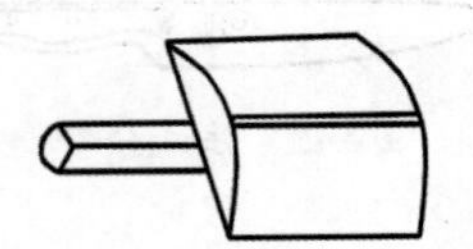

图2.20 拍刀

任务3 西餐生产管理

2.3.1 西餐厨房的布局设计要求

西餐从菜肴的选料、初加工、正式烹调、菜肴的成型到顾客的进餐方式与中餐都有明显的区别。西餐厨房的布局设计要适应西餐的加工及烹调特点。西餐厨房中的食品加工设备比中餐厨房多，机械化程度更高。在生产布局上，除了要求做到中餐厨房的各项要求外，还应该注意如下几点：

①食品加工间、洗涤消毒间、库房、洗手间应相对独立，形成既紧密又相互隔开的四个区域。

②厨房应有油水分离装置、垃圾压缩处理机等垃圾处理设施。

③厨房中热食加工、冷食加工、饼房各岗位应靠墙分别按照各自的生产流程顺序排列。

2.3.2 西餐厨房各岗位工作任务

1）西菜炉灶组工作任务

①在领班领导下负责西餐零点、包餐、团队、鸡尾酒会、冷餐酒会、西餐宴会等主菜、蔬菜、汤类的烹制工作。

②了解每天、每餐团体宾客人数、桌数、国籍、生活习惯、口味要求，并按西餐厨师长制定的菜单，按规定的风味特色烹制。

③搞好灶面、工作台等的卫生工作，准备好各种西餐调味料和香料，汤菜厨师吊好清汤，制好各种奶汤、什锦汤、茸汤、冷汤；炉灶厨师加工好各种常用蔬菜；烧扒厨师、煎炸厨师做好煮、炸、烤等工作和开餐前的一切准备工作。

④熟悉美、英、法、德、俄、意等国家菜式、口味要求，严格按西餐烹调法操作，保持西餐特色；掌握各种烤炉、排炉等设备的操作，正确掌握菜肴火候、温度，烧烤出色、香、味、形俱佳的西式菜肴。

⑤开餐完毕应做好食品存放、清洁卫生工作。

⑥炉灶厨师准备好各式沙司，数量适当。

2）西餐切配组工作任务

①将初加工好的主食原料分类进行分解、拆卸、出骨，根据点菜单的要求加工成直接可烹调的生坯料。

②做好案板、砧板、货架、菜刀、半成品冷藏柜的清洁卫生工作，菜品原料分类摆放整齐。

③严格按西式菜肴烹调要求实施刀工，合理使用原料，防止原料浪费。

④加工原料必须严格按程序操作，符合卫生要求和烹调要求，保持原料的营养成分，使菜肴的色、香、味、形不受影响。

3）西餐冷菜组工作任务

①在冷菜组领班领导下负责西式零点、团体、宴会、鸡尾酒会等冷菜的制作，如沙司、沙拉、腌菜、胶冻、烧烤和拼盘等工作，要求色彩明快、艺术造型佳。

②每餐开餐前根据就餐宾客预订、团体及宴会的人数和桌数、口味要求等准备好冷菜，按规格拼制冷盘，保证及时供应。

③严格把好食品卫生关，严格按照操作规程工作，对刀具、案板等用具按规定消毒，未经消毒的餐具绝不使用。操作人员个人卫生须符合要求。

④冷菜制作人员必须掌握多种拼摆手法，讲究造型，使冷菜富有艺术性，从而达到使食客振奋精神、增进食欲的目的。

4）西点组的工作任务

①在领班的领导下负责各种大小冷餐酒会、宴会、鸡尾酒会，以及零点、包餐、酒吧等场所所需的各种面包、馅饼、糕点、热点等西式点心与冷饮制品的制作。

②各式点心的制作必须严格按规定比例配料，按规定程序操作，要加工细致、大小均匀、外形美观，少出或不出废品。

③保持西点的新鲜度，保证质量，掌握各种面粉性能和各式西点的制作技艺，不断翻新花色品种。

④掌握各种西点加工机械设备的性能，及时保养清洗，保持清洁。讲究食品操作卫生和个人卫生，搞好收尾交接工作。

2.3.3 西餐生产管理内容

西餐生产管理与中餐生产管理相似，包括制定完善的生产管理规定并加强督促，抓好卫生管理工作，抓好设备管理工作，抓好生产安全工作，抓好成本核算工作等。

但在原料的选用、生产方式、进餐方式上，西餐与中餐有较大的区别。在生产管理中除了抓好以上几方面的工作外，还需根据餐厅经营的西餐风味特色、生产规律来安排生产任务及进行生产管理。

[思考题]

1. 简述西餐厨房的分类。
2. 简述厨房人员的组织结构。
3. 举例说明西餐厨房设备与工具的使用方法。
4. 简述西餐厨房的布局设计要求。
5. 简述西餐各岗位的工作任务。

单元3 西餐常用原料

【知识目标】

1. 熟悉西餐烹饪原料的种类和特点；
2. 熟悉各种原料的烹饪应用。

【能力目标】

1. 能够鉴别烹饪原料的品质；
2. 能够根据烹调要求选择烹饪原料。

西餐烹饪原料是西餐菜肴质量的基本保证，烹饪原料的新鲜度、部位、质地、特色和成熟度都是影响菜肴质量的重要因素。因此，了解和熟悉烹饪原料是学习西餐烹调的基础。

西餐烹饪原料可分为动物性原料和植物性原料两大类。动物性原料包括家畜、家禽、水产、奶制品。植物性原料包括蔬菜、谷物、果品、调味品等。西餐烹饪原料的最大特点是奶制品和调味品的品种非常丰富。

通过本单元学习，可详细了解各类常用原料的品质特点及其在西餐中发挥的作用。

任务1　家畜肉及畜肉制品

肉类是西餐的主要原料。肉的品质取决于动物的种类及饲养方式。肉类原料在西餐中可烹调的菜式很多、风味各异。其风味主要受肉的部位、加热方式、烹调温度与烹调时间的交互影响。因此，肉类原料的部位及特性，对专业厨师而言是必须掌握的。以下介绍常见的肉类原料。

家畜肉的级别是根据质地、颜色、饲养年龄及瘦肉中脂肪的分布等情况进行划分的。我国餐饮业目前对牛肉、小牛肉、羊肉尚无等级的划分，主要强调它们的部位。美国将牛肉、小牛肉和羊肉分为四个级别，具体情况如表3.1所示。

表3.1　牛肉、小牛肉和羊肉的级别与肉质特点

级　别	肉质特点
特级	质量最好，肉外部和内部都有脂肪，质地较坚实，肉质细嫩，数量有限，价格高
一级	质量好，肉外部和内部脂肪少于特级，供应量大，价格适中，是餐饮业理想的原料
二级	质量适中，肉外部和内部脂肪较少，味道略差，肉质比特级和一级老，价格较低，适合使用水烹法制作的菜肴及食堂使用
三级	很少在饭店使用，可在食堂使用

3.1.1 牛肉

牛肉是西餐烹调中最常用的原料。西餐在牛肉原料的选用上也非常讲究，主要以肉用牛的肉作为烹调原料。目前人类已培养出了很多品质优良的肉用牛品种，如法国的夏洛来牛、利木赞牛，瑞士的西门答尔牛，英国的安格斯牛等，这些肉用牛出肉率高、肉质鲜嫩、品质优良，现已被引入世界各地，广泛饲养。美国、澳大利亚、德国、新西兰、阿根廷等国均为牛肉生产大国。

由于各地区饲养的肉用牛品种、饲养方法及饲料的不同，因此各地区牛肉的质量、口味等也不尽相同。品质上乘的牛肉主要有日本神户牛肉和美国安格斯牛肉，其次是阿根廷牛肉、澳大利亚牛肉和新西兰牛肉等。其中，日本神户牛肉更是以其超级柔嫩的肉质和丰富的味道闻名于世，它肉质细腻，纹理清晰，红白分明，肥瘦相间。日本神户牛肉是目前世界上品质最好的牛肉。

肉用牛一般在生长期为2～3年时的肉质最好，其肌体饱满，肌肉紧实、细嫩，皮下脂肪和肌间脂肪较多。此时最适宜宰杀。宰杀时应根据其部位的划分进行分档取料，以使其物尽其用。

牛肉在西餐中可采用煎、扒、焗、烤、炖、煮、焖、烧等多种方式成菜。常作为菜品的主料，也常与其他原料相配成菜，可作为馅心、面点的用料，也是调制基础汤不可或缺的原料，并广泛用于多种沙司的调制，也常用于牛肉制品的加工。

此外，西餐中也常用牛的副产品加工菜肴，如牛舌适宜烩、焖等；牛腰适宜扒、烤、煎等；牛肝适宜黄烩、白烩等；牛骨髓可作为涂抹食品，或制作牛骨髓沙司。

3.1.2 小牛肉

小牛肉又称牛仔肉、牛犊肉，是指生长期在3～10个月时宰杀获得的牛肉，其中饲养3～5月龄的又称为乳牛肉或白牛肉，饲养5～10月龄的称为小牛肉或牛仔肉。

小牛生长期不足3个月，其肉质中水分太多，不宜食用。3个月以后，小牛肉质逐渐纤细，味道鲜美，特别是3～5月龄的乳牛，由于此时尚未断奶，其肉质更是细嫩、柔软，富含乳香味。小牛一般生长期过了12个月，则肉色变红，纤维逐渐变粗，此时就不能再称为小牛肉。

小牛肉肉质细嫩、柔软，脂肪少，味道清淡，是一种高蛋白、低脂肪的优质原料，在西餐烹调中应用广泛，尤其是意式菜、法式菜更为突出。小牛除了部分内脏外，其余大部分部位都可以作为烹调原料，特别是小牛喉管两边的胰脏，又称牛核，更被视为西餐烹调中的名贵原料。其后腿肉、肩肉适合烤、制作肉卷或去骨后填馅，小牛的牛脊肉可用于制作菲力牛扒，小牛的胸肉可去骨后填馅或制作肉卷，小牛的后臀肉、腰肉可制作牛扒，通常采用烤、焖法成菜。

小牛结构与牛相同，但因其体型较小，其部位的划分也比较简单，如图3.1所示。

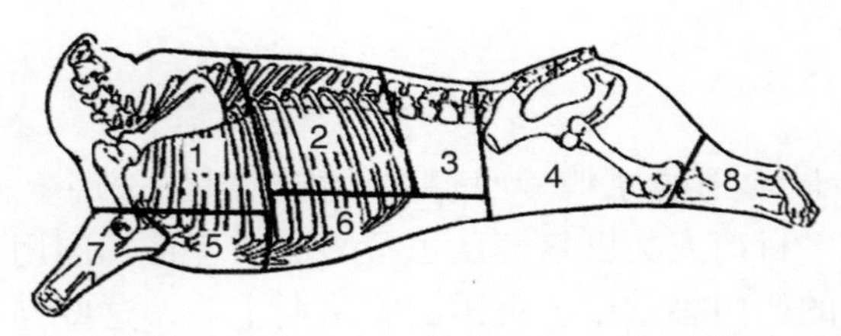

图3.1　小牛肉的分档示意图

1. 前肩　2. 肋部　3. 腰部　4. 后腿　5. 胸部　6. 腹部　7，8. 腱子

3.1.3　羊肉

在西餐烹调中，羊肉的应用仅次于牛肉。羊在西餐烹调中又有羔羊和成羊之分。羔羊是指生长期在3个月至1年的羊，其中没有食过草的羔羊又被称为乳羊。成羊是指生长期在1年以上的羊。西餐烹调中以使用羔羊肉为主。

羊的种类很多，其品种类型主要有绵羊、山羊和肉用羊等，其中肉用羊的羊肉品质最佳，肉用羊大都是用绵羊培育而成，其体型大，生长发育快，产肉性能高，肉质细嫩，肌间脂肪多，切面呈大理石花纹，其肉用价值高于其他品种。其中较著名的品种有无角多赛特、萨福克、德克塞尔及德国美利奴、夏洛来等肉用绵羊。

澳大利亚、新西兰等国是世界主要的肉用羊生产国，目前我国的市场供应以绵羊肉为主，山羊肉因其膻味较大，故供应量相对较少。羊肉的分档示意图如图3.2所示。

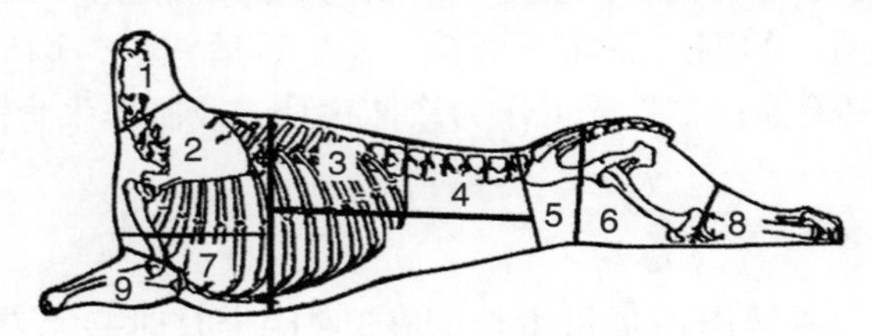

图3.2　羊肉的分档示意图

1. 颈部　2. 前肩　3. 肋背部　4. 腰脊部　5. 上腰　6. 后腿　7. 胸口　8，9. 腱子

3.1.4　猪肉

猪肉也是西餐烹调中常用的原料之一，尤其是德式菜对猪肉更是偏爱，其他欧美国家也有不少菜肴是用猪肉制作的。

猪在西餐烹调上有乳猪和成年猪之分。乳猪是指尚未断奶的小猪。乳猪肉嫩色浅，水分充足，是西餐烹调中的高档原料。成年猪一般以饲养1～2年为最佳，其肉色淡红，肉质鲜嫩，味美。猪肉的分档示意图如图3.3所示。

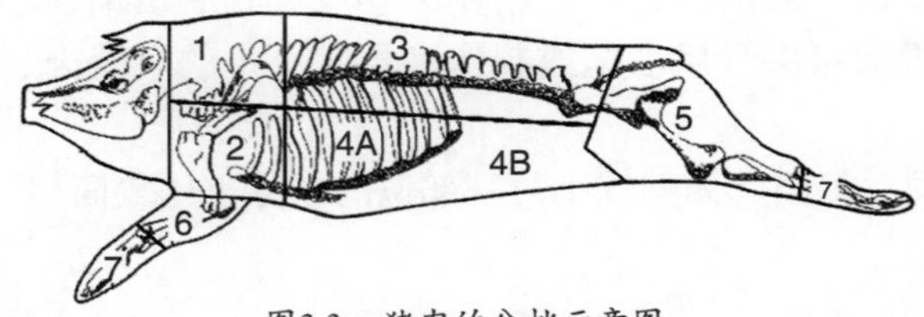

图3.3　猪肉的分档示意图

1. 上脑　2. 前肩肉　3. 外脊/里脊　4A. 硬肋　4B. 软肋　5. 后腿部　6. 猪肘子　7. 猪蹄

3.1.5 培根

培根又称咸肉、板肉，是西餐烹调中使用较为广泛的肉制品。根据其制作原料和加工方法的不同，主要有以下几种：

1）五花培根

五花培根也称美式培根，是将猪五花肉切成薄片，用盐、亚硝酸钠或硝酸钠、香料等腌制、风干、熏制而成，如图3.4所示。

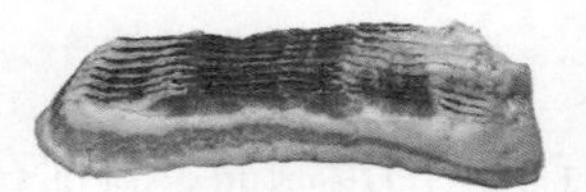

图3.4 五花培根

2）外脊培根

外脊培根也称加拿大式培根，是用纯瘦的猪外脊肉经腌制、风干、熏制而成，口味近似于火腿，如图3.5所示。

图3.5 外脊培根

3）爱尔兰式培根

爱尔兰式培根是用带肥膘的猪外脊肉经腌制、风干加工制成的，这种培根不用烟熏处理，肉质鲜嫩，如图3.6所示。

图3.6 爱尔兰式培根

4）意大利培根

意大利培根是将猪腹部肥瘦相间的肉，用盐和特殊的调味汁等腌制后，将其卷成圆桶状，再经风干处理后，切成圆片制成的。意大利培根也不用烟熏处理，如图3.7所示。

图3.7 意大利培根

5）咸猪肥膘

咸猪肥膘用干腌法腌制而成，其加工方法是在规整的肥膘肉上均匀地切上刀口，再搓上食盐，腌制而成。咸猪肉可直接煎食，还可切成细条，嵌入用于焖、烤等肉质较瘦的大块肉中，以补充其油脂，如图3.8所示。

图3.8　咸猪肥膘

3.1.6　火腿

火腿是一种在世界范围内流行很广的肉制品，目前在很多国家都有生产或销售。西式火腿可分为两种类型：无骨火腿和整只带骨猪后腿火腿。

1）无骨火腿

无骨火腿一般是选用去骨的猪后腿肉，也可用净瘦肉为原料，用加入香料的盐水浸泡、腌制入味，然后加水煮制。有的还需要经过烟熏处理后再煮制。这种火腿有圆形和方形的，使用比较广泛。

2）带骨火腿

带骨火腿一般是用整只的带骨猪后腿加工制成的，其加工方法比较复杂，加工时间长。一般是先用盐、胡椒粉、硝酸盐等调味品干擦整只后腿肉表面，然后浸入加有香料的盐水卤中腌制数日，取出风干、烟熏，再悬挂一段时间，使其自熟，就可形成良好的风味。

传统西式火腿的加工工艺流程如下：

①原料修整。选用经卫生检验合格的猪后腿或大块肌肉作为原料，去除骨、肥膘、筋腱、结缔组织、血管、伤斑后，将肉放在2～5 ℃的冷藏库中备用。

②盐水注射。注射用的腌制液，主要成分是食盐、亚硝酸盐、糖类、柠檬酸、抗坏血酸钠、尼克酰胺、磷酸盐等。腌制液应根据注射量来调制，调制后采用多针头盐水注射器均匀地注入肌肉中，注射量为肉重的20%～25%，盐水温度为8～10 ℃。

③嫩化。注射后的原料肉如有条件，最好进行一次嫩化，嫩化在嫩化机内进行。嫩化时会造成一部分盐水损失，可将肉倒入滚揉筒后，直接加入盐水。

④滚揉。经盐水注射的原料肉要进行滚揉。滚揉在滚揉机内进行。

滚揉的目的：加速腌制液在肌肉中的扩散，缩短腌制时间；使肉通过机械作用（包括肉块自身的翻滚、挤压、摩擦、互相撞击、撞甩），达到原料肉软化、肌肉组织松弛的目的；促使肌肉中可溶性蛋白外渗而使肌肉表面发黏，增加肉的黏结性；加速肉的成熟，改善肉的风味。

滚揉的方法有连续式滚揉和间歇式滚揉。连续式滚揉即连续滚揉4小时，无休息时间，滚揉筒转速为每分钟8～15转，然后在5 ℃以下冷库腌制12小时。间歇式滚揉即滚揉10分钟，休息20分钟，滚揉的总时间根据滚揉筒每分钟的转数计算，一般要求总转数达到5 000～6 000转。不论以何种方式滚揉，滚揉温度应在8 ℃以下。

⑤装模或灌装。滚揉好的原料肉称重后定量装入尼龙塑料袋中，装好后，在袋的下部及四周扎孔，然后装入不锈钢的模具中，加上盖子压紧。也可直接用灌装机将原料肉灌入

天然肠衣或人造肠衣中，两端打上铝卡。

⑥蒸煮。可用蒸汽或水浴蒸煮。水浴煮制时，先将装肉的模具装入水温约55 ℃的水浴锅中，水位稍高于模具，然后用蒸汽加热，使肉的中心温度达到68～70 ℃即可。灌入肠衣的火腿可先在55 ℃的蒸汽或水浴锅中发色1小时，随后将温度升高到74～76 ℃，使火腿中心温度达到68～70 ℃。

⑦冷却。蒸煮结束的西式火腿，用冷水淋浴冷却之后存放在5 ℃以下的冷库内。生产烟熏火腿时，烟熏温度在60～70 ℃，一般烟熏2小时，要求烟熏到火腿表面呈棕红色，再进行蒸煮。蒸煮时，火腿的中心温度达到68～70 ℃，蒸煮之后，将火腿表面干燥，冷却后即为成品。

世界上著名的火腿品种有法国烟熏火腿、苏格兰整只火腿、德国陈制火腿、黑森林火腿、意大利火腿等。

火腿在西餐烹调中使用非常广泛，既可做主料，又可做辅料，还可制作冷盘。

火腿的品质检验以感官检验为主，一般采用看、扦、斩三步检验法判断其坚实度、色泽、弹性、组织状态、气味等。看主要是观察表面和切面状态。正常切面呈深红玫瑰色、桃红色或暗红色，脂肪组织呈白色、淡黄色或淡红色。扦是探测火腿深部的气味，通常用三扦签的方法。第一签在蹄髈部分膝盖附近，扦入膝关节外；第二签在髋骨部分，从髋关节附近扦入；第三签在从髋骨与荐堆间扦入。正常火腿具有火腿特有的香味，无显著哈味。斩是在看和扦所得印象基础上，对火腿质量产生疑问时所采用的辅助方法。

火腿保存的目的主要是避免油脂酸败，回潮发雾，虫蛀，故应存放在阴凉、干燥、通风、清洁处。避免高温和光照，力求密闭隔氧，可用食品袋密封保存或涂擦一层芝麻油作为保护。

3.1.7 香肠

香肠的种类很多，仅西方国家就有上千种，主要有冷切肠系列，早餐香肠系列，沙拉米肠系列，小泥肠系列，风干肠、烟熏香肠及火腿肠系列等。其中生产香肠较多的国家有德国和意大利等。

制作香肠的原料主要有猪肉、牛肉、羊肉、火鸡、鸡肉和兔肉等。其中以猪肉最普遍。一般的加工过程是将肉绞碎，加上各种不同的辅料和调味料，然后灌入肠衣，再经过腌制或烟熏、风干等方法制成。

质量好的香肠肠衣干燥，无霉点或条状黑痕，不流油，无黏液，坚挺有弹性，不易与肉馅分离，肉馅均匀，无空洞，无气泡，组织坚实有弹力，无杂质，无异味，香味浓郁。

世界上比较著名的香肠品种有德式小泥肠、米兰沙拉米香肠、维也纳牛肉香肠、法国香草沙拉米香肠等。香肠在西餐烹调中可用于做沙拉、三明治、开胃小吃，煮制菜肴，也可做热菜的辅料。

香肠常规的加工工艺流程如下：

①原料的选择。香肠除猪肉肠和牛肉肠外，其他畜禽肉以及畜禽身体的其他部位如头、肝、心等都可作为灌肠的原料。但所有的原料都必须经卫生检验合格后方可使用。

②腌制。将原料肉修整，除去骨、筋腱、结缔组织、血污后切成小块进行腌制。腌

制多采用干腌法，主要腌制料为食盐、亚硝酸盐、磷酸盐等。食盐的用量为原料质量的2%～3%，亚硝酸盐的用量为原料质量的0.015%，磷酸盐的用量为0.5%。瘦肉腌制48～72小时，温度4～10 ℃。脂肪加盐3%～4%进行腌制（一般不加亚硝酸盐），时间3～5天，温度4～10 ℃。

③绞肉或斩拌。腌制好的原料肉用绞肉机绞碎，绞肉机筛板的孔径可根据所生产的产品进行选择。绞碎的肉可在斩拌机中进一步斩拌。腌制好的肉也可不经绞肉机而直接在斩拌机中斩碎。斩拌过程中应加原料质量的20%～30%的冰屑（冰的数量应包含在肉馅加水的总质量中），使斩拌结束的肉馅的温度不高于10 ℃，时间10～20分钟。斩拌时的投料顺序是：牛肉→猪肉（先瘦后肥）→其他肉类→冰水→调料等。也可先把肉绞碎或斩碎，倒入搅拌机内，然后将辅料和香辛料及切成方丁的脂肪倒入拌匀即可。

④灌装。灌装时要掌握松紧程度，不可过紧或过松，灌装的同时应注意扎孔排气。

⑤烘烤。灌装结束后，应用清水冲洗肠体表面，晾干后送入70～90 ℃的烘房或烟熏炉中烘烤25～60分钟，至肠体表面干燥、肉馅变色即可。

⑥煮制。可采用蒸汽或水浴两种方法进行。煮制时间根据肠体粗细而定，肠体中心温度达到70 ℃时煮制结束。

⑦熏制。煮制后，送入烟熏室，在50～55 ℃下熏制4小时使肠体表面干燥、肠衣不黏，并产生特有的烟熏味。熏制后应进行冷却。

⑧贮藏。未包装的香肠吊挂存放，贮藏时间依种类和条件而定。湿肠含水量高，如在8 ℃条件下，相对湿度75%～78%时可悬挂3昼夜；在20 ℃条件下只能悬挂1昼夜。水分含量不超过30%的香肠，当温度在12 ℃、相对湿度为72%时，可悬挂存放25～30天。

1）腊肠

腊肠也叫熏肠，起源于波兰的克拉科夫市。腊肠是以70%的瘦肉丁和30%的肥膘肉混合成肉馅，用猪大肠制的肠衣灌装，再经煮制、晾干、熏制而成。所以，制作的灌肠比茶肠硬，味道也咸，醇香适口，在西餐中主要用于冷菜。

2）小泥肠

小泥肠主要产于德国的法兰克福市。它是以酱状肉馅，用鸡肠衣制作而成的。肠身较细短，一般长12～13厘米，直径2～2.5厘米，是灌肠中最小的一种，味道鲜美，西餐中一般以热食为主，煎、煮、烩均可。

3）意大利肠

意大利肠的酱状肉馅中拌有鲜豌豆粒，一般长50厘米左右，直径为13～15厘米，是灌肠中最大的一种，切断面除肉馅本来的颜色外还有豌豆的绿色，拼摆后能给冷盘增加色彩。

4）沙拉米肠

沙拉米肠又叫干肠。这种灌肠是以瘦肉泥加上肥肉丁，再加上黑胡椒末及适量亚硝酸盐、食盐，和成馅灌入用猪大肠制的肠衣内，然后置于液体油脂内浸泡较长时间，使肠衣内肉馅自身被亚硝酸盐、食盐腌透。待其呈浅褐色时将其取出，挂在阴凉通风处晾干而成。这种灌肠与其他灌肠突出的不同点是，它根本不经加热成熟而是完全靠亚硝酸盐和食盐腌制而熟。因此，其味咸而浓郁，质地较韧，硬度较大，食后回味醇香，风格独特。这种灌肠的另一特点是便于保存，有的存放长达几十年也不会腐烂，是旅行时的方便食品。

5）小红肠

小红肠是目前世界上消费量最大的一种方便肉制品，也是香肠制品的代表种类。原产于奥地利首都维也纳，又称热狗。它以羊肠做肠衣，肠体细小，形似手指，稍弯曲，外观红色，肉质呈乳白色，鲜嫩细腻，味香可口。

6）大红肠

大红肠是用牛肉和猪肉混合制成的香肠。其加工方法与小红肠相同，只是在主料中加有猪脂肪丁。其肠体形状粗大如手臂，表面红色，故称大红肠。因西欧人常在吃茶点时食用，所以又称茶肠。大红肠肉质细腻，鲜嫩可口，有蒜味。

7）火腿肠

火腿肠是用猪后腿的鲜精肉，剔出肥膘、筋腱，加精盐腌制后搅成肉糜，另加适量的肥肉丁拌匀，拌入肠衣内，经熏烤而成。它表面黄褐，香味浓郁。

任务2 家禽类

3.2.1 鸡

1）雏鸡/小母鸡

雏鸡是指生长期为1个月左右，体重为250～500克的小鸡，如图3.9所示。雏鸡肉虽少，但肉质鲜嫩，适宜整只烧烤、铁扒等。

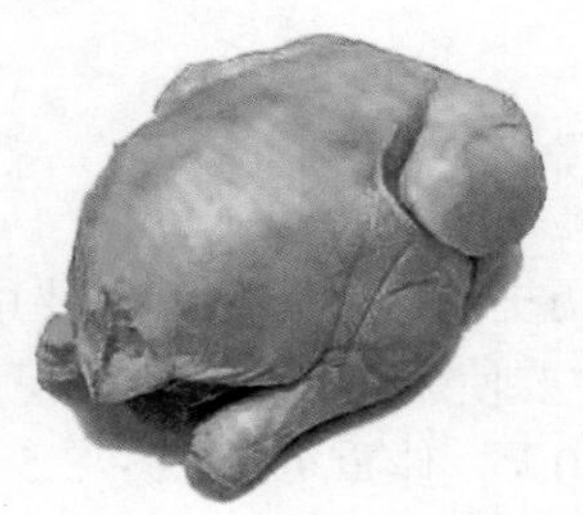

图3.9 雏鸡/小母鸡

2）春鸡

春鸡又名童子鸡，是指生长期为两个半月左右，体重为500～1 250克的鸡，如图3.10所示。春鸡肉质鲜嫩，口味鲜美，适宜烧烤、铁扒、煎、炸等。

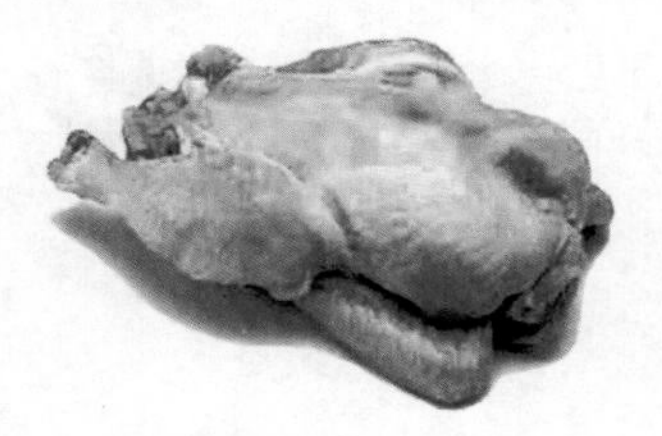

图3.10 春鸡

3）阉鸡

阉鸡又称肉鸡，是指生长期为3～5个月，用专门饲料喂养的，体重为1 500～2 500克的公鸡，如图3.11所示。阉鸡肉质鲜嫩，油脂丰满，水分充足，但由于生长期较短，香味不足，适宜煎、炸、烩、焖等。

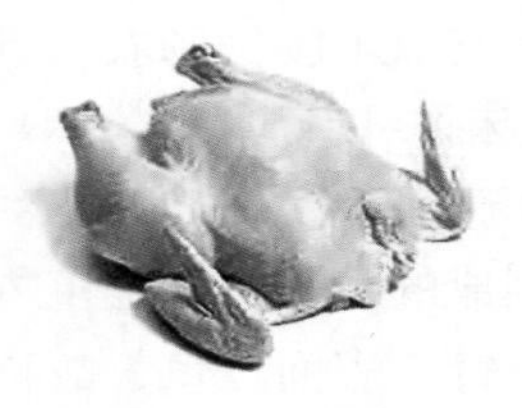

图3.11 阉鸡

优良品种：

①海赛克斯鸡，是由荷兰培育的优良蛋用鸡种。该良种具有成活率高，抗病能力强，产蛋率高，肉质好等特点。

②海兰鸡，是由美国培育的蛋用鸡种。海兰鸡商品化生产性能优秀，适应性强，18周育成率为95%～98%，80周存活率为92%～95%，72周入舍鸡产蛋可达286枚。

③罗曼蛋鸡，是从德国罗曼育种公司引进的鸡种，具有适应性、抗病力强，成活率、产蛋率高，蛋大，蛋壳质量好，蛋壳色泽深，耗能低，生产稳定，经济效益高等特点。

④艾维菌鸡，是由美国艾维国际禽场有限公司培育的优良肉用鸡。该品种具有成活率高、适应性强，产蛋期死亡率在7%以下，产蛋多，孵化率高，增重快，饲料转化率高等特点。

⑤科尼什鸡，原产于英国，是著名的肉用鸡。此鸡腿短、鹰嘴、颈粗、翅小、体形大，毛色有红、白两种。

⑥白洛克鸡，原产于美国，也是著名的肉用鸡。此鸡体形大，毛色纯白，生长快，易育肥。

3.2.2 鸭

家鸭是由野生鸭驯化而来，历史悠久。鸭从其主要用途看，可将其分为羽绒型、蛋用型、肉用型等品种，西餐烹调中主要使用肉用型鸭作为烹调原料，如图3.12所示。

肉用型鸭饲养期一般为40～50天，体重可达2.5～3.5千克。肉用型鸭胸部肥厚，肉质鲜嫩。比较著名的肉用型鸭品种主要有美国的美宝鸭，丹麦的海格鸭、力加鸭，澳大利亚的史迪高鸭等。鸭在西餐中的使用也很普遍，常用的烹调方法主要有烤、烩、焖等。鸭肝可以制作各种“肝批”。

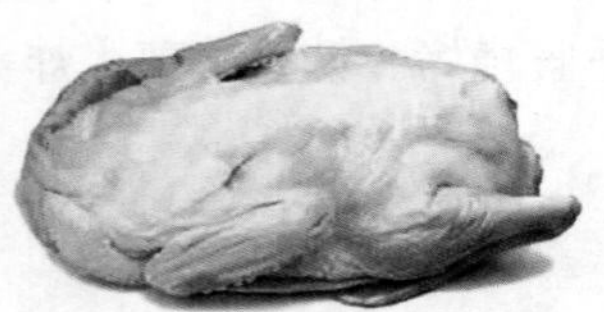

图3.12 鸭

3.2.3 鹅

鹅在世界范围内饲养很普遍，从其主要用途看，鹅的品种可分为羽绒型、蛋用型、肉用型、肥肝用型等。与西餐烹调有关的主要是肉用型和肥肝用型鹅，如图3.13所示。

肉用鹅生长期不超过一年，又有仔鹅和成鹅之分。仔鹅的饲养期为2～3个月，体重为2～3千克。成鹅的饲养期在5个月以上，体重为5～6千克。鹅在西餐烹调中主要用于烧烤、烩、焖等菜肴的制作。

肥肝用型鹅主要是利用其肥大的鹅肝，如图3.14所示。这类鹅经“填饲”后的肥肝重达600克以上，优质的则可达1 000克左右，其著名的品种主要有法国的朗德鹅、图卢兹鹅等。当然这类鹅也可用作肉用鹅，但习惯上把它们作为肥肝专用型品种。肥鹅肝是西餐烹调中的上等原料，在法式菜中的应用最为突出，鹅肝酱、鹅肝冻等都是法式菜中的名菜。

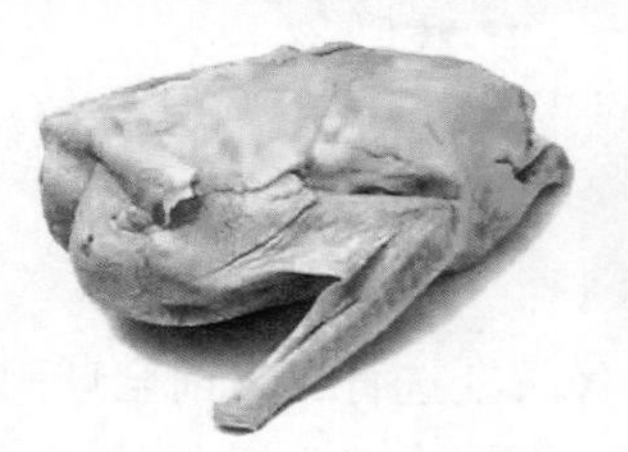
图3.13　鹅

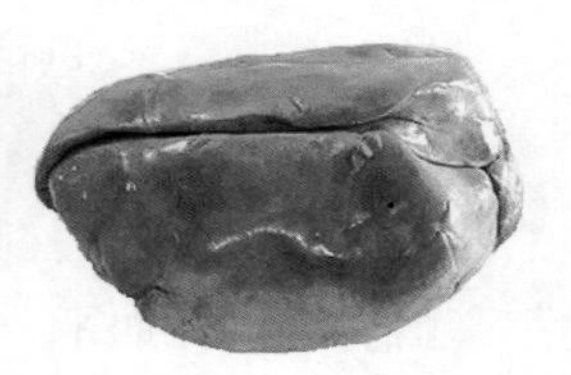
图3.14　鹅肝

3.2.4　火鸡

火鸡又名吐绶鸡、七面鸡，原产于北美，最初为墨西哥的印第安人所驯养，是一种体形较大的家禽。因其发情时头部及颈部的褶皱皮变得火红，故称火鸡，如图3.15所示。

火鸡的种类较多，如青铜火鸡、荷兰白火鸡、波朋火鸡、那拉根塞火鸡、黑火鸡、石板青火鸡、贝兹维尔火鸡等。一般在西餐中作为烹调原料使用的主要是肉用型火鸡，如美国的尼古拉火鸡、加拿大的海布里德白钻石火鸡、法国的贝蒂纳火鸡等。这些肉用火鸡，胸部肌肉发达，腿部肉质丰厚，生长快，出肉率高，低脂肪，低胆固醇，高蛋白，味道鲜美，是西餐烹调中的高档原料，也是欧美许多国家“圣诞节”“感恩节”餐桌上不可缺少的食品。

火鸡在体形上一般有小型火鸡、中型火鸡和重型火鸡之分。小型火鸡一般体重为3～5千克，中型火鸡一般体重为6～9千克，重型火鸡一般体重为10～15千克，最重可高达35千克以上。一般体形较小、肉质细嫩的火鸡，适宜整只烧烤或瓤馅等。体形较大、肉质较老的火鸡，适宜烩、焖或去骨制作火鸡肉卷等。

火鸡根据饲养期可分为：

①雏火鸡。年龄最小的火鸡，肉细嫩，皮肤光滑，骨软。饲养时间只有16周，重1.8～4千克。

②童子鸡。饲养时间较短的小火鸡，5～7个月。柔嫩，骨头略硬，重3.6～10千克。

③嫩火鸡。饲养时间在15个月内，肉质相当嫩，重4.5～14千克。

④成年火鸡。肉质老，皮肤粗糙。饲养时间在15个月以上，重4.5～16千克。

常见品种：

①宽胸火鸡，是西方国家培育出的优良品种。这种火鸡胸部肌肉非常发达，腿部肉也很丰富，有生长快、出肉率高、肉瘦、味美、饲养期短等特点。代表品种有加拿大的海布里德火鸡、美国的尼古拉火鸡、法国的贝蒂纳火鸡等。目前，国内许多饭店都用美国的尼古拉火鸡。

②黑色火鸡，是传统鸡种，与野生火鸡较接近，毛色全黑或有灰白色，胸部肉色浅白，腿部肉色灰白。这种火鸡我国引进较早，但生长慢，出肉率低，个体较小。

③古铜色火鸡，也是传统鸡种。但经过人工饲养后已有较大变异，毛色大体为古铜色，略带黑色斑纹，体形大，雄性火鸡体重可达9千克。

图3.15 火鸡

3.2.5 鸽子

鸽子又称“家鸽”，由岩鸽驯化而来，经长期选育，目前全球鸽子的品种已达1 500多种，按其用途可分为信鸽、观赏鸽和肉鸽。西餐烹调中主要以肉鸽作为烹调原料。

肉用鸽体形较大，一般雄鸽可重达500～1 000克，雌鸽也可达400～600克。其中较为著名的品种主要有美国的白羽王鸽、法国的普列斯肉鸽及蒙丹鸽、贺姆鸽、卡奴鸽等。肉鸽肉色深红，肉质细嫩，味道鲜美。经专家测定，肉鸽一般在28天左右就能达到500克左右，这时的鸽子是最有营养的，含有17种以上氨基酸，氨基酸总量高达53.9%，且含有10多种微量元素及多种维生素。因此鸽肉是高蛋白、低脂肪的理想原料。鸽子在西餐烹调中常被用于烧烤、煎、炸、红烩或红焖等，乳鸽一般适宜铁扒等，如图3.16所示。

图3.16 鸽子

3.2.6 珍珠鸡

珍珠鸡又名珠鸡，原产于非洲。其羽毛非常漂亮，全身灰黑色，羽毛上有规则地散布着点点白色圆斑，形状似珍珠，故名珍珠鸡，如图3.17所示。

珍珠鸡肉色深红，脂肪少，肉质柔软细嫩，味道鲜美。在西餐烹调中使用较多，适宜铁扒、烩、焖或整只烧烤等。

图3.17 珍珠鸡

3.2.7 山鸡

山鸡学名雉，又名野鸡，原产于黑海沿岸和亚洲地区，在世界上很多地区均有分布，如图3.18所示。山鸡的体形丰满，嘴短，尾长，较家鸡略小。雄鸡颈部的羽毛呈光亮的深绿色，尾很长。雏鸡腹部饱满，身上有褐色斑点，尾部稍短。野鸡体重一般为500～1 000克，胸部丰满，出肉率高，肉质较好，适用于烤、焖、烩等烹调方法。

图3.18 山鸡

3.2.8 鹌鹑

鹌鹑又名赤喉鹑。鹌鹑体形与小鸡相似，体重110～450克，头小，嘴细小，与小鸡相比，无冠，无耳叶，无距，尾羽不上翘，尾短于翅长一半，如图3.19所示。

鹌鹑可分为蛋用型与肉用型。蛋用型有日本鹌鹑、朝鲜鹌鹑、中国白羽鹌鹑、黄羽鹌鹑；肉用型有法国巨型肉鹌鹑、莎维麦脱肉用鹌鹑。

图3.19 鹌鹑

3.2.9 肥鹅肝

鹅在西餐中的用途不如鸡广泛，但肥鹅肝却是西餐烹饪中的上等原料。经特殊育肥的鹅，其肝脏重达1 000克左右，脂肪含量高，味道鲜美、丰润。为了得到质量上乘的肥鹅肝，必须预先选择小雄鹅，在3～4个月之内喂普通饲料，然后用特制的玉米饲料强制育肥1个月。鹅肝可用来制作鹅肝酱、苹果煎鹅肝等名贵菜肴，以法国生产的鹅肝品质为最佳。烹调方法有烤、煎等。

优质的鹅肝有以下特点：

①颜色：上等的肥鹅肝呈乳白色或白色，其中的筋呈淡粉红色。

②硬度：上等的肥鹅肝肉质紧，用手指触压后能恢复原来的形状。

③质感：上等的肥鹅肝肉质细嫩光滑，手触后有一种黏糊糊的感觉；反之，手触不光滑并发干，是质量较差的肥鹅肝。

肥鹅肝既可以冷食，制作各种沙拉，也可以制作各种热菜。制作沙拉时一般将其血筋挑出后压成酱状，即通常所说的鹅肝酱。热食时，一般用整只鹅肝进行烹调，以煎烤的烹

调方法为主。

任务3 水产品

水产品分布广，品种多，营养丰富，口味鲜美，是人类所需动物蛋白质的重要来源。水产品包括的范围广泛，可食用的品种也很多，根据其不同特性大致可分为鱼类、贝壳类、软体类等。

3.3.1 海水鱼

海水鱼是指生活在海水中的各种鱼类。海水鱼品种极其丰富，有1 700多种，分布在世界各大洋中。西餐烹调中常用的海水鱼主要有比目鱼、鲑鱼、金枪鱼、鳀鱼、鳕鱼、沙丁鱼、鲱鱼、海鲈鱼、真鲷等。

1）比目鱼

比目鱼是世界重要的经济海产鱼类之一，主要生活在大部分海洋的底层。比目鱼体侧扁，头小，两眼长在同一侧，有眼的一侧大都呈褐色，无眼的一侧呈灰白色，鳞细小。比目鱼的品种很多，西餐烹调中常用的比目鱼主要有以下几种：

（1）牙鲆鱼

牙鲆鱼又称扁口鱼、偏口鱼、比目鱼等，是名贵的海洋经济鱼类之一，主要分布于北太平洋西部海域。我国沿海均产，渤海、黄海的产量最多。

牙鲆鱼体侧扁，呈长椭圆形，一般体长25～50厘米，体重1 500～3 000克，大者可达5 000克左右。口大、斜裂，两颌等长，上下颌各具一行尖锐牙齿。尾柄短而高。两眼均在头的左侧，鳞细小，有眼一侧呈深褐色并具暗色斑点；无眼一侧呈白色。背鳍、臀鳍和尾鳍均有暗色斑纹，胸鳍有暗色点列成横条纹。

牙鲆鱼肉色洁白，肉质细嫩，无小刺，每100克肉中含蛋白质19.1克，脂肪1.7克，营养价值高，味道鲜美。

（2）鲽鱼

鲽鱼属于冷水性经济鱼类，主要分布于太平洋西部海域。鲽鱼鱼体侧扁，呈长椭圆形，一般体长10～20厘米，体重100～200克，两眼在右侧，有眼一侧呈褐色，无眼一侧为白色，鳞细小，体表有黏液。

鲽鱼肉质细嫩，味道鲜美，刺少，尤其适宜老年人和儿童食用。但因含水分多，肌肉组织比较脆弱，容易变质，一般需冷冻保鲜。

（3）舌鳎

舌鳎又称箬鳎鱼、鳎目鱼等，是名贵的海洋经济鱼类之一，主要分布于北太平洋西部海域。我国沿海均有出产，但产量较小。

舌鳎体侧扁，呈舌状，一般体长25～40厘米，体重500～1 500克。头部很短，眼小，两眼均在头的左侧，鳞较大，有眼一侧呈淡褐色，有2条侧线；无眼一侧呈白色，无侧线。背

鳍、臀鳍完全与尾鳍相连，无胸鳍，尾鳍呈尖形。

舌鳎营养丰富，肉质细腻味美，尤以夏季的鱼最为肥美，食之鲜肥而不腻。舌鳎的品种较多，较为名贵的有柠檬舌鳎、英国舌鳎、都花舌鳎、宽体舌鳎等。

除以上三种主要品种外，还有一些比目鱼品种也常在西餐烹调中应用，如大菱鲆鱼、大比目鱼、沙滩比目鱼等。

2）鲑鱼

鲑鱼属鲑科，亦称“三文鱼”，是世界著名的冷水性经济鱼类之一，主要分布在大西洋北部、太平洋北部的冷水水域。我国主要产于松花江和乌苏里江。

鲑鱼平时生活在冷水海洋中，生殖季节长距离洄游，进入淡水河流中产卵。鲑鱼在产卵期之前，一般肉质都比较好，味道浓厚。鲑鱼在产卵期内，则肉质会变得较粗，味道也淡，此时的品质较差。

鲑鱼种类很多，世界有30多个鲑鱼品种，常见的有银鲑、太平洋鲑、大西洋鲑等，其中以大西洋鲑和银鲑的品质为最佳。我国境内的鲑鱼品种主要有大马哈鱼、细鳞鲑鱼等。

大西洋鲑的特点是体形大，鱼体扁长，体侧发黄，两边花纹斑点较大，肉色淡红，质地鲜嫩，刺少，味美。

银鲑的特点是鱼体呈纺锤状，鳞细小，整个侧面从背鳍到腹部都是银白色，有花纹似的斑点，比较漂亮，肉色鲜红，质地细嫩，味道鲜美。

加拿大、挪威、美国是鲑鱼的主要产地，也是世界最主要的鲑鱼出口国。

3）金枪鱼

金枪鱼又称鲔、青干、吞拿鱼，是海洋暖水中上层结群洄游性鱼类，主要分布于印度洋和太平洋西部海域。我国南海和东海南部均有出产，是名贵的海洋鱼类之一，在国际市场很畅销。

金枪鱼体呈纺锤形，一般体长40 ~ 70厘米，体重2 000 ~ 5 000克，背部呈青褐色，有淡色椭圆形斑纹。头大而尖，尾柄细小，除头部外全身均有细鳞，胸部由延长的鳞片形成胸甲。金枪鱼肉质坚实、细嫩，富含脂肪，口味鲜美，是名贵的烹饪原料。金枪鱼大多切成鱼片生食，要求鲜度好，所以捕获的活鱼要立即在船上宰杀，并要除去鳃和内脏，清洗血污后冰冻保鲜冷藏。

4）鳀鱼

鳀鱼又称黑背鳀、银鱼、小凤尾鱼，是世界重要的小型经济鱼类之一，主要分布于太平洋西部海域，我国东海、黄海和渤海均产。

鱼体细长，稍侧扁，一般体长8 ~ 12厘米，体重5 ~ 15克，体侧有一银灰色纵带，腹部银白色。鳀鱼肉色暗红，肉质细腻，味道鲜美。但因其肌肉组织脆弱，离水后极易受损腐烂，故在西餐中常将其加工成罐头制品，俗称“鳀鱼柳”。鳀鱼是西餐的上等原料，一般用作配料或沙司调料，风味独特。

5）鳕鱼

鳕鱼又称繁鱼、大头鱼，属冷水性底层鱼类，主要分布在大西洋北部的冷水区域。我国只产于黄海和东海北部。

鳕鱼体形长，稍侧扁，一般体长25 ~ 40厘米，体重可达300 ~ 750克，头大、尾小，灰褐色，有不规则的褐色斑点或斑纹。下颌较短，前端有一朝后的弯钩状触须，两侧有一条

光亮的白带贯穿前后，腹面为灰白色。胸鳍为浅黄色，其他各鳍均为灰色。

鳕鱼肉色洁白，肉质细嫩，刺少，味美，清口不腻，是西餐中使用较广泛的鱼类之一。此外，鳕鱼肝大而肥，含油量高，富含维生素A和维生素D，是提取鱼肝油的原料。常见的鳕鱼品种有黑线鳕、无须鳕、银线鳕等。

6）沙丁鱼

沙丁鱼又称沙鰮。沙丁鱼是世界上重要的经济鱼类之一，广泛分布在南北半球的温带海洋中。我国主要产于黄海、东海海域。

沙丁鱼体侧扁，一般体长14～20厘米，体重20～100克。沙丁鱼有很多品种，常见的有银白色和金黄色两种。沙丁鱼生长快，繁殖力强，肉质鲜嫩，富含脂肪，味道鲜美，其主要用途是制作罐头。

7）鲱鱼

鲱鱼又名青条鱼、青鱼，是世界上重要的经济鱼类之一，属冷水性海洋上层鱼类，食浮游生物，主要分布于西北太平洋海域。我国只产于黄海和渤海。

鲱鱼体延长而侧扁，一般体长25～35厘米，眼有脂膜，口小而斜，背为青褐色，背侧为蓝黑色，腹部为银白色，鳞片较大，排列稀疏，容易脱落。

鲱鱼肉质肥嫩，脂肪含量高，口味鲜美，营养丰富，是西餐中使用较广泛的鱼类之一。

8）海鲈鱼

海鲈鱼又名花鲈，有黑、白两种。海鲈鱼属海洋中下层鱼类，主要栖息于近海，早春在咸淡水交界的河口产卵，冬季在较深海域越冬。幼鱼有溯河入淡水的习性。全世界温带沿海均有出产。我国主要产于渤海、黄海海域。

鲈鱼体延长，侧扁，吻尖，口大而斜裂，下颌稍突出，上颌骨后端扩大，伸达眼后缘下方。鳞片细小，体背侧及背鳍散布若干不规则的小黑点，腹部为银灰色。鲈鱼体长一般在30～60厘米，重1.5～2.5千克，最大可达25千克以上。

鲈鱼肉色洁白，刺少，肉质鲜美，适宜于炸、煎、煮等烹调方法。

9）真鲷

真鲷又名加吉鱼、红加吉、铜盆鱼等，是暖水性近海洄游鱼类，主要分布于印度洋和太平洋西部海域。我国近海均有出产，也是我国出产的比较名贵的鱼类之一。

真鲷体侧扁，呈长椭圆形，一般体长15～30厘米，体重300～1 000克。自头部至背鳍前隆起，头部和胸鳍前鳞细小而紧密，腹面和背部鳞较大。头大，口小。全身呈现淡红色，体侧背部散布着鲜艳的蓝色斑点。尾鳍后缘为墨绿色，背鳍基部有白色斑点。

真鲷肉肥而鲜美，无腥味，特别是鱼头颅腔内含有丰富的脂肪，营养价值很高。真鲷除鲜食外还可制成罐头和熏制品。

3.3.2 淡水鱼

淡水鱼是指主要生活在江河湖泊等淡水环境中的鱼类。西餐中淡水鱼的使用相对比较少，常用的品种主要有鳟鱼、鳜鱼、河鲈鱼、鲤鱼等。

1）鳟鱼

鳟鱼属鲑科，原产于美国加利福尼亚的落基塔山麓的溪流中，是一种冷水性鲑科鱼

类，是当今世界上养殖地域分布较为广泛的淡水鱼类。世界上的温带国家大都有出产鳟鱼。鳟鱼品种很多，常见的有虹鳟、金鳟、湖鳟等。

虹鳟体侧扁，底色淡蓝，有黑斑，体侧有一条橘红色的彩带。其肉色发红，无小刺，肉质鲜嫩，味美、无腥味，高蛋白、低胆固醇，含有丰富的氨基酸、不饱和脂肪酸，营养价值极高。

2）鳜鱼

鳜鱼也称桂鱼、花鲫鱼，是一种名贵的淡水鱼。鳜鱼体侧扁，背部隆起，腹部圆。眼较小，口大头尖，背鳍较长，体色黄绿，腹部黄白，体侧有大小不规则的褐色条纹和斑块。鳜鱼肉质紧实、细嫩，呈蒜瓣状，味鲜美。

3）鲤鱼

鲤鱼俗称鲤拐子，原产于我国，后传至欧洲，现世界上已普遍养殖。鲤鱼体侧扁，上颌两侧和嘴各有触须一对。按生长地域分为河鲤鱼、江鲤鱼、池鲤鱼。河鲤鱼体发黄，带有金属光泽，鳞白色，柔嫩味鲜。江鲤鱼鳞片为白色，肉质仅次于河鲤鱼。池鲤鱼鳞青黑，刺硬，有泥土味，但肉质鲜嫩。

3.3.3 其他水产品

水产品中除了鱼类以外，还有虾、蟹、贝壳类、软体类等其他水产品。在西餐烹调中常见的其他水产品主要有龙虾、对虾、牡蛎、扇贝、贻贝、蜗牛、鱼子和鱼子酱等。

1）龙虾

龙虾属于节肢动物甲壳纲龙虾科。龙虾一般栖息于温暖海洋的近海海底或岸边，分布于世界各大洲的温带、亚热带、热带海洋中。我国主要产于东海、南海海域。

龙虾头胸部较粗大，外壳坚硬，色彩斑斓，腹部短小，一般体长20～40厘米，重500克左右，是虾类中最大的一种。

龙虾品种繁多，常见的主要有以下5种：锦绣龙虾，因有美丽五彩花纹，俗称“花龙”；波纹龙虾，俗称“青龙”；中国龙虾，呈橄榄色，也俗称“青龙”；日本龙虾，俗称“红龙”；赤色龙虾，俗称“火龙”。其中锦绣龙虾的体形最大，一般体长可达80厘米，最重可达5千克以上。我国龙虾品种较多，但产量都很少，主要依靠进口。欧洲、美国、澳大利亚等地的龙虾产量较大，也是目前世界的主要龙虾出口地。

龙虾体大肉多，肉质鲜美，富含蛋白质、维生素和多种微量元素，营养价值丰富，是一种高档的烹调原料。

2）对虾

对虾又称明虾、大虾，属甲壳纲对虾科，是一种暖水性经济虾类，主要分布于世界各大洲的近海海域。我国主要产于渤海海域。

对虾体较长，侧扁，整个身体分头胸部和腹部，头胸部有坚硬的头胸盔，腹部披有甲壳，有5对腹足，尾部有扇状尾肢。

对虾的品种较多，常见的有日本明虾（又称斑竹大虾）、深海明虾、斑节对虾（俗称“草虾”）、都柏林明虾等。

对虾体大肉多，肉质细嫩，味道鲜美。

3）牡蛎

牡蛎又称蚝、海蛎子，是重要的经济贝类，主要生长在温热带海洋中，我国沿海均产。

牡蛎壳大而厚重，壳形不规则，下壳大、较凹并附着他物，上壳小而平滑。壳面有灰青、浅褐、紫棕等颜色。

牡蛎的品种很多，常见的有法国牡蛎、东方牡蛎、葡萄牙牡蛎等，其中法国牡蛎最为著名。我国出产的牡蛎主要有近海牡蛎、长牡蛎、褶牡蛎等。牡蛎肉柔软鼓胀，滑嫩多汁，味道鲜美，有较高的营养价值。牡蛎应以外观整齐、壳大而深、相对较重者为最佳。牡蛎在法式菜中常配柠檬汁带壳鲜食，也可煎炸或煮制，还可干制或加工成罐头。

4）扇贝

扇贝又称“带子”，属扇贝科，因壳形似扇故名扇贝。世界沿海各地均有出产，我国主要产于渤海、黄海和东海海域。

扇贝贝壳呈扇圆形，薄而轻。上下两壳大小几乎相等，壳表面有10～20条放射肋，并有小肋夹杂其间。两壳肋均有不规则的生长棘。贝壳表面一般为紫褐色、淡褐色、黄褐色、红褐色、杏黄色、灰白色等。贝壳内面白色，有与壳面相当的放射肋纹和肋间沟。后闭壳肌巨大，内韧带发达。壳内的闭壳肌为主要可食部位。

扇贝的品种很多，品质较好的主要有海湾扇贝、地中海扇贝、皇后扇贝等。我国品质比较好的扇贝主要有栉孔扇贝、虾夷扇贝等。

扇贝肉色洁白，肉质细嫩，口味鲜美，是一种高档原料，既可用于煎、扒等，也可干制。

5）贻贝

贻贝又称青口贝、海红，是最为常见的一种贝类，主要产于近海海域。贻贝贝壳呈椭圆形，体形较小。壳顶细尖，位于壳的最前端。贝壳后缘圆，壳面由壳顶沿腹缘形成一条隆起，将壳面分为上下两部分，上部宽大斜向背缘，下部小而弯向腹缘，故两壳闭合时在腹面构成一菱形平面。生长线明显，但不规则。壳面有紫黑色、青黑色、棕褐色等。壳内面呈紫褐色或灰白色，具珍珠光泽。其可食部分主要是橙红色的贝尖。

贻贝肉质柔软，鲜嫩多汁，口味清淡。烹调大多使用的是鲜活原料。

6）蜗牛

蜗牛主要生活在湿地及潮湿的河、湖岸边。品种很多，目前普遍食用的有三种。

法国蜗牛，又称苹果蜗牛、葡萄蜗牛，因其多生活在果园中，故名。欧洲中部地区均产此种，壳厚呈茶褐色，中有一白带，肉白色，质量好。

意大利庭院蜗牛，多生活在庭院或灌木丛中。此种蜗牛壳薄，呈黄褐色，有斑点，肉有褐色、白色之分，质量也很好。

玛瑙蜗牛，原产于非洲，又名非洲大蜗牛。此种蜗牛壳大，呈黄褐色，有花纹，肉浅褐色，肉质一般。

蜗牛肉口感鲜嫩，营养丰富，是法国和意大利的传统名菜。

7）鱼子和鱼子酱

鱼子是用新鲜的鱼子腌制而成，浆汁较少，呈颗粒状。鱼子酱是在鱼子的基础上经加工而成，浆汁较多，呈半流质胶状。

鱼子酱主要有红鱼子酱、黑鱼子酱两种。红鱼子酱用鲑鱼或马哈鱼的鱼卵制成，价格一般较便宜。黑鱼子酱用的是鲟鱼或鳇鱼的鱼卵，主要产于地中海、黑海、里海等寒冷的深水水域。黑鱼子酱比红鱼子酱更名贵，以俄国、伊朗出产的最为著名，价格昂贵。

鱼子和鱼子酱，味咸鲜，有特殊鲜腥味，一般应配以柠檬汁和面包一同食用。鱼子酱一般作为开胃菜或冷菜的装饰品使用。

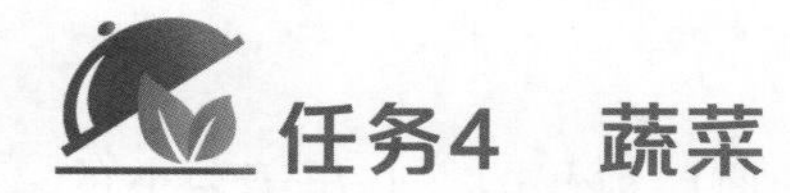

任务4 蔬菜

蔬菜是人们平衡膳食，获取人体所需的营养物质的重要来源。蔬菜的品种多，按照蔬菜的可食部位，可将其分为叶菜类、根菜类、茎菜类、花菜类、瓜果菜类和食用菌类。蔬菜在西餐烹调中的应用非常广泛，下面介绍的是在西餐烹调中有代表性、比较特殊的蔬菜品种。

3.4.1 叶菜类

1）生菜

生菜又名叶用莴苣，原产于地中海沿岸，是莴苣的变种。生菜的品种很多，按其叶子形状可分为长叶生菜、皱叶生菜、结球生菜三种。

长叶生菜又称散叶生菜，叶片狭长，一般不结球，有的心叶卷成筒形。常见的品种有波士顿生菜、登峰生菜等。

皱叶生菜又称玻璃生菜，叶面皱缩，叶片深裂。皱叶生菜按其叶色又可分为绿叶皱叶生菜和紫叶皱叶生菜。常见的品种有奶油生菜、红叶生菜、软尾生菜等。

结球生菜俗称西生菜、团生菜，顶生叶形成叶球，叶球呈球形或扁圆形等。常见的品种有皇帝生菜、凯撒生菜、萨林纳斯生菜等。

生菜在西餐烹调中主要用于制作沙拉，并可用作各种菜肴的装饰，如图3.20所示。

图3.20 生菜

2）菊苣

菊苣又称欧洲菊苣、苦白菜、苦白苣等，原产于地中海、亚洲中部和北非。菊苣为菊科菊苣属，多年生草本植物，是野生菊苣的一个变种，其嫩叶、叶球、叶芽为可食部位。菊苣又有平叶菊苣和皱叶菊苣两个类型。

平叶类型的菊苣形似白菜心，叶片呈长卵形，叶缘缺刻少而浅，叶片以裥褶方式向内抱合成松散的花形，苦味稍重。常见的品种有白菊苣、法国菊苣、比利时菊苣等。

皱叶类型的菊苣形似皱叶生菜，叶片为绿色披针形，叶缘有锯齿，深裂或全裂，苦味较淡。常见的品种有卷曲菊苣等。

菊苣在西餐烹调中主要用于制作沙拉或生食，也可作为各种菜肴的装饰。

3.4.2 根菜类

1）萝卜

（1）心里美萝卜

心里美萝卜属根菜类，十字花科，1～2年生草本植物，原产地我国。心里美萝卜的类别，通常是按食用部分的内部颜色来区分的，肉色有血红瓤和草白瓤两种。若按叶型来分，可分为板叶型和裂叶型两种。心里美萝卜适于生食，既能当蔬菜，又可以当水果食用，如图3.21所示。

图3.21 心里美萝卜

（2）芜菁

芜菁又称为蔓菁、圆根、盘菜等，是能形成肉质根的二年生草本植物。

芜菁起源中心在地中海沿岸及阿富汗、巴基斯坦、外高加索等地。欧洲、亚洲和美洲均有栽培。中国南北方都有栽培。欧洲、美洲国家栽培的芜菁，分食用芜菁和饲用芜菁。中国、日本等亚洲国家主要栽培食用芜菁，有圆形和圆锥形等种类，如图3.22所示。

图3.22 芜菁

（3）白萝卜

白萝卜又名萝卜、莱菔、土酥，为十字花科草本植物，原产我国，有白皮、红皮、青皮红心以及长形、圆形等不同品种，如图3.23所示。

白萝卜水分多，质地脆嫩，按外皮颜色分为白皮和带青皮两种。

图3.23 白萝卜

（4）樱桃萝卜

樱桃萝卜是一年生十字花科植物，其营养成分和味道都与白萝卜差不多，但小巧玲珑的形状和鲜艳的色泽极受人喜爱，常用于菜肴的装饰或制作沙拉，如图3.24所示。

图3.24 樱桃萝卜

2）胡萝卜

胡萝卜原产于欧洲，大约在元代传到西亚地区，明代传入中国。因当时我国称呼西亚地区各国为“胡”，故称这种萝卜为胡萝卜。胡萝卜有朱红、红、橘黄、姜黄等不同颜色，是当今普遍栽培的蔬菜之一。

胡萝卜营养价值很高。它含有丰富的糖类和胡萝卜素，远远超过其他蔬菜。胡萝卜的颜色越浓，所含胡萝卜素越多。胡萝卜还含有维生素C、蛋白质、脂肪和钙、磷、铁、铜等矿物质，还含有九种氨基酸和十多种酶，如图3.25所示。

图3.25 胡萝卜

3）牛蒡

牛蒡别名大力子、蝙蝠刺、东洋萝卜等，原产于西伯利亚、北欧与我国东北。它是能形成肉质直根的2～3年生草本植物，以肉质根供食用。

牛蒡含有丰富的钙、磷、铁、蛋白质、脂肪、水分等，可预防感冒、神经痛和低血压等。它原产于寒带，因此具有抗寒性。同时，牛蒡中含有高量的纤维素，对于刺激肠胃、促进消化、帮助排泄有很大的功效，近年来常被作为“排除体内毒素”的主要材料。

牛蒡含有一种特殊的菊糖成分，是可消化的碳水化合物，很适合作为糖尿病患者的热量来源，如图3.26所示。

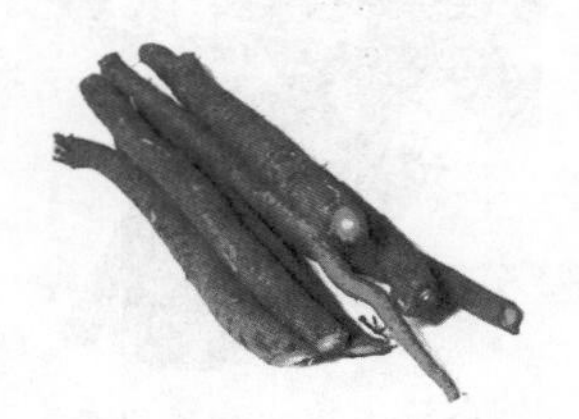

图3.26 牛蒡

4）美洲防风

美洲防风，别名芹菜萝卜、蒲芹萝卜，为伞形花科欧防风属二年生草本。原产于欧洲和西亚。古希腊时代已有栽培，以欧洲、美洲国家种植较多。我国从欧洲、美洲引进，已有近百年的栽培历史，但种植面积很少。

美洲防风直根肉质，长圆锥形，近似胡萝卜，皮浅黄色，肉白色，食用部分是其肥大的肉质根，嫩叶也可食。防风的叶内含维生素C及维生素B，胡萝卜素比根部高，如图3.27所示。

图3.27 美洲防风

5）婆罗门参

婆罗门参别名西洋牛蒡。原产于欧洲南部的希腊、意大利等地，为菊科婆罗门参属，二年生草本植物。能形成肥大的肉质根，肉质根为长圆锥形，长20～30厘米，直径3.5厘米左右，表皮黄白色，由于有牡蛎鲜味，故又称为“蔬菜牡蛎”，如图3.28所示。

图3.28 婆罗门参

6）黑皮婆罗门参

黑皮婆罗门参别名菊牛蒡、黑皮参，原产于欧洲南部的希腊、意大利等地，为菊科婆罗门参属，二年生草本植物。能形成肥大的肉质根，根似婆罗门参，但外皮暗褐色，肉白色，如图3.29所示。

图3.29 黑皮婆罗门参

7）辣根

辣根，别名西洋山箭菜、山葵萝卜、马萝卜，属十字花科。辣根是以肉质根供食的多

年生宿根植物，原产于欧洲东部。肉质根具有强烈的辛辣味，磨碎后干藏，备作煮牛肉和奶油食品的调料或切片作为罐藏食品的香辛味料，也可剥皮醋渍。辣根在我国自古作药用，有利尿、兴奋神经的功效。辣根在东欧和土耳其已有2 000多年栽培历史，我国青岛、上海郊区栽培较早，近年随着罐藏食品出口的增长，许多城郊和蔬菜加工基地都在发展辣根种植和加工业，如图3.30所示。

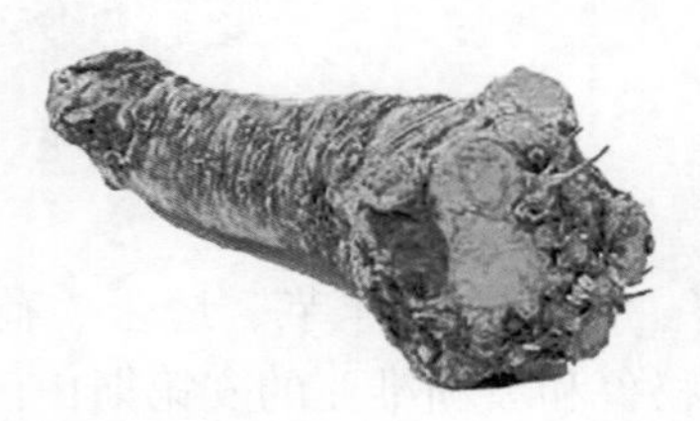

图3.30 辣根

8）紫菜头

紫菜头别名红菜头、根甜菜，是藜科甜菜属甜菜种的一个变种，以其肥大的肉质根供食用，可生食、熟食或加工成罐头，肉质脆嫩、略带甜味，是西餐中的重要配菜之一，如图3.31所示。

图3.31 紫菜头

9）根芹菜

根芹菜别名根洋芹、球根塘蒿等，是伞形花科芹属中的一个变种。原产于地中海沿岸，由叶用芹菜演变形成，是能形成肥大肉根的二年生草本植物，以脆嫩的肉质根和叶柄供食用，主要分布在欧洲地区。中国近年来引进，仅有少量栽培，如图3.32所示。

图3.32 根芹菜

3.4.3 茎菜类

1）洋葱

洋葱俗称圆葱或葱头，为百合科葱属植物，以肥大的肉质鳞茎为产品。洋葱起源于中亚，后传入我国，现南北各地均有栽培。洋葱主要有三种：一是红皮洋葱，种植面积最大，辛辣味最强；二是黄皮洋葱，味甜，辛辣味轻，在国际市场上广受欢迎；三是白皮洋葱，皮白绿色，品质佳，味淡，如图3.33所示。

图3.33 洋葱

2）土豆

土豆又称为马铃薯、山药蛋、洋芋、地蛋、荷兰薯，茄科茄属，一年生蔓性草本植物，原产于南美智利、秘鲁和玻利维亚的安第斯山区，有8 000年的栽培历史。明朝时传入我国，现在我国各地普遍种植，如图3.34所示。

图3.34 土豆

土豆按皮色分为白皮、黄皮、红皮和紫皮等品种；按薯块颜色分为黄肉种和白肉种；按形状分为圆形、椭圆形、长筒形和卵形等品种。

3）芦笋

芦笋俗称石刁柏、龙须菜，为百合科天门冬属，多年生宿根草本植物，以抽生的嫩茎为蔬菜食用。原产于亚洲西部、地中海沿岸，因其枝叶如松柏状，故名石刁柏。

芦笋的可食部位是其地下和地上的嫩茎。芦笋的品种很多，按颜色分有白芦笋、绿芦笋、紫芦笋三种。芦笋自春季从地下抽薹，如不断培土并使其不见阳光，长成后即为白芦笋；如使其见光生长，刚抽薹时顶部为紫色，此时收割的为紫芦笋；待其长大后即为绿芦笋。绿芦笋的蛋白质和维生素C的含量都较白芦笋丰富。

白芦笋多用来制罐头，紫芦笋、绿芦笋可鲜食或制成速冻品。芦笋在西餐烹调中可用于制作配菜，或作为菜肴的辅料，如图3.35所示。

图3.35 芦笋

4）韭葱

韭葱是能产生肥嫩假茎（葱白）的二年生草本植物，又称为扁葱、扁叶葱、洋蒜苗。

嫩苗、鳞茎、假茎和花薹可炒食、做汤或做调料，如图3.36所示。

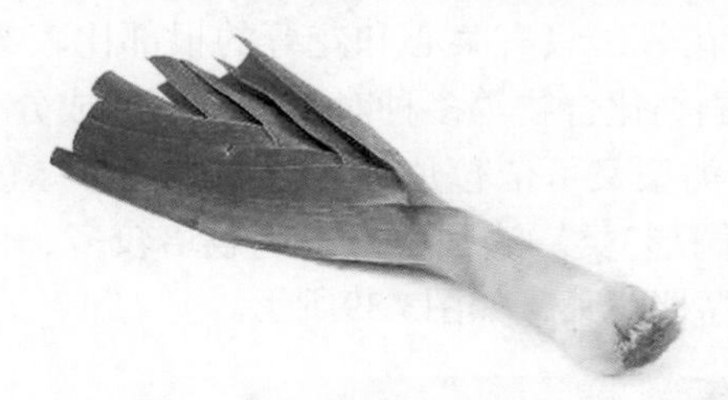

图3.36　韭葱

韭葱原产于欧洲中南部。欧洲在古希腊、古罗马时已有栽培，20世纪30年代传入中国，部分省区有零星栽培，广西栽培时间较长，多代替蒜苗食用。

5）大葱

大葱原产于亚洲西部，中国自古以来栽培极为普遍。大葱是二年生、耐寒性强、适应性广的蔬菜，葱白（假茎）、嫩叶皆可食用，又是不可缺少的调味品，全国各地都有栽培，如图3.37所示。

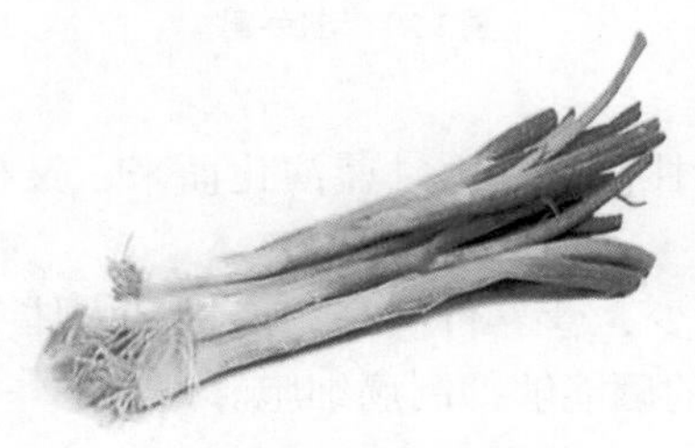

图3.37　大葱

6）球茎茴香

球茎茴香，别名意大利茴香、甜茴香，为伞形花科茴香属茴香种的一个变种，原产于意大利南部，现主要分布在地中海沿岸地区。球茎茴香膨大肥厚的叶鞘部鲜嫩质脆，味清甜，具有比小茴香略淡的清香。在欧美地区，球茎茴香是一种很受欢迎的蔬菜，如图3.38所示。

图3.38　球茎茴香

3.4.4　花菜类

1）朝鲜蓟

朝鲜蓟，别名法国百合、菊蓟、洋百合、荷花百合等。为菊科菜蓟属，多年生草本植物。原产于地中海沿岸，是由菜蓟演变而成。以法国栽培最多。

朝鲜蓟外面包着厚实的花萼，只有菜心和花萼的根部比较柔软，可以食用。朝鲜蓟富含维生素、铁、菜蓟素、黄酮类化合物等多种对人体有益的成分。

朝鲜蓟品种较多，每个类型又可依苞片颜色分为紫色、绿色和紫绿相间；按花蕾形状又分为鸡心形、球形、平顶圆形3类。法国、意大利栽培较多，也最为有名。朝鲜蓟味道清淡、生脆，是西餐烹调中的高档蔬菜，如图3.39所示。

图3.39　朝鲜蓟

2）花椰菜

花椰菜是十字花科芸薹属甘蓝种，由甘蓝演化而来，又称白花菜，原产于欧洲，如图3.40所示。

花椰菜风味鲜美，粗纤维少，营养价值高，能提高人体免疫力，促进肝脏解毒，增强人的体质和抗病能力。其含有的硒能够抑制癌细胞。

图3.40　花椰菜

3）西蓝花

西蓝花又名绿菜花、青花菜，属十字花科芸薹属甘蓝种，一二年生草本植物，原产于地中海东部，如图3.41所示。

西蓝花以绿色肥嫩的花球为食用部分。其质地柔嫩，营养丰富，风味佳美。

图3.41　西蓝花

4）紫西蓝花

紫西蓝花与西蓝花非常相似，属十字花科芸薹属甘蓝种，一二年生草本植物。但紫西蓝花花球为紫色，花朵较西蓝花小，它的味道近似于嫩的西蓝花，如图3.42所示。

图3.42　紫西蓝花

5）球花甘蓝

球花甘蓝属十字花科芸薹属甘蓝种，一二年生草本植物，介于西蓝花和花椰菜之间，其外形与花椰菜相同，但色泽明亮、黄绿。球花甘蓝生食口味微甜，口感较一般的花椰菜好，烹调后的味道又与西蓝花类似，如图3.43所示。

图3.43　球花甘蓝

6）罗马花椰菜

罗马花椰菜俗称“青宝塔”，属十字花科芸薹属甘蓝种，一二年生草本植物。罗马花椰菜与西蓝花类似，但色泽明亮、黄绿，花球表面由许多小的、螺旋形的小花所组成，像宝塔一样，故称青宝塔。罗马花椰菜口味独特，细嫩优雅，生食的滋味更佳，如图3.44所示。

图3.44　罗马花椰菜

3.4.5 瓜果菜类

1）茄子

茄子别名落苏，原产于东南亚一带，西汉时通过历史上著名的丝绸之路从印度传入我国。茄子的类型、品种繁多，从果实的颜色上分，有白茄、青茄、紫茄等各种；从果形上分，有圆茄形、长茄形等，如图3.45所示。

图3.45 茄子

2）番茄

番茄，又名西红柿，属茄科，为一年生草本植物。主要以成熟果实做蔬菜或水果食用，如图3.46所示。原产于南美洲的秘鲁、厄瓜多尔等地，在安第斯山脉至今还有原始野生种，后传至墨西哥，驯化为栽培种。16世纪中叶，由西班牙、葡萄牙商人从中南美洲带到欧洲，再由欧洲传至北美洲和亚洲各地。最初以其鲜红的果实作为庭园观赏用，后才逐渐食用。

图3.46 番茄

番茄有5个变种：普通番茄（果大、叶多，茎带蔓性）、大叶番茄（叶似土豆叶，裂片少而较大，果实也大）、樱桃番茄（果小而圆，形似樱桃）、直立番茄（茎粗节间短，带直立性）、梨形番茄（果小，形如洋梨，叶小）。

3）甜椒

甜椒又叫灯笼椒、菜椒，是由原产于中南美洲热带地区的辣椒演化而来，为茄科辣椒属的一个亚种，一年生或多年生草本植物。甜椒又可分为普通甜椒和彩色甜椒两类，如图3.47所示。

图3.47 甜椒

普通甜椒的果实未成熟时为浅绿色或深绿色，成熟后为红色。而彩色甜椒的果实，由于所含色素成分的不同，呈现青、黄、橘黄、红、紫等颜色。

3.4.6 食用菌类

1）黑菌

黑菌又名块菰、松露菌、块菌。黑菌浑体呈黑色，带有清晰的白色纹路，气味芬芳，是一种珍贵的菌类。全世界有30多种类别不同的黑菌，主要产于法国、英国、意大利等地，而最好的种类主要产自法国西南部的普若根第地区。这种生长于橡树林内的黑菌口味鲜美又极富营养，有“黑钻石”之美称，与肥鹅肝、鱼子酱并称为世界三大美食。

黑菌在西餐烹调中主要用于高档菜肴的调味和装饰，如图3.48所示。

图3.48　黑菌

2）羊肚菌

羊肚菌又称蜂窝蘑，表面形成许多凹坑，淡黄褐色，柄白色，似羊肚状，故称羊肚菌。羊肚菌是一种优良食用菌，味道鲜美，营养丰富，可与牛乳、肉和鱼粉相当。羊肚菌含有18种氨基酸，至少含有8种维生素。因此，国际上常称它为“健康食品”，如图3.49所示。

图3.49　羊肚菌

3）金针菇

金针菇又名朴菇，属真菌门，担子菌亚门，层菌纲，伞菌目，口蘑科，小火焰菌属或金钱菌属，如图3.50所示。

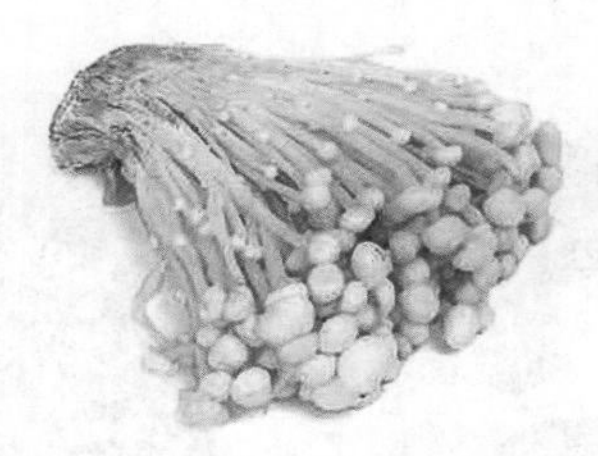

图3.50　金针菇

金针菇的营养极其丰富。金针菇中含有18种氨基酸，每百克干菇中所含氨基酸的总量可达20.9克，其中人体所必需的8种氨基酸为氨基酸总量的44.5%，高于一般菇类，而赖氨酸和精氨酸含量特别丰富，为1.024克和1.231克，能促进儿童的健康生长和智力发育，国外称之为“增智菇”。

4）松茸

松茸，学名松口蘑，是名贵食用菌。它长在寒温带海拔3 500米以上的松林地和针阔叶混交林地，夏秋季出蘑，7—9月为出菇高潮，如图3.51所示。新鲜松茸，形若伞，色泽鲜明，菌盖成褐色，菌柄为白色，均有纤维状茸毛鳞片，菌肉白嫩肥厚，质地细密，有浓郁特殊香气。松茸营养丰富，含有蛋白质、氨基酸、多种维生素、碳水化合物等有效成分。

图3.51　松茸

5）猴头菇

猴头菇又称刺猬菌、花菜菌、山伏菌，属担子菌亚门，层菌类，猴头菌类，猴头菌科，猴头菌属，如图3.52所示。

图3.52　猴头菇

猴头菇实体肉质，圆而厚，倒卵形，状如猴首，故得名。新鲜时白色，干燥后呈乳白色至淡黄色或浅褐色，是名贵食用菌，肉质洁白、柔软细嫩、清香可口、营养丰富，是我国著名的“八大山珍”之一。

6）香菇

香菇又称香蕈、香菌、椎菇，属担子菌纲，伞菌目，侧耳科，香菇属，是一种生长在木材上的真菌类，如图3.53所示。

根据香菇的品质不同，将其分为花菇、厚菇（冬菇）、香信（春菇、水菇、平庄菇、薄菇）和菇丁。其中花菇品质最好。

图3.53　香菇

香菇不但具有清香鲜美的独特风味，而且含有大量对人体有益的营养物质。据分析，每百克鲜香菇中，含有蛋白质12～14克，远远超过一般植物性食物的蛋白质含量；含碳水化合物59.3克，钙124毫克，磷415毫克，铁25.3毫克；还含有多糖类、维生素B1、维生素B2、维生素C等。干香菇的水浸物中有组氨酸、丙氨酸、苯丙氨酸、亮氨酸、缬氨酸、天门冬氨酸及天门冬素、乙酰胺、胆碱、腺嘌呤等成分。

任务5 果品

果品在西餐中使用非常广泛，既可直接食用，也可制成各种菜点。

3.5.1 柠檬

柠檬属芸香科，常绿小乔木，原产于地中海沿岸及马来西亚等国。柠檬果呈长圆形或卵圆形，色淡黄，表面粗糙，前端呈乳头状，皮厚，有芳香味，果汁充足而酸，在西餐烹调中广泛用于调味。

3.5.2 香蕉

香蕉属芭蕉科，多年生草本植物，广泛产于热带亚热带地区。香蕉生长很快，一年四季均有生产。香蕉为长圆条形，果皮易剥落，果肉呈黄白色，无种子，质地柔软，口味芳香甘甜。

3.5.3 菠萝

菠萝又称凤梨，属凤梨科，多年生草本植物。菠萝原产于巴西、阿根廷等地，现已广泛栽培。菠萝品种很多，可分为皇后类、卡因类、西班牙类三种。鉴别其质地的方法是看其成熟度，成熟度适中者品质较好。

3.5.4 荔枝

荔枝又名丹荔，属无患子科，常绿乔木，植株可高达20米，原产于我国南方。近百年来印度、美国、古巴等国从我国引进了荔枝，但质量均不如我国。荔枝的品种很多，常见的有三江月、圆枝、黑叶、元红、桂绿等。荔枝贵在新鲜，优质的荔枝要求色泽鲜艳，个大、核小、肉厚、质嫩、汁多、味甜，富有香气。

3.5.5 猕猴桃

猕猴桃又名藤梨、羊桃，属猕猴桃属藤本植物，原产于我国中南部，现已有很多国家引种，是世界上的一种新兴水果。猕猴桃为卵形，果肉呈绿色或黄色，中间有放射状小黑子。其品质独特，甜酸适口，所含维生素C为水果之冠。猕猴桃以果实大、无毛、果细、水分充足者为上品。

3.5.6 橄榄

橄榄又名青果，一般又有黑橄榄和绿橄榄之分。市场上出售的橄榄大都是盐渍品。黑橄榄是盐渍的成熟橄榄果实，绿橄榄是盐渍的未成熟果实。盐渍是为了消除橄榄的苦味和涩味。橄榄在西餐烹调中常用作开胃菜。

3.5.7 鳄梨

鳄梨又名油梨、酪梨，是一种适合热带地区栽培的果树。它原产于中南美洲热带及亚热带地区的墨西哥、厄瓜多尔、哥伦比亚等国，我国的海南以及台湾、广东、广西、云南、福建、四川、浙江等省（区）均有栽培与分布。

鳄梨营养丰富，含有丰富的维生素E及胡萝卜素，其80%的脂肪酸为不饱和脂肪酸，极易被人体吸收；鳄梨含糖量极低，是糖尿病人的高脂低糖食品。

3.5.8 杧果

杧果属于漆树科杧果属。杧果属品种、品系很多，根据品种的种子特征可将杧果品种分为单胚和多胚两个类群。单胚类群杧果的特点是种子为单胚，果形变化大，且多为短圆、肥厚，少有长而扁平的。果皮黄色带红或全红，果肉多具有特殊香气或松香气味。多胚类群杧果的特点是种子为多胚，果实多为长椭圆形且较扁平，宽度大、厚度小，果肉芳香无异味，品质特好，著名的吕宋杧果即属此类。

3.5.9 洋桃

洋桃又称杨桃、五敛子、五棱子，原产于印度尼西亚摩洛加群岛，属于酢草科的多年生常绿灌木植物。洋桃表面有5～6个棱，其断面像星星的形状，果肉淡黄，半透明。洋桃品种较多，有蜜丝种、白丝种、南洋种等。

3.5.10 番木瓜

番木瓜又称万寿果、木瓜，属番木瓜科热带小乔木或灌木，原产于热带美洲。果实含有的木瓜酶，对人体有促进消化和抗衰老作用，既是水果，又可入菜。

3.5.11 开心果

开心果又称阿月浑子仁，原产地为美国加州，味道鲜美、营养价值较高，后移植于世界各地，产地分布广泛。由于开心果对生长环境——气候、温度、湿度、光照度要求较高，因此，目前世界上开心果产地一般主要分布于美国加州、伊朗、土耳其、巴西4个地方，这就是所谓的美国加州果、伊朗果、土耳其果、巴西果。其中，以美国所产的开心果最为有名，质量也最好。

开心果口味香甜松脆，未加工时有清香，加工后因添加材料不同而有不同口味，可用于制作沙拉等美食。

3.5.12 巴旦杏仁

巴旦杏仁又名美国大杏仁、甜杏仁，属蔷薇科扁桃属，是扁桃的果仁。巴旦杏仁营养丰富，含有多种维生素及矿物质元素，脂肪含量20%～70%，蛋白质含量高达25%～35%，超过核桃等干果，是营养价值极高的果品。

3.5.13 腰果

腰果又叫树花生，热带常绿乔木，原产于巴西东北部。果仁营养丰富，富含蛋白质及各种维生素，与甜杏仁、核桃仁和榛子仁并称为“世界四大干果”。

3.5.14 锥栗

锥栗又名榛子、毛榛、栗子、珍珠果。果实底圆顶尖，形如锥，因而得名。果形美观，色泽鲜艳，果仁肥厚，甜美适口，营养丰富。除含有人体所需的维生素、抗坏血酸和胡萝卜素外，还含有31%的蛋白质、72.5%的淀粉和4.31%的脂肪，是营养价值极高的果品。

任务6 谷物

谷物类原料也是西餐烹调的重要原料之一，在西餐烹调中常作为制作主菜或配菜的原料。西餐烹调中常用的谷物类原料的品种主要有面粉、大米、大麦、燕麦和意大利面条等。

3.6.1 面粉

面粉是由小麦磨制而成的，是制作西式面点制品的主要原料。西餐中常用的面粉主要有低筋面粉、高筋面粉、中筋面粉和特殊面粉等。

①低筋面粉。低筋面粉是由软质小麦磨制而成的，其蛋白质含量低，约为8%，湿面筋含量在25%以下。此种面粉最适合制作蛋糕类、油酥类的点心、饼干等。

②高筋面粉。高筋面粉又称强筋面粉，通常用硬质小麦磨制而成，蛋白质含量高，约为13%，湿面筋含量在35%以上。此种面粉适合制作面包类制品及起酥类点心等。

③中筋面粉。中筋面粉是介于高筋与低筋之间的一种具有中等韧性的面粉，蛋白质含量约为10%，湿面筋含量为25%～35%。这种面粉既可用于制作点心，又可用于制作面包，是一般饼房常用的面粉。

④全麦面粉。全麦面粉是一种特制的面粉，是由整颗麦粒磨成的，它含有胚芽、麸皮和胚乳，在西点中通常用于发酵类制品。

3.6.2 大米

大米是稻谷经脱壳而制成的，是一种主食。大米的种类有很多，其色泽主要有白色、棕色、黑色等。按大米的性质可分为粳米、籼米、糯米。按米粒的大小可分为长粒大米和短粒大米，常作为肉类、海鲜和禽类菜肴的配菜，也可以制汤，还可用来制作甜点等。在西餐烹调中，常用的大米主要有长粒米、中粒米、短粒米、营养米和即食米等。

①长粒米。长粒米的外形细长，含水量较少。成熟后，蓬松，米粒容易分开，在西餐烹调中主要用于制作配菜。其代表品种有泰国香米、美国长粒大米、印度长米等。

②中粒米。中粒米外形较长粒米短，体形饱满，在西餐烹调中主要用于制作西班牙海鲜饭和意大利调味饭。其代表品种有西班牙米、意大利米等。

③短粒米。短粒米又称圆粒米，外形椭圆，含水分较多。成熟后黏性大，米粒不易分开，在西餐中主要用于制作大米布丁。

④营养米。营养米是经过特殊加工的大米，在米粒的外层附以各种维生素和矿物质等营养成分，用于弥补大米在加工过程中损失的营养成分。

⑤即食米。即食米是将大米煮熟，脱水而成的米。即食米烹调时间短，食用方便，但价格较高，常用的烹调方法有煮、蒸和烩。

3.6.3 大麦

大麦形似小麦，主要有皮麦和元麦两种类型。大麦富含糖类，糖类含量约为70%，含粗纤维较多，是一种保健食品。西餐烹调中常使用的是大麦仁和大麦片，主要用于制作早餐食品、汤菜、烩制菜肴，也可用于制作配菜和沙拉。

3.6.4 燕麦

燕麦在西餐中被称为营养食品，它含有大量的可溶性纤维素，可控制血糖，降低血液中胆固醇含量。燕麦由于缺少麦胶，一般被加工成燕麦片、碎燕麦。在西餐烹调中燕麦主要用于制作早餐食品和饼干制品等。

3.6.5 意大利面条

意大利面条，据说源于古罗马，但也有人说是马可·波罗从中国带到意大利的。意大利面食早在17世纪初就有记载，早期的意大利粉是由铜造的模子压制而成。由于意大利面条外形较粗厚而且凹凸不平，表面较容易粘上调味酱料，因此其口感甚佳。南部的意大利人喜爱食用干意粉，而北部则较为流行新鲜意粉。

意大利面条一般是用优质的专用硬粒小麦面粉和鸡蛋等为原料加工制成的。其形状各异、色彩丰富、品种繁多。

从意大利面条的质感上，可以分为干制意大利面条和新鲜意大利面条两类。

意大利面条制作的主要原料有普通面粉、标准小麦粉、全麦面粉、玉米粉、绿豆粉、荞麦粉、燕麦面粉、米粉等。

意大利面条的颜色主要有红色或粉红色（加番茄汁、甜菜汁、胡萝卜汁、红甜椒汁）、黄色或淡黄色（加藏红花汁、胡萝卜汁）、绿色或浅绿色（加菠菜汁、西蓝花汁）、灰色或黑色（加鱿鱼或墨鱼墨汁）以及咖喱色、巧克力色等。

从意大利面条的外观和形状上，可分为棍状意大利面条、片状意大利面条、管状意大利面条、花式意大利面条、填馅意大利面条和意大利汤面。

国内常见的意大利面条品种主要有意式实心粉、细意式实心粉（图3.54）、贝壳面、弯型空心粉、葱管面（图3.55）、大管面、宽面条（图3.56）、猫耳面（图3.57）、米粒面等。

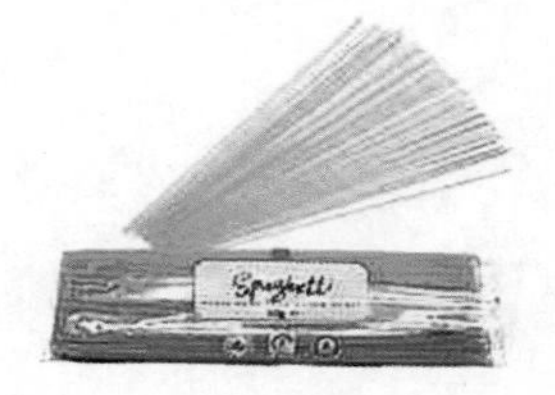

图3.54 细意式实心粉

图3.55 葱管面

图3.56 宽面条

图3.57 猫耳面

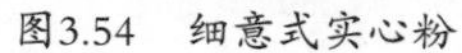

任务7 香料和调味品

香料是由植物的根、茎、叶、种子、花及树皮等，经干制、加工而成，香料香味浓郁、味道鲜美，广泛应用于西餐烹调中，一般分为香草类及香料类两个部分。

西餐调味品是指增加菜肴口味的原料，西餐调味品在西餐烹调中有着重要的作用，其常用的调味品主要有盐、辣酱油、醋、番茄酱、胡椒粉、咖喱粉、芥末等。

3.7.1 常用香草

1）牛膝草

牛膝草又名“马佐林”，原产于地中海地区，现已在世界各地普遍栽培，如图3.58所示。

牛膝草的叶可用于调味，整片或搓碎使用均可，在法式、意大利式及希腊式菜肴中使用普遍，常用于味浓的菜肴。

图3.58 牛膝草

2）百里香

百里香又名麝香草，主产于地中海沿岸，它属唇形科多年生灌木状草本植物，全株高

18～30厘米，茎四棱形，叶无柄且上有绿点。茎叶富含芳香油，主要成分为百里香酚，含量约为0.5%。百里香的叶及嫩茎可用于调味，干制品和鲜叶均可，在法式菜、美式菜、英式菜中使用较为普遍，主要用于制汤和肉类、海鲜、家禽等菜肴的调味，如图3.59所示。

图3.59 百里香

3）迷迭香

迷迭香原产于南欧，我国南方也有栽培。迷迭香属唇形科，长绿小乔木，高1～2米。叶对生，线形，革质。夏季开花，花唇形，紫红色，轮生于叶腋内。其茎、叶、花都可提取芳香油，主要成分有桉树脑、乙酸冰片酯等。迷迭香的茎、叶无论是新鲜的还是干制品都可用于调味。常用于肉馅、烤肉、焖肉等，使用时量不宜过大，否则味过浓，甚至有苦味，如图3.60所示。

图3.60 迷迭香

4）鼠尾草

鼠尾草又称艾草、洋苏叶，香港、广州一带习惯按其译音称为“茜子”。鼠尾草世界各地均产，其中以南斯拉夫所产为最佳。鼠尾草是多年生灌木，生长很慢，其叶白、绿相间，香味浓郁，可用于调味。鼠尾草主要用于鸡、鸭、猪类菜肴及肉馅类菜肴调味，如图3.61所示。

图3.61 鼠尾草

5）罗勒

罗勒俗称紫苏、洋紫苏，产于亚洲和非洲的热带地区，种类繁多，主要品种有7～8种。罗勒属唇形科，一年生芳香草本植物，茎方形，多分枝，常带紫色，花白色略带紫红，茎叶含有挥发油，可作为调味品，常用于番茄类菜肴、肉类菜肴及汤类调味，如图3.62所示。

图3.62　罗勒

6）阿里根奴

阿里根奴又称牛至，原产于地中海地区，第二次世界大战后美国及其他美洲国家普遍种植。它是薄荷科芳香植物，叶子细长圆，种微小，花有一种刺鼻的芳香，与牛膝草相似。常用于烟草业，烹调中以意式菜使用最普遍，是制作馅饼不可缺少的调味品，如图3.63所示。

图3.63　阿里根奴

7）藏红花

藏红花又称番红花，原产于地中海及小亚细亚地区，现在南欧普遍培植。在我国，早年经常由西藏走私入境，故称藏红花。它是鸢尾科多年生草本植物，花期为11月上旬或中旬，其花蕊干燥后即是调味用的藏红花，是西餐中名贵的调味品，也是名贵药材，如图3.64所示。

藏红花目前以西班牙、意大利产的为佳。藏红花常用于中东地区、地中海地区，如法国、意大利、西班牙等国的汤类、海鲜类、禽类、烩饭等菜肴。它既可调味又可调色，是地中海式海鲜汤、意大利烩饭等菜肴不可缺少的调味品。

图3.64　藏红花

8）莳萝

莳萝又称土茴香，香港、广州一带习惯按其译音称“刁草”。莳萝原产于南欧，现北美及亚洲南部均产，如图3.65所示。

莳萝属伞形科多年生草本植物，叶羽状分裂，最终裂片成狭长线形。果实椭圆形，叶和果实都可作为香料。在烹调中主要用其叶调味，用途广泛，常用于海鲜、汤类及冷菜。

图3.65　莳萝

9）细叶芹

细叶芹又称法国番芫荽、法香、山萝卜等。细叶芹外形与番芫荽相似，色青翠，但叶片如羽毛状，味似大茴香和番芫荽的混合味。细叶芹既可用于菜肴的装饰，又可用于菜肴的调味，是西餐烹调中常用的原料，如图3.66所示。

图3.66　细叶芹

10）他拉根香草

他拉根香草又称茵陈蒿、龙蒿、蛇蒿，主要产于南欧。与我国药用的茵陈不同，其叶长扁状，干后仍为绿色，有浓烈的香味，并有薄荷似的味感，如图3.67所示。

他拉根香草用途广泛，常用于禽类、汤类、鱼类菜肴，也可泡在醋内制成他拉根醋。

图3.67　他拉根香草

11）香葱

香葱别名细香葱，为百合科葱属两年生或多年生草本植物，原产于欧洲冷凉地区，在北美、北欧等地均有野生种分布。一般株高30～40厘米，叶片圆形中空、青绿色、有

蜡粉，叶鞘白色，抱合成圆柱状的葱白，称为假茎。主要食用部分为嫩叶和假茎，质地柔嫩，具浓烈的特殊香味，可鲜食、干制，西餐中常用于汤类、沙司、沙拉的调味或作为点缀装饰。其营养丰富，各种维生素及大多数无机盐、微量元素含量均高于大葱。尤其胡萝卜素含量是大葱的14倍，常食可健身益寿，如图3.68所示。

图3.68　香葱

12）番芫荽

番芫荽又名洋香菜、欧芹等，原产于希腊，属伞形科草本植物。

番芫荽的品种主要有卷叶番芫荽、意大利番芫荽两种。卷叶番芫荽叶卷缩，色青翠，味较淡，外形美观，主要用于菜肴的装饰。意大利番芫荽叶大而平，色深绿，味较卷叶番芫荽浓重，主要用于菜肴的调味，如图3.69所示。

图3.69　番芫荽

3.7.2　常用香料

1）香叶

香叶又称桂叶，是桂树的叶子。桂树原产于地中海沿岸，属樟科植物，为热带常青乔木。香叶一般2年采集一次，采集后经日光晒干即成，如图3.70所示。

香叶可分为两种。一种是月桂叶，形椭圆，较薄，干燥后色淡绿。另一种是细桂叶，其叶较长且厚，叶脉突出，干燥后颜色淡黄。

香叶是西餐特有的调味品，其香味十分清爽又略含微苦，干制品、鲜叶都可使用，用途广泛。在实际使用上需要较长的烹煮时间才能有效释放其独特的香味，普遍用于汤、海鲜、畜肉、家禽、肝酱类和烩、焖肉类菜肴的调味。

图3.70 香叶

2）肉豆蔻

肉豆蔻原产于印度尼西亚、马鲁古群岛、马来西亚等地，现我国南方已有栽培。肉豆蔻又名肉果，为豆蔻科的常绿乔木。肉豆蔻近似球形，淡红色或黄色，成熟后剥去外皮取其果仁，经碳水浸泡、烘干后即可作为调料。干制后的肉豆蔻表面呈褐色，质地坚硬，切面有花纹。肉豆蔻气味芳香而强烈，味辛而微苦。优质的肉豆蔻个大、沉重、香味明显，在烹调中主要用于做肉馅以及西点和土豆菜肴，如图3.71所示。

图3.71 肉豆蔻

3）胡椒

胡椒原产于马来西亚、印度、印度尼西亚等地。胡椒为被子植物，多年生藤本植物。胡椒按品质及加工方法的不同又分为黑胡椒、绿胡椒、白胡椒和红胡椒等，它们实际上是同一种植物的果实，只是加工方法不同而已。黑胡椒是在未成熟时摘下来制成的；绿胡椒是在未成熟时摘下来，在颜色未褪时经保鲜加工处理后制成的；白胡椒是在成熟后摘下来，除去外壳制成的；红胡椒是在绿胡椒发酵的基础上制作而成的。

优质的胡椒颗粒均匀硬实，香味强烈。白胡椒白净，含水量低于12%。黑胡椒外皮不脱落，含水量在15%以下。

（1）黑胡椒

黑胡椒是用成熟的果实，经发酵、暴晒后，使其表皮皱缩变黑而成的，如图3.72所示。整个黑胡椒主要在制作基础汤和沙司时使用，也常在烹制牛、羊肉时使用。压碎的黑胡椒主要供顾客自己使用。

图3.72 黑胡椒

（2）绿胡椒

绿胡椒是将果实未成熟、外皮呈青绿色的胡椒，浸入液体中保存而成的。绿胡椒粒价格昂贵，通常只在豪华的餐馆中使用，制作某些特殊的菜肴。在水、盐水或醋中保存的绿胡椒质地柔软，在水中和盐水中的味道更好。潮湿的绿胡椒粒易变质，在水中浸泡的绿胡椒开封后在冰箱中只能保存几天，在其他液体中保存的绿胡椒粒保存的时间长些，现在也有冷冻的干绿胡椒粒，如图3.73所示。

图3.73　绿胡椒

（3）白胡椒

白胡椒是用成熟的果实，经水浸泡后，剥去外皮，洗净晒干而成的，如图3.74所示。白胡椒主要作为调料使用，其味道与黑胡椒味道有所不同，可与许多食物调和，而且其白色在浅颜色的食物中也不易被察觉出来。

图3.74　白胡椒

（4）红胡椒

红胡椒是用绿胡椒经特殊工艺发酵后，使其外皮变红的胡椒，一般也放入油脂中保存，如图3.75所示。

图3.75　红胡椒

4）丁香

丁香又名雄丁香、丁香料，原产于马来西亚、印度尼西亚等地，现我国南方有栽培，如图3.76所示。

丁香属金娘科长绿乔木，丁香树的花蕾在每年9月至来年3月间由青逐渐转为红色，这时将其采集后，除掉花柄，晒干后即成调味用的丁香。干燥后的丁香为棕红色，优质的丁香坚实而重，入水即沉，刀切而有油性，气味芳香微辛。丁香是西餐中常见的调味品之一，可作为腌制香料和烤焖香料。

图3.76　丁香

5）桂皮

桂皮是菌桂树之皮，菌桂树属樟科常绿乔木，主产于东南亚及地中海沿岸，我国南方亦产，如图3.77所示。菌桂树多为山林野生，7年以上则可剥下其皮，皮经晒干后就是调味用的桂皮。桂皮含有1%～2%挥发性油，桂皮油具有芳香和刺激性甜味，并有凉感。优质的桂皮为淡棕色，并有细纹和光泽，用手折时松脆、带响，用指甲在腹面刮时有油渗出。在西餐中常用于腌制水果、蔬菜，也常用于甜点。

图3.77　桂皮

6）多香果

多香果又称牙买加甜辣椒，果实形状类似胡椒，但较胡椒大，表面光滑，略带辣味，具有肉桂、豆蔻、丁香三种原料的味道，故称多香果。常用于肉类、家禽等菜肴的调味，如图3.78所示。

图3.78　多香果

7）香兰草

香兰草又称香荚兰、香子兰、上树蜈蚣，多年生攀缘藤木，其果实富含香兰素，香味充足。香兰草豆荚及其衍生物在食品业中应用十分广泛，尤其是在糖果、冰激凌及烘烤食品中，如图3.79所示。

图3.79　香兰草

8）红椒粉

红椒粉又称甜椒粉，属茄科一年生草本植物，果实形如柿子椒，较大，色红，略甜，味不辣，干后制成粉，主要产于匈牙利。红椒粉在西餐烹调中常用于烩制菜肴，如图3.80所示。

图3.80　红椒粉

3.7.3　常用调料

1）辣酱油

辣酱油是西餐中广泛使用的调味品，19世纪初传入我国，因其色泽风味与酱油接近，所以习惯上称为“辣酱油”，如图3.81所示。辣酱油的主要成分有海带、番茄、辣椒、洋葱、砂糖、盐、胡椒、大蒜、陈皮、豆蔻、丁香、糖色、冰糖等。优质的辣酱油为深棕色，流质，无杂质，无沉淀物，口味浓香，酸辣咸甜各味协调，其中英国产的李派林辣酱油较为著名，使用很普遍。

图3.81　辣酱油

2）咖喱粉

咖喱粉是由多种香辛料混合调制成的复合调味品，如图3.82所示。其制作方法最早源于印度，以后逐渐传入欧洲，目前已在世界范围内普及，但仍以印度及东南亚国家所产的咖喱粉为佳。

制作咖喱粉的主要原料有黄姜粉、胡椒、肉桂、豆蔻、丁香、莳萝、孜然、茴香等。目前我国制作的咖喱粉中调味料较少，主要有姜黄、白胡椒、茴香粉、辣椒粉、桂皮粉、茴香油等。优质的咖喱粉香辛味浓烈，用热油加热后色不变黑，色味俱佳。

图3.82 咖喱粉

3）醋

醋也是西餐烹调主要的调味品之一，其品种繁多，如意大利香脂醋、香槟酒醋、香草醋、它里根香醋、麦芽醋、葡萄酒醋、雪利酒醋、苹果醋等。因其制作的方法不同，大致可分为发酵醋和蒸馏醋两大类。

（1）意大利香脂醋

意大利香脂醋由加热煮沸变浓稠的葡萄汁经长期发酵制成。意大利香脂醋颜色深褐，汁液黏稠，口感酸甜而圆润，如图3.83所示。

意大利香脂醋有“传统型”和“普通型”两类，“传统型”一般为手工制造，窖藏时间一般为12年，窖藏期间要分别存放在栗木、桑木、橡木、樱桃木、杜松等木桶中，每年更换一次不同材质的木桶。“普通型”是一种大批量生产的香脂醋，一般窖藏时间为4 ~ 6年，也不必更换木桶。

图3.83 意大利香脂醋

（2）葡萄酒醋

葡萄酒醋是用葡萄或酿葡萄酒的糟渣发酵而成的，有红葡萄酒醋和白葡萄酒醋两种。葡萄酒醋除酸味外还有芳香气味，如图3.84所示。

图3.84 葡萄酒醋

（3）苹果醋

苹果醋是用酸性苹果、沙果、海棠果等原料经发酵制成的，色泽淡黄，口味醇鲜而酸，如图3.85所示。

图3.85　苹果醋

（4）醋精和白醋

醋精是用冰醋酸加水稀释而成的，醋酸含量高达30%，口味纯酸，无香味，使用时应控制用量或加水稀释。

白醋是用醋精加水稀释而成的，醋酸含量不超过6%，其风格特点与醋精相似，如图3.86所示。

图3.86　白醋

4）番茄酱和番茄沙司

（1）番茄酱

番茄酱是西餐中广泛使用的调味品，是用红色小番茄经粉碎、熬煮再加适量的食用色素制成的。优质的番茄酱色泽鲜艳，浓度适中，质地细腻，无颗粒，无杂质，如图3.87所示。

图3.87　番茄酱

（2）番茄沙司

番茄沙司是将红色小番茄经榨汁粉碎后，调入白糖、精盐、胡椒粉、丁香粉、姜粉等，经煮制、浓缩，加入微量色素、冰醋酸制成的，如图3.88所示。

图3.88 番茄沙司

5）芥末

芥末是将成熟的芥末籽（种子），经烘干研磨碾细制成的，其色黄、味辣，含有芥子、芥子酶、芥子碱等，芥辣味浓烈，食之刺鼻，可促进唾液的分泌，以及淀粉酶和胃膜液的增加，有增强食欲的作用，如图3.89所示。我国和欧洲一些国家均有出产，其中以法国的第戎芥末酱和英国制造的牛头芥末粉较为著名。

图3.89 芥末

6）水瓜柳

水瓜柳又称水瓜钮、酸豆，原产于地中海沿岸及西班牙等地，为蔷薇科常绿灌木，其果实酸而涩，可用于调味，如图3.90所示。目前市场上供应的多为瓶装腌制制品。水瓜柳常用于鞑靼牛排、海鲜类菜肴，以及冷沙司、沙拉等开胃小菜的调味。

图3.90 水瓜柳

任务8 牛奶及乳制品

牛奶和乳制品是西餐饮食中最普遍的食品之一。牛奶和乳制品在西餐烹调中常常被用于许多风味食品的制作。

3.8.1 牛奶

牛奶也称牛乳，营养价值高，含有丰富的蛋白质、脂肪及多种维生素和矿物质。牛奶

根据奶牛的产乳期可分为初乳、常乳和末乳。市场上大多供应的常乳，主要是鲜奶和杀菌牛奶。在西餐烹调中牛奶一般又可分为以下几种：

①鲜奶：牛奶中含有极微小的透明的小球或有油滴悬浮于乳液中。

②脱脂牛奶：即脱去乳脂的牛奶。

③无脂干牛奶：即在脱脂后的牛奶中加水。

④炼乳：即脱去牛奶中50%～60%的水分。

⑤甜炼乳：又称凝脂牛奶，即脱去牛奶中的大部分水分，再加入蔗糖，使其糖含量占40%左右，成品呈奶油状浓度。

⑥酸奶：即将乳酸菌加入脱脂牛奶中，经过发酵制成的带有酸味的牛奶。

⑦酸奶酪：即将乳酸菌加入全脂牛奶中，经过发酵制成的带有酸味的半流体状的乳制品。

优质的牛奶应为乳白色或略带浅黄色，无凝块，无杂质，有乳香味，气味平和自然，品尝起来略带甜味，无酸味，如图3.91所示。牛奶一般应采取冷藏法保管。

图3.91　牛奶

3.8.2　新鲜乳酪/凝脂乳酪

1）白奶酪

白奶酪是一种以牛乳为原料，不需要成熟过程，可直接食用的软质奶酪，乳脂肪含量5%～15%，是一种低脂的奶酪，如图3.92所示。

白奶酪外观纯白，呈湿润的凝乳状，味道爽口、新鲜，具有柔和的酸味及香味，没有强烈的气味。它可搭配沙拉或蔬果，也可加入乳酪蛋糕，适合做午餐、快餐及甜食用，主要产地是美国、英国、澳大利亚等国家。

图3.92　白奶酪

2）意大利瑞可塔乳酪

瑞可塔乳酪原产于意大利南部，是以乳清（制作乳酪时产生的水分）做成的，也叫白蛋白干酪，其品种有新鲜型与干酪型两种，制作新鲜型瑞可塔乳酪时加入全脂乳，后者加入脱脂乳。新鲜的瑞可塔乳酪一般装在纸盒内出售。若生产干酪，则需将凝乳装入带孔模子里，经长时间的压榨，压榨后的凝乳置于37.3 ℃或温度更高的成熟室进行自然干燥，然后可制作干酪屑。

新鲜的瑞可塔乳酪乳脂肪含量一般为15%～30%，色泽白色、质地细致柔软、稍具甜味，可加入砂糖、果酱与水果一起食用，也可用于糕点制作，如图3.93所示。

图3.93 意大利瑞可塔乳酪

3）奶油奶酪/凝脂奶酪

奶油奶酪是一种凝脂奶酪，是新鲜的牛乳经凝结后，先去除多余的水分，然后加入鲜奶油或鲜奶油和牛乳的混合物而制成的。

奶油奶酪的乳脂肪含量一般为35%～45%，质地柔软，成膏状，具有浓厚的奶油香味，味道清淡，适用于制作开胃菜、沙司、奶酪蛋糕等。

（1）玛斯卡彭奶酪

玛斯卡彭奶酪名字源于西班牙“细致”一词，原产于意大利北部的伦巴底地区，是一种新鲜的凝脂奶酪。目前意大利各地区均有制造，是以牛乳制成的未发酵全脂软质奶酪，乳脂肪的含量为80%，口感如同品尝高纯浓度的鲜奶油，细腻滑顺。

由于未曾经过任何酝酿或熟成过程，玛斯卡彭奶酪仍保留了洁白的色泽与清新的奶香，带有微微的甜味与浓郁滑腻的口感，越是新鲜的玛斯卡彭奶酪，味道越好。

玛斯卡彭奶酪是制作意大利著名甜点提拉米苏的重要原材料，在调制酱汁时也是不可或缺的好材料，如图3.94所示。

图3.94 玛斯卡彭奶酪

（2）意大利马祖拉水牛乳奶酪

马祖拉水牛乳奶酪是一种软质未发酵的奶酪，原产于意大利南部的美食之都——那波利，口感滑腻、香气温和。马祖拉水牛乳奶酪传统上是以水牛乳制成的，但是现在大多用奶牛乳或羊乳取代，使用奶牛乳制作的马祖拉水牛乳奶酪在口感、风味上没有使用水牛乳制作的奶酪好，在结构上也没有水牛乳制作的奶酪柔软。马祖拉水牛乳奶酪的制作方法较为特殊，在乳汁凝结后，将其放入热水中加以搓揉、拉捏，以形成色泽洁白、质地柔软且富有弹性的奶酪。

马祖拉水牛乳奶酪常用来做沙拉，切片后与番茄、罗勒放在一起，淋上橄榄油即是一道经典的意式美味开胃菜。

（3）贝尔佩斯奶酪

贝尔佩斯在意大利语中有“美丽之国”的意思。贝尔佩斯奶酪原产于意大利北部的伦巴底省，由世代相传的贝尔佩斯家族制作，其乳脂肪含量为50%，是以半硬质的奶酪为主要原料制作成的奶酪，如图3.95所示。

图3.95　贝尔佩斯奶酪

贝尔佩斯奶酪是一种质地柔软、富含奶油的奶酪，外表包有一层坚韧的奶酪皮，为了食用方便，一般将重达数千克的大块奶酪分装成精美小包装出售，可以切成小片直接送到口中或与面包、饼干一起食用。

（4）菲达奶酪

菲达奶酪原产于希腊，是希腊有名的乳酪之一，原是以羊乳作为原料制作的奶酪，但目前市面上的菲达奶酪大多是丹麦出产的牛乳制品。因为在乳清和盐水中发酵，又称为“盐水乳酪”，且必须浸泡于盐水中保存。食用时，为了减少咸味，应先浸泡于冷水或牛奶中几分钟。

菲达奶酪的乳脂肪含量一般为40%～50%，色泽乳白，质地柔软，有咸味，常用于开胃菜的制作，也可用于沙拉或是用橄榄油调制成调味汁，如图3.96所示。

图3.96　菲达奶酪

4）白霉奶酪

（1）卡蒙贝尔奶酪

卡蒙贝尔奶酪源于18世纪末法国的卡蒙贝尔地区，相传是由一位名为玛丽·哈热尔的妇女发明的。据说在1790年10月法国大革命时期，一位来自法国布瑞地区，名叫查里·让·邦浮斯的教士借宿在玛丽·哈热尔家的勃蒙塞尔农场，作为答谢，这位教士就把制作奶酪的方法传授于她。1855年，玛丽·哈热尔的女儿将这种奶酪献给拿破仑，并告诉他这种奶酪来自卡蒙贝尔，因而得名。

卡蒙贝尔奶酪以牛乳为原料，乳脂肪含量在45%左右，是一种口味清淡的奶酪，表面有一层白霉，内部呈金黄色，手感较软，好似新鲜蛋糕。因其在高温下易熔化，故适合烹饪菜肴，并可以佐酒，直接食用。法国诺曼底所生产的卡蒙贝尔奶酪最为著名，如图

3.97所示。

图3.97　卡蒙贝尔奶酪

（2）法国布瑞奶酪

布瑞奶酪是法国最著名的奶酪之一，拥有“奶酪之王”的美称，因原产于法国中央省的布瑞地区而得名，如图3.98所示。布瑞奶酪有许多品种，一般色泽由淡白到淡黄，质软味咸，奶香浓郁。呈圆碟状，直径18～35厘米，质量为1.5～2千克，含乳脂45%。

布瑞奶酪最早制于17世纪，1918年被称为“奶酪之王”，享誉全世界。口味随着发酵时间的增长，从清淡转为浓稠滑腻。

布瑞奶酪最好的保存方法是在切开的那面放上一块干净的硬纸板，以阻止奶酪流动，再将其储存在阴凉的地方或放在冰箱里冷藏。

图3.98　法国布瑞奶酪

5）半硬质奶酪

（1）荷兰高达奶酪

高达奶酪为荷兰最有名的奶酪之一，原产于荷兰鹿特丹的高达村，据说最早在13世纪时便开始生产，如图3.99所示。

高达奶酪是以牛乳为原料制作的奶酪，乳脂肪含量在48%左右，呈圆盘状，直径约30厘米，内部有许多小孔，表面包有蜡皮，表面蜡皮的颜色会依据奶酪熟成时间的长短和添加的香料的不同而有所不同，一般熟成时间较短的高达奶酪表层为红色的蜡皮，熟成时间较长的为黄色蜡皮，如果是黑色或褐色蜡皮，则是熟成时间超过一年或是烟熏过的。

高达奶酪质地细致，气味温和，奶油味浓郁，储存时间越久，味道越强烈。可直接食用或搭配三明治、吐司面包等，也常用于各种菜肴的调味。

图3.99　荷兰高达奶酪

（2）荷兰艾达姆乳酪

艾达姆乳酪原产于荷兰阿姆斯特丹北部的艾达姆地区的一个小港，是以牛乳为原料制作的奶酪，乳脂肪含量在40%左右，为荷兰最有名的乳酪之一，如图3.100所示。

艾达姆乳酪形状大多为圆形或半圆形，呈淡黄色，外表包有一层蜡皮，因口味的不同蜡皮的颜色也各有不同，一般出口的艾达姆乳酪外层都有一层红色的蜡皮。

艾达姆乳酪质地细致，富有弹性，气味温和，有时略带酸味，可磨成粉末撒在面类、汤类菜肴或三明治中，也可切成薄片加入沙拉或搭配美酒一起食用。

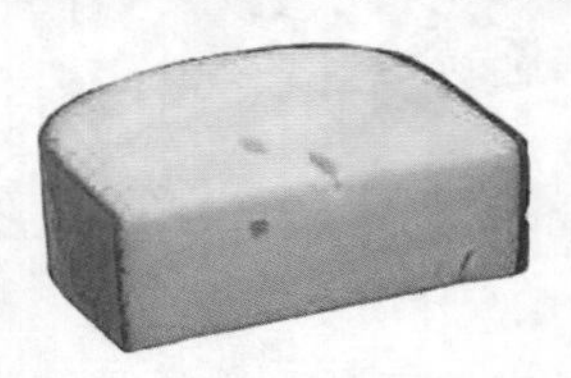

图3.100　荷兰艾达姆乳酪

（3）荷兰玛士达乳酪

玛士达乳酪是以牛乳为原料制作的奶酪，乳脂肪含量在45%左右，原产于荷兰，如图3.101所示。

玛士达乳酪是一种拥有大小不同气孔的奶酪，其气孔是由于在制作过程中加入了戊酮酸菌，使其在熟成中产生了气体。

图3.101　荷兰玛士达乳酪

（4）丹麦哈瓦提奶酪

哈瓦提奶酪是原产于丹麦的一种半硬质奶酪，是以牛乳为原料制作的奶酪，乳脂肪含量为50%左右，如图3.102所示。

哈瓦提奶酪一般为长方形，淡黄色，内部布满不均匀的小气孔。香味浓郁，口感顺滑，熟成时间越长久，其气味越直接、强烈。

图3.102　丹麦哈瓦提奶酪

6）洗浸乳酪

（1）意大利塔雷吉欧乳酪

塔雷吉欧乳酪原产于意大利伦巴底地区，是以牛乳为原料制作的奶酪，乳脂肪含量在48%左右，如图3.103所示。

塔雷吉欧乳酪通常为正方形，表皮为浅橘色，而内部为白色，柔软有弹性，气味温和，略带酸味，具有特殊的口感和香味。它适合作为甜点，并可搭配香醇的酒，意大利葡萄酒是最适合的搭配；它也可与甜点、开胃菜一起食用。

图3.103　意大利塔雷吉欧乳酪

（2）彭雷维克乳酪

彭雷维克乳酪原产于法国诺曼底地区，是洗浸乳酪的代表，以牛乳为制作原料，乳脂肪含量在45%左右，如图3.104所示。

彭雷维克乳酪外形是四角形，黄褐色的表皮上有些发霉，内部柔软，呈糊状，充满浓郁的芳香气味，略带点甜味，适合作为甜点，并可搭配香醇的酒；它也可与甜点、开胃菜一起食用。

图3.104　彭雷维克乳酪

7）蓝脉奶酪

蓝脉奶酪的外形很诱人，带有鲜明的特征，统称为蓝纹奶酪或青纹奶酪。这种奶酪松软洁白的酪体上，美丽的蓝绿色斑点点缀其中。它口感细腻清新，香气清淡，食用方便，但口味较咸。吃的时候可直接涂抹在面包上，也可以碾碎拌在沙拉里。欧洲人还常把蓝脉奶酪和奶油混在一起，做成酱汁，浇在牛排上，咸香入味，如图3.105所示。

图3.105　蓝脉奶酪

8）山羊乳奶酪

山羊乳奶酪是用山羊奶制作的奶酪，春秋季节品味最佳。在山羊奶酪成熟的早期阶段就能品尝到它的芳香美味，这也是它的一大特征，如图3.106所示。

图3.106　山羊乳奶酪

9）硬质乳酪

质地坚硬、体积硕大的硬质乳酪，是经过半年到两年以上长期熟成的乳酪，不仅可耐长时间的运送与保存，且经长久酝酿浓缩出浓醇甘美的香气，如图3.107所示。

图3.107　硬质乳酪

任务9　西餐烹调用酒

酒也是西餐烹调中经常使用的调味品。由于各种酒本身具有独特的香气和味道，因此在西餐烹调中也常常被用于菜肴的调味。一般雪利酒、玛德拉酒用于制汤及畜肉、禽类菜肴的调味，干白葡萄酒、白兰地酒主要用于鱼、虾等海鲜类菜肴的调味，波尔图红葡萄酒主要用于畜肉、野味菜肴的调味，香槟酒主要用于烤鸡、焗火腿等菜肴的调味，朗姆酒、利口酒主要用于各种甜点的调味，如图3.108所示。

图3.108　烹调用酒

3.9.1 常用的蒸馏酒类

1）白兰地

白兰地是英文的译音，原意是蒸馏酒，现习惯指用葡萄蒸馏酿制的酒类。用其他原料制作的酒类习惯上要注明原料，如苹果白兰地、杏子白兰地。

白兰地的种类很多，以法国格涅克地区产的格涅克酒（也称干邑）最著名，有“白兰地之王”的美誉。格涅克酒酒体呈琥珀色，清亮、有光泽，口味独特，酒精含量在43%左右，其中著名的品牌有人头马、轩尼诗、伊尼、奥吉特等。

除格涅克外，法国其他地区也生产白兰地。此外，德国、意大利、希腊、西班牙、俄罗斯、美国、中国等也都生产白兰地。白兰地在西餐烹调中使用非常广泛。

2）威士忌

威士忌是一种谷物蒸馏酒，主要生产国大多是英语国家，其中以英国的苏格兰威士忌最为著名。

苏格兰威士忌是用大麦、谷物等为原料，经发酵蒸馏而制成的。按原料的不同和酿制方法的区别又分为纯麦威士忌、谷物威士忌、兑和威士忌三类。苏格兰威士忌讲究把酒储存在盛过西班牙雪利酒的橡木桶里，以吸收一些雪利酒的余香。陈酿5年以上的纯麦威士忌即可饮用，陈酿7~8年为成品酒，陈酿15~20年为优质成品酒，储存20年以上的威士忌质量会下降。苏格兰威士忌具有独特的风格，酒色棕黄带红，清澈透亮，气味焦香，略有烟熏味，口感甘洌、醇厚，绵柔并有明显的酒香气味。其中著名的品牌有红方威士忌、黑方威士忌、海格、白马等。

除苏格兰威士忌外，较有名气的还有爱尔兰威士忌、加拿大威士忌、美国波本威士忌等。

3）金酒

金酒又译为毡酒或杜松子酒，始创于荷兰。现在世界上流行的金酒有荷兰式金酒、英式金酒。

荷兰式金酒是用大麦、黑麦、玉米、杜松子及香料为原料，经过三次蒸馏，再加入杜松子进行第四次蒸馏而制成的。荷兰式金酒色泽透明清亮，酒香突出，风味独特，口味微甜，酒精体积分数为52%左右，适于单饮，其中著名的品牌有波尔斯、波克马、亨克斯等。

英式金酒又称伦敦干金酒，是用食用酒精和杜松子及其他香料共同蒸馏（也可将香料直接调入酒精内）制成的。英式金酒色泽透明，酒香和调料香浓郁，口感纯美、甘洌。其中著名的品牌有戈登斯、波尔斯等。

除荷兰式金酒、英式金酒外，欧洲其他一些国家也产金酒，但没有以上两种有名。

4）朗姆酒

朗姆酒又译成兰姆酒、老姆酒，是世界上消费量较大的酒品之一，如图3.109所示。主要生产地有牙买加、古巴、马提尼克岛、瓜德罗普岛、特立尼达和多巴哥、海地等国家和地区。朗姆酒是以甘蔗为原料，经酒精发酵、蒸馏取酒后，放入橡木桶内陈酿一段时间制成的。由于采用的原料和制作方法的不同，朗姆酒可分为5类，即朗姆白酒、朗姆老酒、淡朗姆酒、朗姆常酒和强香朗姆酒，其酒精含量不等，一般为45%~50%。其中著名的品牌有哈瓦那俱乐部等。

图3.109 朗姆酒

3.9.2 常用的酿制酒类

1）葡萄酒

葡萄酒在世界酒类中占有重要地位。据不完全统计，世界各国用于酿酒的葡萄园种植面积达几十万平方千米。生产葡萄酒的著名国家有法国、美国、意大利、西班牙、葡萄牙、澳大利亚、德国、瑞士、南斯拉夫、匈牙利等，其中最负盛名的是法国波尔多酒系、布艮第酒系。葡萄酒中最常见的有红葡萄酒和白葡萄酒，酒精体积分数一般为10%～20%。

红葡萄酒是用颜色较深的红葡萄或紫葡萄酿造的，酿造时果汁、果皮一起发酵，所以颜色较深，分为干型、半干型、甜型。目前西方国家比较流行干型酒，其品种有玫瑰红、赤霞珠等，适于吃肉类菜肴时饮用。

白葡萄酒是用颜色青黄的葡萄为原料酿造的，在酿造的过程中去除果皮，所以颜色较浅。白葡萄酒以干型最为常见，品种较多，如莎当妮、意斯林、莎布利等。其口感清冽爽口，适宜吃海鲜类菜肴时饮用，也广泛使用于烹调中。

2）香槟酒

香槟酒是用葡萄酿造的汽酒，是一种非常名贵的酒，有“酒皇”之美称，如图3.110所示。香槟酒原产于法国北部的香槟地区，是300年前由一个叫唐佩里尼翁的教士发明的。香槟酒讲究采用不同的葡萄为原料，经发酵、勾兑、陈酿转瓶、换塞填充等工序制成，一般需要3年时间才能饮用，以6～8年的陈酿香槟为佳。香槟酒色泽金黄透明，味微甜酸，果香大于酒香且缭绕不绝，口感清爽、纯正，酒精体积分数在11%左右，有干型、半干型、糖型三种，其含糖量分别为1%～2%、4%～6%、8%～10%。其中著名的品牌有宝林偕香槟酒、库格香槟酒等。

图3.110 香槟酒

3.9.3 常用的配制酒类

1）苦艾酒

苦艾酒也称味美思，首创于意大利的吐莲，主要生产国有意大利和法国。苦艾酒是以葡萄酒为酒基，加入多种芳香植物，根据不同的品种再加入冰糖、食用酒精、色素等，经搅匀、浸泡、冷澄、过滤、装瓶等工序制成，常用作餐前开胃酒。苦艾酒的品种有干苦艾酒、白苦艾酒、红苦艾酒、意大利苦艾酒、都灵苦艾酒、法兰西苦艾酒等，其色泽、香味均有不同。除干苦艾酒外，另外几种均为甜型酒，含糖量为10%~15%，酒精含量为15%~18%。

2）雪利酒

雪利酒又译为谢里酒，主要产于西班牙的加的斯。雪利酒以加的斯所产的葡萄酒为酒基，勾兑当地的葡萄蒸馏酒，采用逐年换桶的方式，陈酿15~20年，其品质可达到顶点。雪利酒常用来佐餐甜食。雪利酒可分为两大类，即菲奴和奥罗露索。

菲奴雪利酒色泽淡黄明亮，是雪利酒中最淡者，香味优雅、清新，口味甘洌、清淡，新鲜爽快。酒精含量为15.5%~17%。

奥罗露索雪利酒是强香型酒品，色泽金黄棕红，透明度好，香气浓郁，有核桃仁似的香味，口味浓烈柔绵，酒体丰富圆润，酒精含量为18%~20%。

雪利酒中比较著名的品牌有克罗伏特、哈维斯、多麦克等。

3）玛德拉酒

玛德拉酒主要产于大西洋上的玛德拉岛（葡属）。玛德拉酒是用当地产的葡萄酒和葡萄蒸馏酒为基本原料经勾兑陈酿制成。玛德拉酒既是上好的开胃酒，又是世界上屈指可数的优质甜食酒。玛德拉酒酒精含量多在16%~18%，其中比较著名的品牌有鲍尔日、法兰加、利高克等。玛德拉酒在烹调中常用于调味。

4）波尔多酒

波尔多酒常被译成钵酒，产于葡萄牙的杜罗河一带，因在法国波尔多地区储存销售，故名波尔多酒。波尔多酒是用葡萄原汁酒与葡萄蒸馏酒勾兑而成的，生产工艺上吸取了不少威士忌酒的酿造经验。波尔多酒又分为波尔多白酒和波尔多红酒两大类。波尔多红酒的知名度更高，分为黑红、深红、宝石红、茶红四种类型。波尔多红酒的香气十分富有特色，浓郁芬芳，果香与酒香相得益彰，在西餐烹调中常用于野味类、肝类及汤类菜肴的调味。

5）利口酒

利口酒又称利乔酒、立口酒，是一种以食用酒精和蒸馏酒为酒基，配制各种调香物质并经过甜化处理的酒精饮料，是一种特殊的甜酒，如图3.111所示。利口酒按酒精含量可划分为三大类：特精制利口酒酒精含量为35%~45%，精制利口酒酒精含量为25%~35%，普通利口酒酒精含量为20%~30%。

图3.111 利口酒

3.9.4 啤酒

啤酒主要以大麦为原料，经麦芽配制、原料处理、加酒花、糖化、发酵、储存、灭菌、澄清过滤等工序制成，如图3.112所示。啤酒酒精含量为3.5%～5%。啤酒按其酒色可分为淡色啤酒、浓色啤酒、黑色啤酒，按风味可分为拉戈啤酒、爱尔啤酒、司都特啤酒、跑特啤酒、慕尼黑啤酒等。啤酒在烹调中常用于调味，尤以德式菜中使用较多。

图3.112 啤酒

[思考题]

1. 简述西餐原料的分类。
2. 简述牛肉、小牛肉的肉质特点。
3. 举例说明西餐香料的烹调应用。
4. 简述奶制品的种类。
5. 举例说明西餐酒类的烹调应用。

单元4 原料加工工艺

【知识目标】

1. 熟悉西餐常用刀法；
2. 熟悉原料初加工工艺的要求；
3. 熟悉原料剔骨出肉工艺的要求；
4. 熟悉原料整理成型工艺的要求。

【能力目标】

1. 熟练掌握西餐常用刀法；
2. 熟练掌握原料初加工工艺；
3. 熟练掌握原料剔骨出肉工艺；
4. 熟练掌握原料整理成型工艺。

大多数西餐常用原料是不可直接用来烹调的，必须经过初步加工的程序、方法和步骤，使常用原料能按照不同的种类、性质、用途以及不同菜肴成品的要求进行加工，然后才可以进行烹调。如果原料的加工不符合规格、标准和要求，不但会影响菜肴烹调的出品质量，而且还会造成原料的浪费。所以，西餐原料的加工不是一个简单的操作，它是复杂的生产过程和精细的技术。通过本单元学习，可掌握西餐常用刀法、原料初加工工艺、原料剔骨出肉工艺、原料整理成型工艺等。

任务1　刀工工艺

刀工工艺是西餐原料加工工艺的重要组成部分。各种烹饪原料大多需要经过刀工工艺，才能符合烹饪工艺和食用的要求，才能使菜点更加美观，让食客更有食欲。刀工技法简称刀法，是根据烹调和食用的要求，将各种原料加工成一定形状时所采用的行刀技法。西餐刀法一般分为切法、片法、拍法、剁法、包卷和其他刀法等几种。

4.1.1　刀工的作用

菜肴的原料复杂多样，同时西餐对原料的形状和规格都有严格的要求，因此需经过刀工处理。刀工技术不仅决定原料的形状，而且对菜肴的色、香、味、形等方面也起着重要的作用。刀工的作用主要有以下几点。

1）便于烹饪，便于食用，便于入味

对一块体积较大的食物，人们在进食时往往感到不便，这时就需要厨师用刀具将大块的原料改切成小块，才能方便烹饪及食用。整块体积较大的原料如果不切开，那么在加入调味品后味道不容易渗透到原料内部，必须运用刀工技术将其切成各种形状或在其表面刻上刀纹，才能扩大原料的受热面积，快速加热使原料成熟，并使其容易入味，从而保持菜肴的风味特点，使其质感、味道都获得最佳的效果。

2）美化原料，美化菜肴，增进食欲

同一原料，采用不同的刀工处理后会形成不同的形状，会使菜肴种类、形式多样化。经过刀工处理，菜肴原料变成片、丝、条、块，规格一致，匀称统一，整齐美观。使用不

同的刀工技术，运用各种刀法，再结合烹饪美学艺术，则能制作出集艺术与技术为一体，多姿多彩、各种各样的菜肴，烹制出来的菜肴会显得更为协调美观，有助于增进食欲。

3）丰富菜肴的内容

实际操作中，运用不同的刀法，可以把烹饪原料加工成不同的形状，可以制作成各式各样、造型优美、生动别致的菜肴。因此，合理运用刀工刀法，可大大增加菜肴的数量与品种。

4）改变原料的质感

烹饪原料的自然形态各不相同，质地有老嫩、有骨无骨等各种区别。不同的烹调方法需要不同的火候，必须用刀工技术进一步加工处理来改变原料的体积、形状、质地，确保原料在烹调后达到理想的质感。通过刀工的处理可使原料的纤维组织断裂或解体，再通过烹调即可获得菜肴的嫩化效果。

5）掌握菜肴的定量

西餐的习惯吃法是每人一份，很多菜肴都是一块整料，如各种牛排、鱼块等。每份的量都是相同的，这要求厨师熟练掌握菜肴的定量，操作时运用合适的刀法，下刀准确，使每份菜肴都符合定量标准，制作分量统一的菜肴。因此，好的刀工、刀法才能保证菜肴标准化及菜肴的准确定量。

4.1.2 西餐刀工技术的基本原则

1）根据原料特点选择刀具

西餐讲究根据原料的特点和性质选择刀具。例如，在切割韧性比较强的动物原料时，一般选择比较厚重的刀；而切割质地细嫩的蔬菜和水果原料时，则选择规格小，轻巧灵便的刀，例如沙拉刀。

西餐的刀具很多，一般不同的原料、不同的形状使用不同的刀具。这是西餐刀工技术中与中餐差异比较大的方面。例如，西餐有专门切肉的刀、专门去鱼骨的刀、专门切蔬菜和水果的刀、专门切熟食的刀、专门切面包的刀。根据原料的特点，使用不同的刀具，便于操作，也使原料成型更简单，规格更整齐。

2）刀工、刀法简洁，成型规格大方、整齐

与中餐的刀工相比，西餐的刀工处理比较简单，刀法和原料成型的规格相对比较少。在刀工的技巧上，也比中餐稍逊一筹。但这并不等于西餐的刀法粗糙。西餐的刀工成型，一般以条、块、片、丁为主，虽然成型规格较少，但要求经刀工处理后的原料，整齐一致，干净利落。

西餐的刀工，具有简洁、大方、动物性原料成型比较大的特点。由于西方习惯使用刀叉作为食用餐具，原料在烹调后，食者还要进行第二次刀工分割，因此，许多原料，尤其是动物原料，在刀工处理上，通常呈大块、片等形状，如牛扒、菲力鱼、鸡腿、鸭胸等。每块（片）的质量通常为150～250克。对于植物原料，刀工成型的规格要比动物原料细腻一些。

3）刀工技艺现代化

除了刀具品种多外，西餐刀工的另一个特点就是大量使用现代化的设备，完成原料的

成型过程。自动化、规格化是西餐刀工技术的重要特点之一。例如，西餐厨房大量使用切片机、切块机等。这些设备，主要用于蔬菜类原料的加工。在西餐中，蔬菜类原料的成型规格比动物原料丰富，为了使原料成型规格统一化，西餐常常使用自动化或半自动化刀工设备加工原料。

4.1.3 刀工操作姿势与要求

1）刀工操作姿势

对于厨师来讲，掌握正确的刀工操作姿势有利于提高工作效率、减少疲劳、保障身体健康。在刀工操作时，一般有两种站立姿势。

①八字步站法。双脚自然分开，与肩同齐，呈八字形站稳，上身略前倾，但不要弯腰曲背；目光注视两手操作的部位，身体与菜板保持一定距离。这种站法双脚承重均等，不易疲劳，适宜长时间操作。

②丁字步站法。双脚自然分立，左脚竖直向前，右脚横立于后，呈丁字形，重心落在右脚上，上身挺直，略向右侧；头微低，目光注视双手操作部位，身体与菜板保持一定距离。这种站姿优美，但易疲劳，操作时可根据需要将身体重心交替放在左、右脚上。

2）握刀方法

用右手的拇指、食指捏住刀的后根部，其余三指自然合拢，握住刀柄，掌心稍空，不要将刀柄握死，但要握稳。左手按住原料，使之固定，并注意双手相互配合。

3）刀工操作的注意事项

刀工操作是比较细致且劳动强度较大的工作，故在操作中既要提高工作效率，又要避免出现事故。操作时应注意以下几点：

①操作时思想集中，认真操作，不说笑打闹。

②操作姿势正确，熟练掌握各种刀法的要领，以提高工作效率。

③操作时，各种原料、容器要摆放整齐，有条不紊。

④操作完毕，要打扫卫生，并将工具摆放回原位。

4.1.4 西餐常用刀法

1）切

切是西餐中使用非常广泛的加工方法，主要适用于加工无骨的鲜嫩原料。

操作要领：右手握刀，左手按住原料，刀与原料垂直，左手中指的第一关节凸出，顶住刀身左侧，并与刀身呈垂直角，然后均匀运刀后移。

根据运刀方法的不同，切又分为直切、推切、拉切、推拉切、锯切、滚切、铡切、转切等。

①直切。用刀笔直地切下去，一刀切断，运刀时既不前推也不后拉，着力点在刀的中部。这种刀法适用于加工一些较薄的脆硬性原料，如加工土豆丝、胡萝卜丝等。

②推切。用刀由上往下切压的同时把刀向前推。由刀的中前部入刀，最后着力点为刀的中后部。这种刀法适宜加工较厚的脆硬性原料，如加工土豆片、胡萝卜片等；也适宜加工略有韧性的原料，如加工较嫩肉类的肉丝等。

③拉切。用刀由上往下切压的同时，运刀后拉，由刀的中后部入刀，最后着力点在刀的前部。这种刀法适宜加工一些较细小的或松脆性的原料，如加工黄瓜片、番茄片、芹菜丝等。

④推拉切。用刀由上往下切压的同时，先运刀前推，再后拉。前推便于入刀，后拉将其切断。由刀的中部入刀，最后着力点在刀的中部。这种刀法适宜加工韧性较大的原料，如加工猪肉片、牛肉片等。

⑤锯切。用刀由上往下压切的同时，先前推，再后拉，反复数次，将原料切断，由刀的中部入刀，最后着力点仍在中部。这种刀法适宜加工较厚的并带有一定韧性的原料，如加工火腿片、烤牛肉片等。

⑥滚切。又称为滚料切，用刀由上往下压切，切一刀将原料滚动一定角度，着力点一般在刀的中部。这种刀法适宜加工圆形或长圆形脆硬性原料，如加工胡萝卜块、土豆块等。

⑦铡切。右手握刀柄，左手按住刀背前端，双手平衡用力，由上往下压切，或是双手交替用刀压切下去。这种刀法适于原料的切碎，如加工番芫荽末、葱末、蒜末等。

⑧转切。用刀由上往下直切，切一刀将刀或原料转动一定角度，着力点在刀的中部。这种刀法适宜加工圆形的脆硬性原料，如将胡萝卜、葱头、橙子等原料切成月牙状。

2）片

片是使用较广泛的刀法之一，适宜加工无骨的原料或带骨的熟料。根据运刀方法的不同，片又分为平刀片、反刀片、斜刀片三种。

①平刀片。平刀片是左手按住原料，手指略上翘，右手运刀与原料平行移动。平刀片根据运刀方法的不同又分为直刀片、拉刀片、推拉刀片。

直刀片：从原料的右端入刀，平行前推，一刀片到底，着力点在刀的中部。这种刀法适宜片形状较大、质地软嫩、易碎的原料。

拉刀片：从原料右前方入刀，入刀后由前往后平拉，将原料片开。这种刀法适宜片形状较小、质地软嫩的原料，如片鸡、鱼、虾等。

推拉刀片：右手握刀从原料中部入刀，向前平推，再后拉，反复数次，将原料片断。此种方法一般由原料下方开始片，适宜片韧性较大的原料，如片猪肉片、牛肉片等。

②反刀片。反刀片是左手按稳原料，右手握刀，刀口向外，与原料成锐角，用直刀片或推拉刀片的方法将原料自上而下斜着片下。这种刀法适宜片大型、带骨且有一定韧性的熟料，如片烤牛肉等。

③斜刀片。斜刀片又称抹刀片。左手按稳原料，右手持刀，刀口向里，与原料成钝角，用拉刀片的方法将原料自上向下斜着片下。这种刀法适宜片形状较小、质地较嫩的原料，如片牛里脊、鱼柳、虾等。

3）拍

拍是西餐中传统的加工方法，主要用于肉类原料的加工，其目的是将较厚的肉类原料拍薄、拍松。

操作方法：将切成块的肉类原料横断面朝上放于菜墩上按平，右手握住拍刀用力下拍，左手随之按住原料，以防拍刀将原料带起。为避免拍刀刀面发黏，可在刀面上抹一点清水。拍又可分为直拍与拉拍两种。

①直拍：右手握拍刀，朝下直拍下去，将原料纤维拍松散。这种刀法适宜加工较嫩的原料，或在原料拍制的开始阶段运用。

②拉拍：右手握拍刀，从上往下用力拍的同时，把刀向后或左右拉出。这种刀法适宜加工韧性较大的原料，或是需要拍制成较薄的原料。

直拍和拉拍在加工原料时常常交替使用，先用直拍法把原料纤维拍开，再用拉拍法把原料拍薄。

4）剁

剁也是西餐烹调中常使用的加工刀法。根据加工要求的不同，又可分为剁断、剁烂、剁形、排剁、砸剁、点剁等六种方法。

①剁断：左手按住原料，右手握刀，用小臂和腕部的力量直剁下去，要求运刀准确、有力，一刀剁断，不要反复。这种刀法适宜加工带有细小骨头的原料，如加工鸡、鸭、猪排等。

②剁烂：将原料先加工成小块、小片状，然后用刀直剁，将原料剁烂。要求边剁边翻动原料，使其均匀一致。这种刀法适宜加工肉泥、鱼泥、虾泥等无骨的肉类原料。

③剁形：将经过拍制的原料，平放在菜墩上，右手握刀，用刀尖将原料的粗纤维剁断；同时左手配合收边，逐步剁成所需形状，如树叶形、圆形、椭圆形等。剁时要求“碎而不烂”，既要将粗纤维剁断，又不要剁得过烂。这种刀法适宜各种肉排、鸡排的整形。

④排剁：这种刀法有单刀剁和双刀剁之分。单刀剁是用一把分刀将原料剁细。为了提高效率，左右手各持一把分刀，同时配合操作，这叫双刀剁。其要求：两手所持的刀要保持一定距离，不宜太远或太近，两刀前端的距离可以稍近一些，刀根的距离要稍远一些。分刀的特点是前端较窄，所以一定要防止一把刀的刀刃剁到另一把刀的刀背。剁是用手腕的力量，从左到右或从右到左反复排剁，两手可交替使用，做到此起彼伏，动作自如，并且有节奏，同时将原料不断翻动，使泥蓉均匀细腻。剁时提刀不能过高，防止碎末飞溅，有时刀面要涂些清水，避免蓉末粘刀。根据泥蓉要求，有时还需要用刀背剁原料，以便蓉末更加细腻。

⑤砸剁：这是西式菜肴制作过程中的传统刀法。这种刀法的特点是落刀轻、入刀浅，一般不触及案板。其目的是增加原料的可塑性，易于收拢成型，使原料在烹制时不蜷缩变形，如加工鸡排时要经过砸剁。

⑥点剁：这也是西式菜肴加工过程中常用的刀法。此方法是用分刀刀尖在原料上点剁数下，使原料在加热过程中受热均匀且不收缩变形。

5）包卷

包卷也是西餐传统的加工方法之一。操作方法是把加工成薄片的原料平铺在砧板上，用刀尖把粗纤维剁断，也要掌握“碎而不烂”的原则。剁好后，仍使原料平铺在砧板上，再把一定形状的馅心放在中央，然后用刀的前部把原料从两侧中部包严，操作时可以在刀上抹些水，以免粘刀。

包卷的质量要求如下：

①外形美观，符合菜肴的形状规格。

②要把馅心包严，不能在加热时露馅。

③要把原料平铺均匀，不能有的部位厚，有的部位薄，以至于在加热时不能同时成熟。

6）其他刀法

①削：主要用于根茎类、瓜果类蔬菜和水果的去皮。具体方法：先将原料两端削去，然后左手拇指执原料下端，食指执上端，其他三指拢在原料外侧，捏住原料；右手持刀由原料上端进刀，转动手腕，运刀向斜下方削去。每削一刀，中指和无名指将原料向逆刀方向拨动一次。这样一刀压一刀地削，两手密切配合，操作自如，节奏和谐，将原料削成所需的形状，如鼓形、梨形、球形等。

②旋：主要适用于水果及茄果类原料的去皮。具体方法：左手捏住原料，右手持刀，从原料上端里侧进刀，运刀向左运动，左手捏住原料配合右手向右转动，将原料外皮旋下。

③剔：剔一般适用于加工需要去骨的原料，如整鸡、整鱼等原料的出骨工艺等。

④刮：刮一般用于去除原料表面的污垢、皮毛、鳞片等，有顺刮和逆刮两种。顺刮适用于刮污垢、皮毛；逆刮适用于刮鱼鳞。有时两种方法可以交替使用。

⑤剜：剜的刀法有3种，一种是将原料的内瓤剜出成空壳，便于填入馅心，如鲜番茄、嫩西葫芦等；另一种是取出凹入原料的肉，如文蛤、海螺等；还有一种是用特殊的工具（带刃的圆勺），在体积较大的瓜果蔬菜上剜下圆球，作为佐食肉类的配菜，如萝卜球、冬瓜球等。

⑥敲：又叫锤砸，即用木制或铝制榔头敲碎原料硬壳，如螃蟹的螯足（钳足）及龙虾螯壳等。

⑦撬：是用刀将两扇结在一起的原料撬开，以便取肉，如生牡蛎、蚬蛤、扇贝等。

4.1.5 刀工成型工艺

原料经过各种刀法加工后，便成为既便于烹调，又便于食用的各种形状。其形状的规格多种多样，常见的有块、段、扒、排、片、丝、条、丁、粒末、泥蓉等。下面介绍几类原料的刀工成型工艺。

1）蔬菜原料的刀工成型工艺

（1）切碎末

切碎末即利用菜刀的前刃部将蔬菜原料切成丝。然后，将蔬菜转过90°，再把蔬菜切成碎末。

①洋葱：剥去老皮，纵向切成两半，切口朝下置于菜板上，用刀垂直切细丝，切丝时保留根部；把洋葱转过90°，用左手按住根部，平刀3～4刀；用刀垂直地把洋葱切碎，用左手按住刀尖作为支点，右手轻轻上下按动刀柄，把碎块进一步切碎。

②胡萝卜：用刀剥皮，为了将胡萝卜放置稳定，应把一边切平，然后切成薄片；把薄片斜叠在一起，切成细丝；再用左手按住刀尖做支点，右手上下按动刀柄，把碎块进一步切碎。

③蒜：剥皮，把蒜纵向切成两半，摘除蒜芽；然后，用刀面按住蒜瓣，用手从上方敲打刀面，把蒜拍成碎块；再用左手按住刀尖作为支点，右手轻轻上下按动刀柄，把碎块进一步切碎。

④番芫荽：把摘下的叶片捏成一团，由前向后切碎；然后，用左手按住刀尖作为支点，右手轻轻上下按动刀柄，把碎叶进一步切碎。

（2）切碎块

切时尽力将蔬菜纤维切碎。切冬葱和洋葱时，需纵向和横向两次切细；切细香葱时，只需横向一次即成碎块。

①冬葱：剥皮，纵向切成两半，切口朝下置于砧板上，左手按住根部，用刀垂直地切成细丝；然后平刀片成细丝；再从前端切出碎块，注意不要压断纤维。

②细香葱：把几根葱前端摆齐，然后切成适当的长度；再把葱段一端摆齐，一手按住葱束，另一手持刀从前端切出碎块。

（3）切薄

切薄是指用菜刀把蔬菜横向切成等厚的薄片或丝。把冬葱、洋葱、大葱切成薄片时，各薄片将自动散成若干细丝。此外，切薄还包括切圆片和切方片。

①切薄片（冬葱、洋葱）：剥去外皮，切除根头两端，纵向切成两半；切口朝下置于砧板上，沿着纤维方向切成薄片，即成细丝。

②切圆片（胡萝卜、土豆、芜菁、根芥等）：剥皮，从一端切薄片即可。

③切方片（胡萝卜、土豆、芜菁、根芥等）：剥皮，切掉四边成长方形；把蔬菜切成约1厘米见方的长条形；再从一端把蔬菜切成1～2厘米厚的薄片。

（4）切方块

把蔬菜切成各边相等的立方体形状，即为切方块，其形状和骰子相同。该切法和方形的大小尺寸无关，如果从最小的尺寸向上数，切方块可分为以下3种：小方块（边长为1～2毫米的方块）；粗方块（边长3～5毫米的方块）；最后，还有一种边长为0.5～1.5毫米的粗块，各块也不一定都是立方体。最后一种切法主要用于制作各种香味蔬菜，以便给调味汁或煮汁添加香味。

切方块主要适用于胡萝卜、洋葱、土豆、芜菁等，其过程如下：剥皮，切掉四边成长方体；纵向切成薄片；把切好的薄片叠起，切成条状；把一端弄齐，再切成方块。

（5）切散块

根据原料要求，将其切成大体均匀的块状，这种切法不要求切得十分整齐。

①番茄：剥皮，横向将其切成两半，用挖球勺除掉茄籽。切口朝下置于砧板上，平刀片成圆片，片时注意不要压坏番茄果肉。刀面垂直于砧板将番茄切成条状；转过90°，再切成均匀的散块。

②番芫荽：用手把摘下的叶片捏成圆球状，再从一端将其切成散块。

（6）切顺丝

胡萝卜、红菜头等蔬菜大都可切成顺丝，其形状为细长条形，长3～5厘米，断面为边长1～2毫米的正方形。其一般工艺是先将蔬菜切成段，然后平刀片（或直刀片，或用擦板擦）成薄片，再顺纤维方向切成丝。

胡萝卜：将胡萝卜去皮，切成3～5厘米长的段，用擦板擦成厚1～2毫米的薄片，将各薄片叠起，切成1～2厘米长的丝即可。

大葱：将大葱切成3～5厘米长的段，纵向切成两半，然后切口朝下，用力将葱段压平，切成细丝。

（7）切横丝

生菜、菠菜、菊苣、卷心菜等叶菜大都可切成横丝，切丝宽度和菜肴的要求有关，一般从2～3厘米到7～8厘米不等。如卷心菜切横丝的工艺为：除掉叶梗，再切成适当的大片，然后将菜叶叠放在一起，横着纤维切成细丝。

（8）切橄榄球

橄榄球常用新鲜的中等个以上的、外表光洁整齐的土豆加工而成。因烹调要求不同，有小橄榄、长橄榄和粗橄榄3种形状。小橄榄即3～4厘米长的橄榄球形，常用于拼盘，加工时应选用刀身较短的小刀，以便于操作；长橄榄即5～6厘米长的细橄榄球形，由6～7个面组成；粗橄榄即5～6厘米长的粗橄榄球形。其一般成型工艺如下：

①削掉土豆皮，纵向切成两半，或纵向切成4块。

②用小刀贴近土豆棱边，右手持小刀向操作者方向移动，左手拇指推动土豆反向移动，同时适当地转动土豆，切下棱边；最后加工成圆滑的橄榄球形。

土豆的切法：用中指和拇指拿住土豆，用其他手指推动土豆旋转进行切削。

（9）油炸土豆的切法

细薯丝：细丝是断面边长2毫米的长条，像稻草一样。其成型工艺为将土豆削皮，切成5～6厘米长的段，然后用擦菜板擦成2毫米厚的薄片，再把薄片叠在一起，用菜刀切成2毫米粗细的细丝。

粗薯丝：长5～6厘米，断面为3～4厘米的正方形。其成型工艺为将土豆削皮，切成5～6厘米长的段，然后用擦菜板擦成3～4厘米粗细的粗丝。

薯条：薯条的断面边长为1厘米左右。其成型工艺为将土豆削皮，切成5～6厘米长的段。切掉四边，使土豆变成长方体。然后用菜刀切成1厘米厚的厚片，再把厚片叠在一起，切成1厘米粗细的条。

薯带：用菜刀把土豆切成厚3～4厘米的圆片，削出薄而长的土豆带，然后切成适当的长度。

（10）其他刀工成型工艺

挖球：使用专用的挖球勺，从果肉上挖出榛子大小的球形物，这一工序即为挖球。如土豆球的成型工艺为将土豆削皮，把挖球勺压入土豆肉中，转动挖球勺，挖出薯球。

蜂巢花纹：切制时，使用波状齿勺的擦菜板。首先把擦菜板的齿刃间隙调整到3毫米左右，试切一两片，检查是否能达到要求，然后再调整间隙，直到达到要求为止。如土豆加工成蜂巢花纹的工艺为将原料削皮，切成5～6厘米长的段；将擦菜板的刀口间隙调整成3毫米；在擦菜板上擦一次土豆之后，把土豆调转90°，再擦一次即可。

沟槽：使用专用的刮槽刀，在蔬菜（如节瓜、胡萝卜等）表面刮出等间隔的V形槽，然后切成带花纹大薄片。其成型工艺为将原料削皮（或不削皮），利用专用的刮槽刀刮出沟槽，再根据主菜的需要，将其切成圆片或半圆片。

2）肉类原料的刀工成型工艺

（1）肉块

肉块一般采用切、砍等刀法加工而成。如柔韧无骨的肉类用锯刀切，带骨的可用砍刀法。块的种类很多，常用的有大块、四方块、多边块、多棱块等。

大块：畜类原料用于焖、烤的块，一般质量为750～1 000克。原料成块的形状因原料的种类而定，如牛腿肉厚而阔可切成长方形、扁方形，猪腮肉、羊腿肉较小，有的只能按自然形态进行烹调。

四方块：即立方体的块，是指切割后成为四面基本相等的方块，其质量、大小应按原料及其烹调要求而定。

多边块：一种不规则的块，这是由原料本身的特性所决定的，如鸡、鸭等禽类加工成的块，这种块很难出现规则的形状，因此名为多边块。多边块一般采用砍、剁的方法进行加工。

（2）肉段

肉段可分为两种，一种是扁平状，如精剔鱼肉所切成的段；另一种是圆柱形的段，一般是用精剔牛里脊切成。段的加工对原料要求较严格，扁平状的段，要宽窄厚薄均匀；圆柱形的段要前后粗细一致，否则会导致受热不均，整体形状也不美观。

（3）加工扒料

扒料一般是采用切与拍两种刀法加工而成的厚圆饼状，凡用于加工扒的原料，质地柔软但兼有韧性，如牛里脊、牛上脑等。然而这种原料如果仅仅通过切，只能是坯料，在规则形状和烹调要求上都不能符合扒的要求，因而还需要采用拍的刀法，再辅助以收拢，最后定形成为厚圆形的扒料。扒料的规格、质量总的来说可分为两种，即大扒和小扒，大扒的质量又因国家、地区习惯的不同而异，通常为175～200克，如脊扒、牛上脑扒、拉普牛扒等，其厚度为2.5厘米，直径有的约为10厘米，有的则达14厘米；小扒一般为每份2个，每个质量为65克左右，厚度一般为2厘米，直径为6～7厘米，如鲜蘑里脊、托尔尼多、非利老浓等。

常用里脊扒的加工方法：将里脊和外脊去筋、去油、去掉不同的头尾，把肉放在案板上，直刀切成2～3.5厘米长的肉块，再将肉的横断面朝上，用手按平，再用拍刀拍成1.2～1.5厘米厚的饼形，用刀将肉的四周收拢整齐即可。

特殊牛扒的加工方法：将肥嫩的牛外脊去骨、去筋，用线绳每隔2厘米捆一道，依次捆好。将捆好的牛扒放入温度180～220 ℃的烤箱中，再根据客人的要求烤制成不同的成熟程度，然后取出。控去油、血水，用刀去掉捆绳，用推拉刀法切成0.7～1厘米厚的扒料即可。

（4）加工排料

排料也是用切、拍两种刀工方法加工而成的。用于加工排料的原料一般都是经修剔过的。由于菜肴的风味特点不同，对排料的要求也有差异，如有的排料纯精，除带比例很少的骨柄外，筋膜、老皮全都要求切剔干净，如鸡排等；有的则不仅带骨柄，而且要带有部分肥膘，如猪排、羊排等。

排料的加工方法与扒基本相同，不过排的刀法要根据烹调要求而灵活运用。有的排料要求拍松、拍薄；有的排料只用拍松，不需要拍薄，因而动作要轻，只断其韧性，如果原料韧性很强，可重拍然后收拢；如果原料带有肥膘，拍后还要用分刀剁断膘与肌之间的筋膜，防止受热收缩变形，如牛排、猪排等；有的排料则需拍松、拍薄后用砸剁的刀法，浅刀轻剁，只断韧性，不断纤维，以便增加可塑性，然后收拢成榆树叶形，如鸡排等。

排料的质量应因具体菜品而定，带骨排400克左右，猪排、羊排、小牛排130克左右，鸡排90克左右。

任务2 原料初加工工艺

在西餐厨房，习惯上把各种原料加工成可直接用于切配烹调的净料的过程，称为原料的初加工工艺。目前，一些较为发达的西方国家，对原料的初加工工艺已趋于社会化，初加工工艺相对比较简单。

4.2.1 畜类原料的初加工工艺

1）冻肉的解冻工艺

冻肉解冻应遵循慢解冻的原则，使肉中冻结的汁液恢复到肉组织中去，以减少营养素的损失，同时也能尽量保持肉的鲜嫩。常用的解冻方法有以下几种：

①空气解冻法。即把冻肉放在12～20 ℃的室温下解冻。这种解冻方法需时较长，但肉汁恢复较好，肉的营养成分损失也较少。

②水泡解冻法。即把冻肉放在水中浸泡解冻。此法简单，是被广泛采用的解冻方法。但营养成分流失较多，同时降低了肉的鲜嫩程度。用水泡法解冻，一定要用冷水，绝不可用热水，也不要用力摔砸，以减少营养素的损失。

③微波解冻法。该方法是利用原料的分子在微波的作用下高速反复振荡，分子之间不断反复摩擦产生热量而解冻的。其热量不是由外传入，而是从原料的内部产生的，如处理得当，原料解冻后仍能大体保持原有的结构和形状，但此种方法不提倡多用。

2）鲜肉及其他部位的初加工工艺

鲜肉的初加工工艺主要是洗涤干净和剔净筋皮。对畜类的内脏、脚爪、尾巴、舌头、脑髓等原料的初加工要十分细致，因为这些原料上都易带有污物、油腻，有的还带有腥臭味，如果不加处理，就不宜食用。不同部位的原料性能不同，初加工的工艺也各有不同。

（1）牛舌的初加工工艺

①用硬毛刷仔细刷洗牛舌的表面，把污物清理干净。

②用盐水把牛舌根部的血块清洗干净，捞出。

③用布擦净水，用刀剔除牛舌上的筋和多余的脂肪。

④把牛舌置于冷水锅中，随冷水一同加热煮沸，煮沸的时间约为1小时，在沸腾前后随时清除浮沫。

⑤把煮好的牛舌捞出，趁热剥除牛舌的粗糙表皮。剥除表皮时，应从舌根处剥起，一直剥到舌尖，把粗糙的牛舌表皮剥除干净。

使用冷冻的牛舌，直接放进冷水锅中煮沸即可。在煮沸过程中牛舌一边解冻一边加热。

（2）牛仔腰的初加工工艺

①牛仔腰，外表有一层较厚的脂肪并带有一层薄膜，应剥除干净。先用刀在脂肪上开一个裂口，伸进手指剥开腰子的薄膜，并以此处为开端，用手把薄膜和脂肪一起剥下来。

②外部脂肪和腰子内部组织紧密相连，这部分就是外部脂肪的根，用刀把脂肪根切

开，使外部脂肪和腰子分离。

③用刀把腰子和腰子内部的脂肪剥离开，但应保留一部分脂肪，以免损伤腰子的风味。

（3）牛尾的初加工工艺

①剔除牛尾表面的粗筋和脂肪块（牛尾的皮味道颇佳，原则上应予以保留）。

②用手指摁压牛尾，找出凹凸感明显的部位，这就是尾骨连接的关节。用力切开，就切下了第一节尾骨，由于尾骨长度相等，所以可用第一段作为样尺，将其置于牛尾上，陆续切开其他尾骨的关节。

③把切好的牛尾置于冷水锅中，加热煮沸焯烫。

④在煮沸前后，水面上出现大量浮沫，这时应将锅端至流水下，用流水彻底地清洗浮沫，并洗净牛尾段。

（4）牛仔核的加工工艺

①把牛仔核在冷水中浸泡一夜，去净积血。

②焯烫牛仔核，把牛仔核置于冷水锅中，用小火加热煮沸，沸腾后持续煮沸5分钟，把锅端离火炉。

③剥除表面薄膜。用流水冲洗过后，摘除牛仔核表面的薄膜、脂肪和筋，此时应注意，不可把所有的薄膜都剥除干净，否则牛仔核将破碎成许多小块。

④用重物压置，彻底擦净水分，用布把牛仔核包好，上面用重物压置一夜。

4.2.2 禽类原料的初加工工艺

1）光鸭的初加工工艺

①用火把残存的绒毛烧净。

②从背部方向切开颈皮，把颈骨拉出，切除颈骨，再切除鸭头及脚。

③顺着颈皮的切口，把气管和食道拉出来撕掉，再用手指抓住肺，将其从胸腔中撕下来。

④把肛门切开，用手把内脏掏出来。

⑤切除颈部的V形锁骨和臀部的突起物。

2）鸡肝的初加工工艺

①如果鸡肝连着心脏，应将心脏摘除。

②把鸡肝切成两半，摘除胆囊及其周围的绿色组织，因为这部分味道极苦。

③把鸡肝放在冰水中浸泡30分钟，以便去净积血，再捞出控净水分。新鲜的鸡肝则不需要这道工序，洗净即可。

3）鹅肝的初加工工艺

①先把鹅肝放在室温中解冻，使其变柔软。冻鹅肝很硬，不能用手将其掰成两半，也不能剔除筋和血管。为此，必须先把鹅肝放在室温中略置片刻解冻，使其变柔软。

②用手把鹅肝掰成大小两块。

③把鹅肝较圆的一面朝上，用餐刀在鹅肝的中间位置上，纵向切开一个长切口，用两根手指把该切口拉开。

④用手指将鹅肝中的筋拉出。鹅肝的筋从根到筋梢越来越细，很容易拉断。应从筋根部把筋拉出，然后再用餐刀和手指一边摸索一边把筋挑出来，不要把筋拉断。在摘除大筋的同时，也应注意摘除分支的筋、血管和红色斑点。

4）鸽子的初加工工艺

①用手仔细摘除细毛，或置于火上，把残毛烧掉，然后切除脚爪和翅膀。

②纵向在鸽颈皮上切开一个长口，把颈骨拉出，切除鸽颈和鸽头。

③摘除食道和肺，用手指抓住气管，将其从颈皮中撕下，然后再抓住肺，用手将肺撕出。必须预先摘除这两部分，否则向外摘除内脏时，内脏由于和这两部分相连，将被撞破。

④摘除V形锁骨，以便于整鸽成熟后能把肉块切整齐。

⑤把肛门切开一个大口，从此处把内脏摘除干净，不得把内脏拉破。

4.2.3 水产品原料的初加工工艺

1）鱼的初加工工艺

（1）海鲈鱼的初加工工艺

①刮鳞。用剪刀剪去胸鳍，用刮鳞器从鱼尾向鱼头方向刮除鱼鳞。

②摘除鱼鳃。用刀把鱼鳃的鳃根和下层膜片切开，摘除鱼鳃。

③除去内脏。从鱼腹尾部，用刀把鱼腹切开，切口直达鱼鳃之前，并用手把内脏摘除。

④切开血线。在鱼腹深处，沿着脊骨有一条黑色的血线，用刀沿着血线切开外层薄膜，把血线中的血挤出来。用水仔细清洗鱼腹，然后用布擦干。

⑤摘除背鳍和臀鳍。用刀把背鳍两侧的肉切开，然后用刀压在背鳍上，并用另一只手把鱼身向外拉，这样能把背鳍及背鳍上的鱼骨全部拉下来。最后，用同样的方法摘除臀鳍。

⑥剥除鱼皮。海鲈鱼的鱼皮腥味较重，在初加工时一般要把鱼皮剥除。剥鱼皮时，应从头至尾剥除，先剥背部的鱼皮，再剥腹部的鱼皮。但应注意，某些部位特别是腹部的鱼皮和其他组织粘连，很难剥除，这时可用小刀将其割开。剥鱼皮时，可在左手垫块布巾隔着布用左手指夹住鱼。

（2）大鲫鱼（不破腹）的初加工工艺

①刮除鱼鳞，剪下鱼鳍，整理好鱼尾形状，切开鱼鳃根部。

②掀开鱼鳃盖，用手指拉断鱼鳃周围的薄膜。

③用力在肛门处切小口，把内脏摘除，然后用手把鳃和内脏一同拉出，用水清洗干净。

（3）鳗鱼的初加工工艺

①把鳗鱼放入大碗中，然后倒入煮沸的热水。此操作主要是为了清除鳗鱼表面的黏液，千万不要把鳗鱼表层的肉烫熟。

②鳗鱼表面变色后，立即捞出，投入冰水中急速冷却。

③用刀背刮净鳗鱼表面的黏液。

④切开鱼腹，切掉鱼头，摘除内脏，剥除位于鱼腹深处的血块，用水洗净。

2）其他水产品的初加工工艺

（1）对虾的初加工工艺

对虾的初加工工艺有两种。

①把虾头及虾壳剥去，留下虾尾。然后用刀在虾背处轻轻划一道沟，取出虾肠，洗净。这种加工方法在西餐烹调中普遍使用。

②用剪子剪去虾须、虾足，再从背部剪开虾壳。这种方法适宜制作铁扒大虾的菜肴。

（2）龙虾的初加工工艺

①切除虾爪和触须尖。

②从头部中间入刀，纵向把虾身切开。再把龙虾转过180°，由原切口处入刀，把虾头也从中间切开。

③除去沙袋和虾肠。

（3）蟹的初加工工艺

①用水洗净，撕下腹甲。

②摘除胃和鳃，用水仔细冲洗，因鳃部可能有寄生虫。如果有蟹卵，摘除蟹卵并洒上些白兰地酒。

（4）鱿鱼的初加工工艺

①把手指伸进鱿鱼体内，扯出内脏和鱿鱼内壁相连的筋，把内脏和鱿鱼须一同摘下。

②用手指把鱿鱼的内腔软骨摘下。

③用手指把鱿鱼的平衡鳍撕下。

④把鱿鱼内腔翻到外面来，用手支着布巾，抓住鱿鱼前端被撕开的皮，把内腔上的皮撕下。

⑤在摘除的鱿鱼触须上，用刀把内腔和鱼眼部分切除，然后切开鱿鱼触须的根部，切除鱿鱼嘴，再用刀刮除鱿鱼须上的吸盘，用水洗净。

（5）墨鱼的初加工工艺

①纵向把墨鱼软骨上面的皮切开，然后剥开墨鱼背，撕掉软骨，并从墨鱼体中摘出内脏和墨鱼爪。

②拉着墨管前端，把墨袋撕下。

③把平衡鳍撕掉，剥除薄皮。

④切除墨鱼体周边较硬部分，摘净两面的薄皮，清洗干净。

4.2.4 蔬菜原料的初加工工艺

1）叶菜类的初加工工艺

西餐中的叶菜品种有生菜、菠菜、荷兰芹、苋菜、西芹等。其加工流程主要有两部分。

（1）择拣整理

此过程主要是去除黄叶、老边、糙根和粗硬的叶柄，以及泥土、污物和变质的部位。

（2）洗涤

此过程主要是用清水洗涤，以除掉泥土、污物和虫卵，必要时可以先用2%的盐水浸泡5分钟，使虫卵的吸盘收缩，飘落于水中，然后洗净。

2）花菜类的初加工工艺

西餐中的花菜品种有花椰菜、朝鲜蓟等。

（1）择拣整理

此过程主要是去除茎叶，削去发黄变色的花蕾，然后分成小朵并去除老边。

（2）洗涤

此过程主要是去除花蕾内部的虫卵，必要时可以先用2%的盐水浸泡，再洗涤干净。

3）根茎菜类的初加工工艺

西餐中根茎菜品种主要有土豆、山芋、萝卜、胡萝卜、欧洲防风根、红菜头等。

（1）去皮整理

根茎菜类一般都有较厚的外皮，不宜食用，应该去除。但去除的方法因原料不同而有所不同。胡萝卜、欧洲防风根、红菜头等只需轻微刮擦即可，而土豆、山芋等需要去皮整理后，再用小刀去除虫疤及外伤部分。

（2）洗涤

根茎菜类一般去皮洗净即可。但有些根茎蔬菜，如土豆、莴苣等去皮后容易发生氧化褐变，所以去皮后应及时浸泡于水中，以防止变色。但浸泡时间不能过长，以免原料中的水溶性营养成分损失过多。

4）瓠果类的初加工工艺

西餐中的瓠果类品种主要有番茄、黄瓜、辣椒、荷兰豆、茄子等。

（1）去皮去籽整理

黄瓜、茄子可以用刨子、小刀削去表皮（如表皮细嫩可以不去）；辣椒去蒂去籽；豆角类要撕掉筋脉；番茄通常用开水浸烫数秒后用冷水冲凉撕去外皮，然后去籽。

（2）洗涤

瓠果类蔬菜经过去皮去籽整理后，一般用清水洗净即可。如是生食的瓜果，可以用0.3%的高锰酸钾溶液浸泡5分钟，再用清水洗净。

4.2.5 原料部位分卸工艺

部位分卸工艺，就是根据原料的组织结构和选料要求，将整型原料分卸成相对独立性的不同部位，以便于烹制或出售、取肉的工艺过程。部位分卸工艺是原料加工的有机组成部分，技术细致，要求较高。在操作时必须要熟悉原料的各个部位，掌握好分卸的先后次序，做到分卸合理、物尽其用。

部位分卸工艺的主要对象是较大型的动物性原料，如猪、牛、羊、鸡、鸭、鹅等。一些具有两种以上不同品质的食用部位的植物性原料，有时也要经过分卸工艺。

1）猪、牛、羊的分卸工艺

猪、牛、羊三者的部位分卸工艺大同小异。通常是将每个畜体先分卸为前腿部分、后腿部分和腹背部分，然后顺着各部分之间的结缔组织筋膜轻轻划开，将每个部分分卸下来。

2）兔肉的分卸工艺

新鲜兔肉（剥皮）或冷冻兔肉的分卸工艺如下。

①用手把兔的前腿抬起，并把前腿拧向兔的头部，这时前腿的关节隆起。把刀插进关

节，然后用手拧向内侧推压前腿，帮助进刀并把前腿切下来。

②在后腰部有两个隆起的地方，这就是后腿的关节部位，用刀切开后腿的关节。如果刀锋碰到了骨头，可用一只手把后腿抬起，推向兔背方向，这样即可继续进刀。用刀继续向后切，把后腿切下来。

③摘下腰子和肝，并摘除脂肪。

④用手撕破肋骨内侧的薄膜，从薄膜内侧摘除肺。

⑤从肋骨末端把兔切成前半身和后半身两部分。

3）光鸡的分卸工艺

（1）剥离鸡腿肉

①由腹侧用刀切开鸡腿关节的外皮和肉。

②用刀沿着鸡腿的关节把皮和肉切开，然后用刀面压着鸡身，用另一只手向外拉鸡腿，把鸡腿撕下。用同样的方法撕下另一侧的鸡腿。

（2）撕出鸡架

①在肩胛骨处入刀切开一个切口，切口一直延伸到鸡颈下方。

②用手指扣住鸡脊骨，用力向外拉鸡脊骨，将鸡架从胸部拉出来。

（3）分割鸡胸

①切除颈部多余的皮。

②用刀压着鸡胸肉的中间部位，把鸡胸骨由中间切成两半，从而把鸡胸肉切成两半。

这样就把光鸡切成了5部分，即两块鸡腿肉、两块鸡胸肉和一个鸡骨架。

4）鹌鹑的分卸工艺

①切除头、爪和翅尖。

②切下大腿肉。

③切开胸肉。

④从鹌鹑骨架上摘除内脏，把鹌鹑骨架切成小块。

任务3　原料剔骨出肉工艺

剔骨出肉工艺，是根据烹调的不同要求，将动物性原料的骨髓或筋膜、皮壳，从其肌肉上分离出来的过程。剔骨和出肉是同一工艺的两个方面，是某些动物性原料在正式切配烹调前必须经过的一道重要工艺，它不仅涉及原料的利用率，而且还直接影响成品的品质。

4.3.1　畜类原料的剔骨出肉工艺

1）牛主要部位的剔骨出肉工艺

（1）牛里脊的出肉工艺

①把里脊肉侧面粘连的条状肉剔除。

②剔除里脊肉表面粘连的筋。剔除时应拉着筋，并使刀锋略微上扬，才能顺利地剔除；如果向相反方向拉着筋，则不能顺利地剔除。根据需要，可多次仔细地将筋剔除。

（2）牛臂肉的出肉工艺

①用刀尖切除牛臂肉外侧多余的肉。

②同样用刀尖剔除内侧不要的部分。

③仔细地剔除精肉表面的筋和脂肪。

（3）牛脊肉的出肉工艺

①剔除牛骨。用刀顺着脊骨切开，切开时不要使脊骨上粘连碎肉。然后，顺着脊骨，用刀来回拉切几次，同时把切开的肉向外压，使其和脊骨分离，再顺着肋骨进刀，剔下肋骨。

②剔出脊肉。用左手向外压着脊肉，同时用刀尖仔细地剥下多余的肉。在脊肉和周围多余肉之间，有一层薄膜和脂肪，将其切开后，能顺利地把脊肉剥出。

③清理脊肉周边。剔除脊肉两旁的碎肉，再剔除其表面的筋和脂肪。

2）羊的剔骨出肉工艺

羊的剔骨出肉工艺与牛基本相同，但由于羊的体积较小，根据烹调要求，有的部位在烧烤时可以不剔骨，以保持肉质的鲜嫩。

（1）羊脊肉的剔骨出肉工艺

①找到肋骨部位，顺着脊骨将羊肉切成两半，即分成脊部马鞍肉。

②出马鞍肉。顺着脊骨走向，用刀把脊骨切下来，切时应把脊骨上的残留碎肉清理干净。在脊肉和多余不要的肉之间，有一层薄膜和脂肪，用刀尖将其剥离，把脊肉剥取下来，再仔细剔除脊肉表面的筋和脂肪。

③用同样的方法剥取背头和脊肉。

（2）羊排的剔骨出肉工艺

①用刀尖切开外膜的一端，一手拉着切开的外膜端部，用刀将其外侧和内侧的薄膜剔除。

②在脂肪和肉之间有一块半月形的软骨，用刀将其剔除。

③用刀尖沿肋骨前缘3厘米处，纵向把肋骨间的肉划开。

④顺着各个肋骨，用刀尖把肋骨和肉剔开。

⑤把肋骨前缘的肉剔除，剔下脊骨，再剔除硬筋。

（3）羊大腿的剔骨出肉工艺

①剔除羊大腿肉表面的筋和脂肪。如果把细小的筋也剔除，大腿肉将切割得十分零碎。所以一般只剔除大而硬的筋就可以了，脂肪是羊膻味的主要来源，力求剔除干净。

②剔除胯骨和尾骨。沿着胯骨的边缘进刀，将胯骨剔除，接着把连着胯骨的尾骨也剔除。

③剔除大腿骨。沿着大腿骨的边缘进刀切开大腿肉并切断大腿骨和肉之间的筋膜，摘除大腿骨的上端，然后用一只手握着大腿骨的上端并拧动大腿骨，同时把刀尖插进关节处，把大腿骨剥离干净。小腿骨可不必摘除。

3）猪的剔骨出肉工艺

猪肉原料的剔骨出肉工艺与牛羊肉基本相同，一般西餐厨房进行的主要是猪排、猪里脊的剔骨出肉工艺，整个猪腿一般不剔骨加工。

（1）猪排的剔骨出肉工艺

①剔除脊骨和多余的骨头。顺着脊骨的走向，用刀尖把脊骨[illegible]然后用剪刀（或用锯子）把脊骨和肋骨分离。

②剔除多余的肉和脂肪。在距肋骨前缘3～5厘米的[illegible]的肉切开。然后，顺着肋骨方向用刀把肋骨和多余的肉剥离。再把肉面[illegible]的肉切下。如果露出的肋骨表面留有部分残肉，应将残肉仔细清理干净。

（2）猪里脊的出肉工艺

①切除边缘多余的肉。

②用刀尖挑开筋头，一手拉着筋头，一手用刀把筋剥除。

4）兔的剔骨出肉工艺

（1）兔背部位的剔骨出肉工艺

①剥开脊骨。用刀从中间切开，边切边用刀把肉向上推，使脊肉和脊骨分离。把脊肉剥下后翻到外侧，然后用刀剥离脊骨的内侧。

②剥除脊骨。把脊肉翻向外侧，仔细地剥除脊骨（注意不要碰破背皮）。最后利用肉的自重，把脊骨剥除。

（2）兔大腿部位的剔骨出肉工艺

①用刀从中间把大腿肉切开，摘除肉中的腿骨并切除小腿前端。

②把筋置于下方，像刮鱼一样，用刀把筋刮下来。

4.3.2 禽类原料的剔骨出肉工艺

禽的种类很多，它们的剔骨出肉工艺基本相同，通常有两种情况：一种是肢解剔骨出肉；另一种是整料剔骨出肉。下面以鸡为例加以说明。

1）鸡的肢解剔骨出肉工艺

将光鸡切除鸡翅、鸡脚和鸡颈，摘除鸡锁骨，把光鸡分成4大块，即鸡腿肉2块和鸡胸肉2块，再分别将二者出骨。

（1）鸡腿的剔骨出肉工艺

①沿着鸡腿骨的走向，用刀把腿肉左右切开，切断大腿骨与小腿骨间的关节。

②摘除大腿骨。

③用刀背敲断小腿骨，并摘除肉中的小腿骨和软骨。

④把鸡腿肉翻转，摘除断骨，即成备用的鸡腿肉。

（2）鸡胸的剔骨出肉工艺

①沿着骨的走向进刀，摘除三叉骨。

②按照烹调要求剔除鸡翅，如果是制作炸鸡排或煮黄鸡卷之类的菜肴，则留鸡翅大骨一节做骨把；如果用鸡脯肉切丝、片或制馅等，则要切下鸡翅，并剔下鸡翅上的肌肉。

③剔除多余的脂肪和鸡皮。

2）整鸡剔骨出肉工艺

整鸡剔骨出肉工艺要选用肥嫩尚未生蛋的母鸡，因为这种母鸡去骨时皮不易破，烹制时皮不易裂。同时要注意外表整齐，大小适宜，烫毛时不过火，不破坏鸡皮韧性，不取内脏。操作时要细心谨慎，下刀准确，切勿损伤鸡皮。进刀要贴骨，做到骨不带肉，肉中无骨，以提高出肉率。整只脱骨的鸡，在西餐的烹调中多用于制作填馅鸡。

①出颈骨。先划破颈皮，在颈根处将颈骨剁断，再沿鸡颈在两肩相夹处用刀划一条约6厘米长的刀口。然后再把刀口处的颈皮翻开，将颈骨拉出，在靠近鸡头处将颈骨剁断，取出颈骨。

②去翅骨。从颈部刀口处将皮肉翻开，使鸡头下垂，然后连皮带骨慢慢往下翻。翻到翅骨的关节时，用刀将关节上的筋割断，使翅骨与鸡身脱离，先抽出桡骨和尺骨，然后再将翅骨抽出。

③去鸡胸骨。一手拉住鸡颈骨，另一只手拉住背部的皮肉轻轻向后翻剥。翻到脊部皮骨相连处时，要用刀把皮骨割开。剥到腿部时，将两腿向背部掰开，使关节露出，再把筋割断，使腿骨脱离。翻到肛门处时，要把尾尖骨割断，鸡尾尖要保留。这时就可以取出骨架和内脏，再把肛门处的直肠割断，洗净污物。

④出鸡腿骨。将大腿骨的皮肉翻下，使腿骨关节外露，再用刀把四周的筋割断，然后把腿骨向外抽拉，至关节处用力割下。再把近鸡爪处横割一刀，将皮肉向上翻，然后把小腿骨抽出割断。

⑤翻转鸡皮。鸡的骨骼去净后，再将鸡皮翻转，使其在形态上仍然是一只完整的鸡。

4.3.3 鱼类原料的剔骨出肉工艺

根据西餐烹调的不同要求，鱼类原料的剔骨出肉工艺有两种类型：一类是保留或切除头尾部，剔除脊骨和肋骨，只用其净肉；另一类是掏去脊骨和肋骨，保持鱼体的原形。前者一般叫切割剔骨工艺，后者则称整鱼脱骨工艺。

1）鱼类的切割剔骨工艺

鱼类的切割剔骨工艺，要根据鱼的自然形态和烹调要求来进行，有的将鱼去头、去骨、去皮只取净肉，有的只去鳞去骨、不去皮，还有的不去头尾、不破腹，直接从鱼体上剔下鱼肉。由于鱼的形态不同，具体加工方法也不尽相同。下面举例说明。

（1）海鲈鱼的剔骨出肉工艺

①用刀顺着鱼脊骨把上下两面的鱼背切开，再用刀从头部斜着切出一个切口。

②先从头部起，用刀沿着鱼脊骨向后剔，把背部的鱼肉剔出。接着，顺着腹骨向后剔。剔时，要注意使鱼肉和腹骨分离，仔细地把上面的鱼片剔下。再把鱼翻转，按同样的方法把下面的鱼片也剔下。

③摘除鱼片上的小刺。

④用刀在尾部鱼肉上切开一个切口，一只手拉着鱼尾，另一只手用刀把鱼皮剥掉。

（2）沙丁鱼的剔骨出肉工艺

①用稀盐水洗沙丁鱼，刮除鱼鳞，切掉鱼头和鱼尾尖，再用刀斜着切掉鱼腹并除去内脏。

②用拇指剥开鱼腹。

③捏着脊骨两侧，把脊骨拉出来，在鱼尾处把脊骨折断并除掉，然后除去残余的腹骨。

2）整鱼脱骨工艺

在西餐工艺中，经剔骨后仍保持完整体形的鱼，多用于制作填馅鱼。整鱼脱骨的具体工艺一般有两种方法。

（1）背开剔骨法（以鲷鱼为例）

①将鱼去鳞、去鳃，剪去鱼鳍、鱼尾尖。

②将鱼头朝外，用刀在背鳍两侧，紧贴脊骨，从鱼鳃后至鱼尾切开两个长切口。

③按住鱼身下压，使切口张开，运刀顺张口紧贴脊骨，小心将鱼肉与脊骨划开。用剪刀剪开脊骨与鱼头、鱼尾两端相连处，再剪开脊骨与肋骨的相连处，取出脊骨和内脏。

④将鱼腹朝下，翻开鱼身，使其露出鱼肋骨根部，然后从肋骨根部入刀，紧贴肋骨，将鱼肋骨剔下。

⑤将鱼洗净，鱼身合拢即可。

（2）腹开出骨法

①将鱼去鳞、去鳃，剪去鱼鳍、鱼尾尖。

②用刀从肛门至前鳍处将鱼腹划开，取出内脏。

③用刀尖将腹腔内的脊骨与肋骨相连处划断，再将脊骨与鱼头、鱼尾相连处切断。

④用刀尖紧贴脊骨，将脊骨与两侧的鱼肉划开，露出脊骨，然后用剪刀将脊骨剪下，取出脊骨。

⑤用刀将两侧肋骨片下，取出肋骨。

⑥将鱼洗净，鱼身合拢，使其保持完整的鱼形。

4.3.4 其他原料的去骨出肉工艺

1）淡水大头虾的去骨出肉工艺

①在5片虾尾中拧下中间的一片，直接向后拉，把虾肠全部拉出、摘除。然后，将虾立刻投入煮沸的薄汤中，待薄汤再次沸腾，煮2～3分钟后捞出。接着将虾放入冰水中，以免余热把虾肉加热过火。

②拧下虾头。

③用两指横向挤压第一节虾壳，将其挤裂，剥下第一节虾壳。

④将虾腹朝上，用拇指和食指挤压虾尾，把虾肉从虾壳中挤出。

2）龙虾的出肉工艺

龙虾的出肉工艺主要有以下两种。

①将龙虾洗净，加工成熟后，晾凉。将龙虾腹部朝上，放平。用刀自胸部至尾部切开，再调转方向从胸部至头部切开，将龙虾分为两半。剔除龙虾肠、白色的鳃及其他污物，然后将龙虾肉从龙虾壳内剔出即可。

②将龙虾洗净，剪去过长的须尖、爪尖。然后将龙虾用线绳固定在木板上，浸入水中煮熟，这样可以防止龙虾变形。龙虾煮熟、晾凉后，将龙虾腹部朝上，用剪刀剪去腹部两侧的硬壳，然后再剥去腹部的软壳，最后取出龙虾肉，并用刀将龙虾肠切除即可。这种加工方法可保持龙虾外壳的美观、完整，一般用于冷菜的制作。

3）螃蟹的去骨出肉工艺

螃蟹的去骨出肉工艺主要有以下两种。

①将螃蟹洗净，撕下腹甲，取下蟹壳，剔除白色蟹鳃及其他污物，用水冲洗干净后，将其从中间切开，取出蟹肉及蟹黄。再用小锤将蟹腿、蟹螯敲碎，用竹签将肉取出即可。

②将螃蟹加工成熟，取下蟹腿，用剪刀将蟹腿一端剪掉，然后用擀杖在蟹腿上向剪开的方向滚压，挤出蟹肉。将蟹螯取下，用刀敲碎硬壳，取出蟹肉。将蟹盖掀开，去掉蟹鳃，然后将蟹肉剔出即可。

4）扇贝的出肉工艺

①把扇贝壳的扁平面朝上，顺着该贝壳内壁，把餐刀插进贝壳内，将内壳撬开。

②找到位于贝壳张合关节处的贝肠，用刀把贝肠切下，把肠和系带一起撕下。

③用刀把贝肉切下，用手撕除贝肉周围的薄膜和白而硬的贝肉，并用与海水浓度相近的盐水清洗贝肉。

④从系带上把肠和红色贝肉撕下，再把系带放在冷水中冲刷。

5）鲍鱼的出肉工艺

①用硬刷把鲍鱼上及其内侧边缘上的污垢刷洗干净。

②从外壳较薄的方向，把木勺插入鲍鱼壳中，把鲍鱼肉挖出。

③摘除鲍鱼肉周边的内脏。

④用刀切除鲍鱼周边的黑色部分。

⑤用刀切除鲍鱼嘴。

6）牡蛎的出肉工艺

①将鲜牡蛎用清水冲洗，用硬毛刷刷掉牡蛎表面的海杂物。

②左手持牡蛎，使扁平的壳面朝上，用餐刀撬开牡蛎壳，把牡蛎肉撕下。注意手中要垫一块布巾，以免餐刀划破手指。

③摘下牡蛎肉，用布巾把牡蛎汁过滤一遍留存待用。

任务4 原料整理成型工艺

西餐菜点的成型工艺，除了运用各种不同的刀法外，有时还需要根据某些品种的风味特点的要求，采取不同的手法，将原料加工成特定的形态。这些手法的运用过程，在西餐中称作整理成型工艺。

4.4.1 捆

捆就是捆扎，用食用线绳将原料捆扎整齐，以符合菜肴的特定要求。采用这种技法，大都用于整只畜、鱼类，以及块大、质薄且不规则的肉类部位，还有大片肉类中间需要裹入馅料的情况。捆扎的目的：一是使原料保持原有形态，防止烹制时受热变形，如整只乳猪、火鸡、鸭、整条鱼以及整只虾等；二是使原料从片大而松散变得紧密，或裹住馅料，并增大切断面，如烤仔牛、肋肉、羊前腿或裹馅猪排等。

1）烤鸭的捆扎工艺

①借助缝针的帮助，使食用线穿过一侧的鸭腿。

②从另一侧的鸭腿穿出。

③将食用线穿过一侧的鸭翅和鸭颈皮。

④再从另一侧鸭翅穿出。

⑤再次穿过鸭腿，并和第一针方向交叉。

⑥从另一侧鸭腿穿出，并将两侧的线头系紧。

2）烤牛臂肉扒的捆扎工艺

①在已剔除筋和脂肪的牛臂肉左端系好一圈食用线。

②以左手为中心绕出一个圆圈线，将其套在牛肉上。

③每套一次食用线圆圈后，都将其系紧。

④把牛肉翻转，在反面把食用线系紧。

⑤用剪刀剪除过长的食用线。

3）英式烤牛排的捆扎工艺

①在室温下把牛肉块（质量必须超过2千克）放置一段时间，摘除牛肉上多余的脂肪和筋。

②用食用线把肋骨之间的肉捆好，每捆一圈用剪刀剪断，捆好最后一圈后，不要剪断食用线。

③将食用线再纵向扎一圈。捆扎时，用手指挑起横向的食用线，使纵向捆扎的食用线在横向捆扎的食用线上绕一圈，拉紧系牢。

4）无骨火腿的捆扎工艺

①拆掉空罐的上盖和下盖，用网绳套在空罐上，把猪腿肉放入无底的空罐中。

②从上方拔出空罐，让猪腿肉落进网绳中。

③用拇指使劲向内挤压腿肉，用另一只手转动腿肉，将网绳拧紧后，用手再整理一下腿肉的形状。

④用食用线把网绳结扎住，并用食用线再打一个绳扣。

4.4.2 包

包是把整个原料或加工成丁、丝、条、片、蓉、块等形状的原料，用面、蛋皮、玻璃纸、硫酸纸、网油等薄形原料包成各种形状的一种手法。根据具体手法和所包成的形状，包有圆形包、方形包和纸包3种。

1）圆形包

圆形包即用一定的外皮将馅心从周边向中间包成圆形，如“包蟹肉钱袋”的具体工艺如下：

①把摊好的薄饼放在砧板上，把蟹肉和蔬菜摆在薄饼中间。

②用手把薄饼及馅料包成钱袋形，并用细香葱（用沸盐水烫，再放进冰水中冷却，捞出擦净水分）把袋口系好。

2）方形包

即用一定的外皮将馅心从四面包成长方形或正方形，如“网油包肉饼”，具体工艺如下：

①在水中加少许盐和醋，把网油浸泡在其中，放入冰箱中冷藏一夜，以便去净网油中的积血，捞出后用流水冲洗干净。

②整理好网油的形状，如果网油过长过大，应把多余的网油切掉。

③把肉饼整理成大小适中的方形，放在网油上，再用网油把肉饼从四边包起来。

3）纸包

纸包是西餐成型工艺的一种特殊手法，具体工艺如下：

①把硫酸纸剪成心形。

②在硫酸纸上涂抹橄榄油（或黄油），然后按顺序把被包原料摆在硫酸纸上。

③在硫酸纸的边缘涂抹蛋清。

④把硫酸纸对折，利用蛋清粘牢，防止中间的空气漏出，然后在硫酸纸边缘上再涂一层蛋清。

⑤利用蛋清的黏性作用，在纸边折出花纹。

4.4.3 卷

卷有多种方法。其基本程序是在片状原料（包括加工或自然形成）上放置不同馅料，卷成不同形状的卷。根据成品的特点，卷的形状取决于馅心的形状，即馅料为圆柱形，成品即为圆柱形；馅料为橄榄形，成品即为橄榄形；馅料为茄形，成品即为茄形。具体方法大致有顺卷和叠卷两种。

①顺卷。顺卷就是卷裹时，从右向左顺着一个方向卷起的操作方法。即在加工成薄片的原料上面放上馅料，以分刀在前半部铲挑着向左卷动，使原料将馅料卷裹严密，并呈现特定的形状，如黄油鸡卷、鲜蘑猪排卷等。

②叠卷。叠卷是将馅料放在片状原料上，先将片状原料叠起，再由里向外卷起，成枕头形状的卷即成，如白菜卷、法式牛肉卷、煎饼卷等。

4.4.4 填

填即填馅，是将原料掏去瓤成空壳状或者剔除瓤成袋状，然后将调好的馅料填入壳或袋内，再进行加热烹制的一种方法。这种技法前者适用于蔬菜类，后者适用于畜禽类。前者为“壳”，如填青椒、填馅番茄及填馅西葫芦等；后者为“袋”，如填馅鸡、填馅鸭、填馅羊胸、填馅仔牛胸等。

4.4.5 穿

穿就是穿串，即将加工腌制的块、片、段及小型完整原料，逐一穿在金属或其他钎子上，使之成串的一种成型方法。穿串的要求：原料必须平整，便于均匀受热着色，使成品美观，如羊肉串、里脊串、整条鱼串及整只笋鸡串等。

4.4.6 别

这种技法主要适用于禽类的整形，即根据菜肴特点要求，将禽的翅膀、脖颈及腿固定在合适的位置上，以保持其特有的形态。这一技法有时需要钎扎、缝合或捆绑来配合，大部分按禽类肢体骨节的自然形态进行。

4.4.7 抹

抹就是将不同性质的黏性馅料均匀地涂抹在某种原料上。涂抹表面一定要平整、厚薄一致，使之受热、着色均匀，如虾托司等。

4.4.8 挤

挤是将调好的有黏性的蓉泥状原料，装入挤注袋中挤成各种形状；或者将其放入手掌中，用五指屈攥之，迫使馅料从圈上口涌出，再用右手辅助挤成圆球形。前者又叫挤裱法，后者主要用于各种丸子的成型。

4.4.9 裹皮

原料裹皮也叫挂皮、沾皮，即原料经过刀工处理或初步整形后，在烹制前在其表面拍或拖、沾上一层原料（如干面粉、鸡蛋液、面糊、面包屑等）的工艺过程。它是某些成品的特定要求，也是西餐工艺中的一种传统技法。这种技法的适用范围较为广泛，在煎或炸等烹调方法中，韧性原料大部分都要经过这道工序（部分熟菜也有裹皮）。因此，原料裹皮是西餐工艺中的重要内容之一，是原料加工的最后程序，它与成品的色、香、味、形等各方面均有很大关系。原料裹皮一般有以下种类。

①裹干面粉。又叫排干面粉，大都适用于清煎烹调法的菜肴。这类菜肴的形状一般为扁平的片状原料。具体操作方法：先将加工成型的原料两面撒上盐、胡椒粉，有的要加入柠檬汁等其他调料，腌制入味。待临煎前，在原料两面均匀地裹上一层干面粉。面粉吸附在原料表面，加热后使其鲜嫩不缩，汁液不外溢，保持原形及原味。

②裹蛋糊。又叫拖蛋糊，大都适用于软煎烹调法的菜肴。这类菜肴的形状也为扁平的片状原料。即在原料裹过干面粉的基础上，再拖上一层打散的蛋液，使原料煎制后柔软鲜嫩，味道可口。

③裹鲜面包屑。鲜面包屑是将鲜面包搓碎过筛，也可用刀切成屑而成的。这种裹皮法一般适用于板炸和卷炸烹调的菜肴。板炸菜肴的形状一般为片状，即将原料成型（榆树叶形）、腌制、裹干面粉、拖蛋糊后再裹一层鲜面包屑，收拢边缘（如炸鸡排），即可炸制；卷炸，即在原料内放入馅心成卷状或枣核形，再撒盐、胡椒粉，裹干面粉，拖蛋糊，然后裹一层鲜面包屑，收拢整齐（如蔬鱼卷、黄油鸡卷等）。炸制后色泽金黄，外酥里嫩。

④裹面糊。也叫拖面糊，适用于干面糊炸，也称为气鼓炸烹调法，即将原料加工成条状或片状，经腌制后，放入面粉、鸡蛋、牛奶和匀，再掺入小苏打及搅打成泡沫状的

蛋清调成的面糊，使原料四周裹上一层（如炸鱼条、炸苹果等）。炸制后色黄松脆，味道鲜香。

⑤裹奶油沙司和干面包粉。这种裹皮法是西餐烹调中独有的技法，一般适用于肉类熟食，即将煮熟并凉透的肉类切割成片（如苏达科羊胸、炸鸡脯等）。在肉片两面涂抹一层稠奶油沙司，外表再裹一层干面粉。炸制后色黄酥松，鲜香味美。

[思考题]

1. 简述刀工的作用。
2. 举例说明西餐常用刀法的应用。
3. 简述冻肉的解冻方法。
4. 简述整鸡剔骨出肉的过程。
5. 简述原料整理成型的方法。

单元5 西餐烹调工艺

【知识目标】

1. 了解烹调过程中的热传递；
2. 熟悉西餐常用烹调方法；
3. 掌握西餐肉类菜肴烹调程度测试方法；
4. 了解西餐腌制工艺；
5. 熟悉烹调临灶基本要求。

【能力目标】

1. 熟练掌握西餐常用烹调方法；
2. 熟练掌握西餐肉类菜肴烹调程度测试方法；
3. 掌握西餐腌制工艺；
4. 掌握烹调临灶基本要求。

西餐烹调方法是指将食物放在热源中加热烹制，改变原料的物理和化学特性，使之易于消化和吸收，产生独特风味的方法。

西餐烹调方法的种类多样，作用不同。首先具有杀菌消毒，保证食品卫生安全的作用；其次可以改变原料的风味，形成特色菜式；最后还有保持菜肴温度、提味增香，使食物更容易消化和吸收的作用。

通过学习本单元，可以掌握西餐常用烹调方法、西餐肉类菜肴烹调程度测试方法、西餐腌制工艺等。

任务1　烹调过程中的热传递

5.1.1　基本概念

在烹调过程中，绝大部分菜肴的制作均要经过热加工工序。物理学知识告诉我们，热量总是自发地由高温物体传向低温物体，哪里有温度差，哪里就有换热现象，就有热量传递。由于热传递现象普遍存在，并在烹调过程中起着十分重要的作用，因此，西餐厨师必须了解基本的传热规律，正确运用传热规律来分析、解决问题，提高烹调水平。

烹调中的热传递过程是较为复杂的，但归纳起来不外乎导热、对流换热、辐射换热三种方式。

1）导热

导热是由物体内部分子和原子的微观运动所引起的一种热量转移方式。就一些固体而言，这种换热过程是指热量从固体的高温区域转移到低温区域的过程。不同的固体之间的导热过程只有在它们接触时才有可能发生。在气体和液体中进行单纯的导热过程时，它们内部必须没有宏观相对移动。在一般情况下，由于气体和液体易于流动，因此除了导热外，往往还以对流（气体还可能有辐射）的方式传递热量。

热量传导有两种方式。

①热量直接从一个物体传递到另一个与之相接触的物体上。如从灶眼上传递到放在其上的汤锅，再从汤锅传递到锅里的肉汤，最后从肉汤传递给汤中的固体食物。

②热量从物体的一部分传递到同一物体相邻的部分。如从烤肉的表层传递到内层，从

煎盘的盘体传递到手柄。

不同的物质传热速度不同，铜、铝的传热速度快，不锈钢传热速度慢，玻璃和陶瓷传热速度更慢，空气传热速度最慢。

2）对流换热

对流，就是流体微团改变空间的位置。由流体改变空间位置所引起的流体和固体壁面之间的热量传递过程称为对流换热。

在对流时，作为载热体的流体微团不可避免地要产生热对流。例如，水的温度不同，它在高温和低温时的比重也不同，比重小的水微团必然上浮，比重大的水微团一定下沉，这就形成了热对流。热对流过程是流体内部进行差热对流和导热的综合过程。这种综合过程必然影响流体和固体壁面之间的对流换热。对同一个流体，强制对流（在外力的作用下引起流体流动）时的放热比自然对流时强，紊流时的放热比层流时强。另外，换热面的几何形状、位置以及流体的物理性质，对放热物体都有很大影响。

对流有两种方式。

（1）自然对流

热的液体蒸汽上升，凉的液体蒸汽下降。任何一种炉具或壶都能产生自然对流，从而传播热量。

（2）机械对流

由于对流烤箱和对流蒸柜里的风扇加快热量的循环，因此热量能被更快地传递给食物，使烹调速度加快。搅拌也是一种机械对流的形式。黏稠液体的热量循环速度要比稀薄液体的热量循环速度慢，自然对流速度慢，这是黏稠的汤和沙司易焦煳的原因。由于热量不能迅速地从锅的底部传递到别处，而是停留在底部，就会把食物烤焦。搅拌会使热量重新分布，从而避免焦煳（使用传热速度快的材料制成的锅也有助于避免焦煳，因为这种锅传热速度快而使锅中食物受热均匀）。

3）辐射换热

这种换热过程是指温度不同的两个或两个以上的物体间相互进行的热辐射和吸收所形成的换热过程。习惯上，只将与温度有关的辐射称为热辐射。物体的热能不断地以电磁波的形式向四面八方发射，这种形式的能量称为“热辐射能”。当这种电磁波落到另一物体表面时，就或多或少地被它吸收，并又转变为热能。热量就这样从一个物体转移到另一个物体。

辐射换热与导热、对流换热不同，导热和对流换热只发生在温度不同的物体接触时，而辐射因为电磁波不依靠中间介质进行传播，因而可以在真空中传播。

烹调中使用的辐射有两种。

（1）红外线辐射

炙烧是最常见的用红外线烹调食物的方法。炙烧时，先使电器元件或陶瓷元件受热，当温度很高时这些原件就会放射出红外线而煮熟食物。另外还有高强度的红外线炉具，能快速煮熟食物。

（2）微波辐射

用微波辐射来烹调食物，主要是指烤箱产生的辐射穿透食物并在食物中引起水分子的运动，相互摩擦碰撞而产生热量，煮熟食物。

微波辐射加热有两点需要说明。

①由于微波辐射只对水分子起作用，因此不含水分子的食物不能用微波炉烹调。装食物的盘子之所以热，是热食物将热量传送到盘子上而导致的，并不是微波辐射的结果。

②微波只能穿透食物不到5厘米厚度的地方，因此大块食物中心是通过传导而受热的，此理同烘烤。

以上介绍了三种基本传热过程。实际上热量传递过程往往不是由一种形式单独进行的，而是由基本过程组合而成的复合过程。但不论是由哪几个基本过程复合而成的传热形式，它的作用结果也是基本传热过程单独作用结果的总和。这一点，已在实践中得到证明。

5.1.2 烹调过程中的热传递方式

1）基本传热形式

西餐烹调方法虽然名目繁多，但接受热量的空间形式可以分为平面型受热和空间型受热两类。

（1）平面型受热

平面型受热是指被加工的原料只有一个面接受热源的热量。抽象地说，就是二维传递过程。原料在平面型受热过程中，每次只靠一个面受热，使热能向原料内部传递。在烹调过程中一般是加工好一面后，再加工其他面。平面型受热的典型烹调方法有煎、烤等。

（2）空间型受热

空间型受热是三维传热过程。它是指被加工的原料在烹调的过程中整个外表都受热。典型的烹调方法有煮、炸等。

2）不同介质的热传递

各种形式的热加工，除辐射外，都要经过传热介质。介质可以分为液体、气体、固体三类物理状态。在烹调过程中经常使用的传递介质有水、油、空气等。

（1）以液体为介质的热传递

以水为介质的热传递：主要的传热方式是对流换热。水在受热后温度升高，使浸泡在水中的原料接受热量，达到热加工的目的。在标准大气压下，水的沸点为100 ℃，温度再升高，水就要变为水蒸气逸出，并带走大量的热使温度维持在100 ℃左右；若使用高压锅，因压力上升，沸点也相应提高。以水为介质传热的烹调方法主要有温煮、沸煮、焖、烩等。

以油为介质的热传递：这种传热方式也是靠对流作用。油的沸点较水要高，当油温上升至锅中冒青烟时，动物油受热温度可达190～230 ℃；植物油油温略低，一般在170～190 ℃。因此，用油传热，原料表面的温度会迅速上升到100 ℃以上，可使原料中的水分很快蒸发。烹调结束时，菜肴温度为130～160 ℃。以油为介质传热的烹调方法主要有炸、煎、炒等。

（2）以空气为介质的热传递

以水蒸气为介质的热传递：水蒸气就是达到沸点而汽化的水。传热方式实际上就是以水为介质传热的延伸，以水蒸气为介质传热也是以对流换热为主要传递方式。传热空间的温度高低主要决定于气压的高低和火力的大小。根据热力学性质，水蒸气压力越高，温度也越高，一般可略大于沸点。这种传热方式的主要烹调方法是蒸。

以空气为介质的热传递：这种传热方式是以热空气对流的方式对原料进行热处理，若用明火还会伴随有强烈的辐射换热。以空气为介质，传热范围很宽。根据原料的质量、几何形状的大小、菜肴的特点，温度可维持在60～350 ℃。以空气为介质的传热形式，在西餐烹调中经常使用，主要的烹调方法有明火烤和暗火烤。

（3）以固体为介质的热传递

以金属为介质的热传递：这种形式是西餐烹调特有的热加工方法。金属加热后温度很高，一般用于烹调时的温度可达300～500 ℃。将加工好的原料放在热金属板或其他金属器具上，使热量传入原料内部。这种热传递形式温差极大，可达到特殊效果。主要的烹调方法是铁扒、串烧。

利用颗粒状固体传热：颗粒状固体主要是盐、砂粒等，这种方式是利用传导受热。盐和砂粒受热后温度比水高，但它不会像液体那样对流，因此热加工中必须不断翻动，才可使被加工的原料受热均匀。这种烹调方法在西餐烹调中很少使用。

在各种烹调方法中，由于使用的传热介质的物理性质不同，传热的温度也有很大差异，各种烹调方法的温度范围一般为60～400 ℃。

5.1.3 原料内部的热传递

任何烹饪原料传热时，都有一个由表及里的传热过程。根据菜肴的特点，可以分为两种情况：一种要求内外一致，即传热温差尽量小，目的在于使原料在熟化过程中，内外成熟的程度一致；另一种加工方法则要求内外成熟的程度有明显差别，即所谓“外焦里嫩”。在烹调过程中，原料内部受热的快慢，以及原料内部与外部的温度趋于一致的时间的长短，不仅与火力大小有关，而且还与原料的体积、质量状态有直接关系。一般来说，体积越大，原料内部温度升高得越慢；原料质地越松软，水分越充足，内部传热的速度越快；原料质地越坚硬，水分越少，内部传热的速度越慢。一般情况下，植物性原料的传热速度要比动物性原料快。

鉴于以上情况，在对原料进行热加工时，需要掌握以下基本原则：

①使原料的体积合理、均匀，便于热量传递。

②热加工时要注意使原料各部分受热均匀。

③根据烹调方法选择适当的火力。

5.1.4 烹调时间

使食物加热到所需温度，即做好食物所需的温度，需要一定的时间，有3个因素会影响烹调时间。

1）烹调温度

烹调温度包括烹调食物的烤箱里的空气温度、炸炉里的油温、平烤炉的表面温度或锅里的液体温度等。

2）热量传递的速度

使用不同的烹调方法，热量的传递速度也会不同。如空气传热慢，水蒸气传热快。如

把手伸进100 ℃的蒸柜里会烫伤手，而把手伸进260 ℃高温的烤箱内却无损，这就是烤土豆比蒸土豆所用时间长的原因。再如，对流烤箱比传统式烤箱加热速度快，因为对流烤箱中的风扇加快了热量的传递速度。

3）食物的大小、温度和性质

如小块牛肉比大块牛肉烤得快，一块冻牛排比正常牛排需煮更长的时间，鱼比猪肉熟得快。

由于食物种类的多样化和影响热量传递的因素多种多样，烹调多数菜点所需的精确时间是无法确定的，厨师必须依靠自己的经验来判断食物是否已经做好。

5.1.5 初步热加工

初步热加工，即对原料过水或过油进行初步处理。这种加工过程不是一种烹调方式，而只是制作菜肴的初步加工过程。

由于加工方法的不同，初步热加工又分为冷水初步热加工法、沸水初步热加工法、热油初步热加工法。

1）冷水初步热加工法

（1）加工过程

将被加工原料直接放入冷水中加热至沸，再捞出原料，用冷水过凉备用。

（2）适用范围

冷水初步热加工法适宜加工动物性原料，如牛骨、鸡骨、牛肉、动物内脏等，以及根茎类蔬菜、豆类等。

（3）加工目的

①使原料吸收更多的水分，为进一步加热作准备，如初步热加工土豆、橄榄。

②除去原料表面的污物，使原料变白，如初步热加工牛骨。

③除去原料中的不良气味，如初步热加工动物内脏。

④除去原料中残留的血污、油脂及杂质等，如初步热加工牛肉。

2）沸水初步热加工法

（1）加工过程

把被加工原料放入沸水中，加热至所需火候，再用凉水或冰水过凉。

（2）适用范围

沸水初步热加工法适用范围较广泛，有蔬菜类原料，如番茄、芹菜、豌豆、菜花、西蓝花等；也有动物性原料，如牛肉块、鸡肉块等。

（3）加工目的

①使原料吸收部分水分，膨胀体积，如初步热加工豌豆。

②使原料表层紧缩，关闭毛细孔以避免其水分及营养成分的流失，如初步热加工鸡肉块、牛肉块等。

③使原料中的酶失去活性，防止其变色，如初步热加工菜花、西蓝花等。

④便于剥去水果或蔬菜的表皮，如初步热加工番茄等。

⑤使蔬菜中的果胶物质软化，易于烹调，如初步热加工芹菜、扁豆等。

3）热油初步热加工法

（1）加工过程

将被加工原料放入热油中，加热至所需的火候取出，备用。

（2）适用范围

热油初步热加工法适宜加工土豆及大块的牛肉、鸡肉等。

（3）加工目的

①使原料初步成熟，为进一步加热上色作准备，如初步热加工土豆条。

②使原料表层失去部分水分，形成硬壳，以减少原料内部水分的流失，如初步热加工牛肉、鸡肉等。

任务2 西餐常用烹调方法

烹调方法，是指根据原料、刀工、调味、成菜等要求的不同，将原料加热成熟的方法。西餐的烹调方法有很多，使用不同的烹调方法，菜肴的色泽、质地、风味和特色就不同。不同的烹调方法适用于不同的食物。如有些肉结缔组织的含量很高，只有通过液体介质加热慢慢烹煮才能使组织分解，由硬变软；而有些肉结缔组织含量很少，很嫩，因此做成三成熟、五成熟味道更佳。在选择烹调方法时，还需要考虑其他一些因素，如味道、外观等。

根据成菜特点的不同，西餐的烹调方法一般分为以水为传热介质的烹调方法，以油为传热介质的烹调方法，以空气为传热介质的烹调方法，以铁板或铁条为传热介质的烹调方法，以及其他烹调方法，如拌、腌制等。

5.2.1 以水为传热介质的烹调方法

1）煮

煮是指将原料在水或其他液体中加热成熟的方法。

（1）煮的分类

根据水温的不同，煮分为冷水煮、沸水煮和热水煮。在烹调时，应按照加热的目的和原料的特点，选择不同的方法。

①冷水煮：将原料直接放入冷水中煮熟的方法，适合制汤、烹调形状较大的肉类等。

②沸水煮：将原料直接放入沸水中煮熟的方法，适合形状较小或容易成熟的肉类，以及蔬菜、意大利面等。

③热水煮：将原料真空包装后，放入60 ℃左右热水中长时间加热，适合鱼贝类、肝类及质地嫩的肉类加热。

（2）煮的特点

①煮是以水为媒介加热，一般情况下最高温度为100 ℃。

②根据原料的特性和加工要求选择适当的煮制方法。

③煮制火候的大小会影响成菜的品质。

（3）友情提示

①煮鸡蛋、制汤一般选用冷水煮。

②煮畜肉、鱼、蔬菜和意大利面常选用沸水煮。

③煮鱼时先将水煮沸，加入鱼后，待水再沸时，煮锅应离开热源，主料在开水中浸泡3～4分钟可出锅、装盘。

④煮制时原料应完全浸泡在水里，保证其整体受热。

⑤煮肉类菜肴时，为了保证原料的鲜味，经过煮沸几分钟后，应改为小火，而且需不断除去汤中浮沫。

（4）菜品举例

安考纳风味鳕鱼

原料配方：

鳕鱼1块（约100克），牛奶120毫升，土豆50克，洋葱50克，蒜5克，白葡萄酒5毫升，色拉油7毫升，迷迭香0.5克，番芫荽、盐和胡椒粉适量。

制作步骤：

①洋葱切成丝，土豆洗净去皮，先纵向切成四瓣，再分别切成厚3～4毫米的片，蒜切碎，番芫荽切末。

②锅置于中火之上，加蒜炒香后倒入洋葱。待洋葱炒软后，加入土豆片，进一步翻炒，然后倒入白葡萄酒煮干。

③锅中倒入牛奶和迷迭香，用小火煮7～8分钟。

④鱼表面部分撒上盐和胡椒粉，放置片刻。将鱼肉置于锅中用中小火煮7～8分钟，起锅前，用盐和胡椒粉调味。

⑤装盘，撒上番芫荽末点缀。

注意事项：

①洋葱要充分炒软，才能将其特有的甜味炒出。

②土豆要炒好后再煮，要注意掌握放入鳕鱼的时机。

③煮鱼时，要选择小火，以免将鱼肉煮烂。

奶酪火锅

原料配方：

奶酪150克，法式面包300克，蒜头半个，白葡萄酒45毫升，樱桃白兰地15毫升，玉米粉适量，胡椒、肉豆蔻少许。

制作步骤：

①将奶酪切成小块。蒜去皮，在锅内壁抹一遍，使锅沾上蒜香。

②将奶酪和白葡萄酒放入锅中，用中小火溶化；玉米粉加入等量的水，和匀，加入奶酪中增稠；用胡椒和肉豆蔻调味；最后倒入樱桃白兰地，使之散发香味。

③将法式面包连皮切成小块，用长叉串起，蘸上奶酪食用。

2）氽

氽是指在标准大气压下，原料在75～95 ℃的水或其他液体中加热成熟的方法。

（1）汆的方法

在水中汆有两种方法。

① 把食物放在冷水中煮沸，然后烧沸，最后捞出放在冷水中冷却。

目的：去掉某些肉、骨中的血、盐或不洁物质。

②把食物放在沸水中煮沸，然后捞出放在冷水中冷却。

目的：使蔬菜的颜色稳定不变，破坏其中的有害酶，或使番茄、桃子等食物的表皮松弛，易于剥落。

（2）汆的特点

①使用的液体数量相对比较少。

②水温比煮低。

③主要适合质地细嫩以及需要保持形态的原料。

（3）友情提示

①最大的特点是保持原料本身的鲜味和色泽，同时需要保证菜肴质地的脆嫩。

②汆适用于比较鲜嫩、精巧的原料，如鱼片、海鲜、鸡蛋和绿色蔬菜，也适用于某些水果的烹调，如杏、桃子、苹果等。

（4）菜品举例

红葡萄酒煮水波蛋

原料配方：

鸡蛋4个，红葡萄酒600毫升，波尔多红葡萄酒100毫升，冬葱2个，黄油50克，豌豆100克，西蓝花1朵，花菜1朵，土豆1个，甜菜1块，盐适量。

制作步骤：

①豌豆、西蓝花、花菜分别煮熟后，将西蓝花、花菜切成小朵；土豆、甜菜挖球，分别煮熟；冬葱切碎。

②煮锅中放红葡萄酒、波尔多红葡萄酒、冬葱碎和盐，煮沸后，转为小火。

③将预先打在碗中的鸡蛋轻轻放入酒液，用叉子将蛋清推向蛋身，煮约3分钟，使蛋清成凝结状，蛋黄半熟。

④取出鸡蛋，将锅中的煮汁煮浓稠，过滤，把黄油混入酒液中，制作成调味汁；荷包蛋放在锅中略煮。

⑤将荷包蛋放入盘中，周围摆上煮好的蔬菜，淋上调味汁即可。

注意事项：

①注意火候的控制，在放入鸡蛋后，应改为小火，汁液保持微沸即可。

②鸡蛋煮制时间不能过长，控制在蛋白全熟、蛋黄半熟为好。

3）炖

炖与煮、汆非常相似，也是在标准大气压下，将原料放入水或其他液体中加热成熟的方法。炖的水温比汆高些，比煮略低，通常在90～100 ℃。

由于食物在与汤汁一起烹调前必须用干性加热法先上色，炖有时也指一系列烹调方法的组合，其中加热在这一烹调过程中是关键，因此，上色是烹饪技术的入门技术。上色这一道工序的目的也绝不只是着色和调味这么简单。

①炖肉时要先用干性加热法（如煎锅）上色，这样会使食物的外观美观诱人，使食物

和汁的味道更香、更美。

②炖也指在少量液体中用低温烹调某些蔬菜，如莴苣或卷心菜，不必用油，或只是微炒上色。

③炖食物时汤不必没过食物。食物的上部是被锅内的水蒸气加热成熟的。如做锅烤时，汤只没至食物的1/3～2/3处，加多少汤要根据需食用的汁的多少而定。这种方法做出来的食物味美汁多。

④有些食物，尤其是烹调禽类、鱼类时不需加汤，但依然被认为是炖，因为这些食物是由其本身及其配料，如蔬菜产生的水蒸气加热成熟的。

⑤也可在灶上或烤箱里做炖菜。用烤箱做炖菜有3点好处。

a. 加热均匀，热量可以从各个方位传递给食物，而不只是在底部。

b. 食物以稳定的低温加热，不需常常检查是否会煳。

c. 灶上可以留出空位做别的食物。

4）烧或焖

烧或焖是将原料煎（或用其他方法）至定型或上色后，在少量汤汁中加热成熟的方法。

（1）烧或焖的特点

①多用于形状比较大的原料，特别是肉类原料，加工时间比较长。

②原料在刀工处理后，一般要先煎上色。

③汤汁不多，一般只覆盖原料的1/2或1/3。

④可以加盖子，原料可同时依靠锅中的水蒸气制熟。

⑤为了方便制作，使原料受热面积增大，受热更加均匀，烧或焖有时在烤箱中进行。

（2）菜品举例

乡村烧肉

原料配方：

五花肉500克，胡萝卜400克，洋葱150克，番茄酱150克，西芹100克，蒜25克，红葡萄酒少许，色拉油50克，盐、胡椒粉适量，鲜汤700毫升。

制作步骤：

①五花肉、胡萝卜和洋葱分别切成3厘米左右的块；五花肉码盐和胡椒粉略腌；蒜切成厚片。

②锅置旺火上，加色拉油，烧热，加五花肉炒至褐色。

③锅中加番茄酱和蒜片炒香，倒入红葡萄酒和鲜汤，西芹用细绳捆好，放入锅中，加盐和胡椒粉调味。

④用大火煮开后，用微小火煮2～3小时；在煮至1小时左右时，加入胡萝卜和洋葱。

⑤起锅前，去掉西芹不用，用中火适当收汁即可。

注意事项：

①炒五花肉时要用大火将其表面炒褐、炒硬，这样可以保持原味，并且防止煮烂。

②红葡萄酒主要用于增香除异，不能加得过多。

③注意掌握火候。

蔬菜焖烩小羊肉

原料配方：

小羊肩背肉或小羊腹肉1 000克，色拉油60克，小洋葱400克，胡萝卜400克，白萝卜300克，四季豆80克，土豆500克，面粉30克，番茄酱40克，香料束1束，大蒜30克，盐、胡椒粉适量。

制作步骤：

①去除羊肉上过多的脂肪及筋络，切成约50克的块，冷藏备用。

②胡萝卜和洋葱分别切碎备用，大蒜拍碎。

③其余胡萝卜、白萝卜、土豆削成橄榄形，四季豆去筋切成3厘米的段，以上蔬菜焯水，备用。

④锅中加油烧热，放入羊肉快速煎定型至上色后，加入胡萝卜、洋葱炒香，加入面粉搅匀，送入烤炉中烤至面粉变色，取出；加入番茄酱炒匀，加入冷水煮沸，去浮沫，再加大蒜、香料束、盐、胡椒粉调味；将锅加盖，送入200 ℃烤炉中焖20分钟左右。

⑤待羊肉软熟入味后，将羊肉块取出，放于另一焖锅中；将羊肉汁过滤，倒于羊肉块上，放入煮熟的土豆，调节口味后，重新加盖送入200 ℃烤炉中焖10~20分钟；待土豆入味后，加入焯水的胡萝卜、白萝卜、四季豆和小洋葱，焖入味即可。

注意事项：

羊肉上过多的脂肪及筋络一定要除干净。

5）烩

烩是指将加工成型的原料放入用本身原汁调成的浓沙司内加热至成熟的烹调方法。烩的传热介质是水，传热方式是对流与传导。

（1）烩的种类

由于烩制过程中使用的沙司不同，烩又分为白烩、红烩、黄烩和混合烩等类型。

①白烩以白沙司或奶油沙司为基础，如白汁烩鸡、莳萝烩海鲜等。

②红烩以布朗沙司为基础，如法式红烩牛肉、古拉士牛肉等。

③黄烩以白沙司为基础，调入奶油、蛋黄，如黄汁烩鸡等。

④混合烩是利用菜肴自身的颜色，如咖喱鸡等。

（2）友情提示

①沙司量不宜多，以刚覆盖原料为宜。

②烩制菜肴可在灶台上进行，容器内沙司的温度应保持在微沸状态。这种方法便于掌握火候，但较费人力。

③烩制菜肴还可在烤箱内进行，烤箱的温度一般为120 ℃左右，容器内沙司的温度基本保持在90 ℃左右。

④烩制的过程中容器要加盖密封，以防止水分蒸发过多。

⑤烩制的菜肴，原料大部分要经过初步热加工。

（3）适用范围

由于烩制菜肴加热时间较长，并且经初步热加工，因此适宜制作的原料很广泛。各种植物性原料，以及质地较老、较为廉价的肉类等动物性原料，均可烩制。

（4）菜品举例

橙汁鲜贝

原料配方：

鲜贝（大个）3只（肉重约100克），大橙子半个（重约150克），新鲜罗勒0.5克，盐1克，胡椒2克，洋葱10克，味美思酒10毫升，白葡萄酒40毫升，鱼汤70毫升，黄油25克。

制作步骤：

①鲜贝横向切成7～8毫米的圆片；橙子切掉上下两端的果皮，顺着果肉，纵向将果皮切掉；用刀将各个月牙形的果肉切下。

②将切好的鲜贝、月牙形橙子肉以及切成丝的罗勒放入煮锅中，待用。

③洋葱切碎，与味美思酒、白葡萄酒一同倒入锅中，用中火煮沸，将酒精成分煮去后，倒入鱼汤，再煮至汤汁减少到原来的1/3左右。将锅端离火炉，加入黄油，摇动锅身，用余热将黄油溶化并混入调味汁中（可用蛋抽搅拌）。

④过滤后，将调味汁倒入有鲜贝、橙子肉等的锅中，用中火煮沸后，用盐和胡椒调味。

⑤将鲜贝和橙子肉间隔码放在盘中成为圆形，淋上调味汁，中间点缀新鲜的罗勒叶。

注意事项：

烩制过程注意火候的调节。

6）蒸

蒸是指将加工成型的原料，经调味后，放入有一定压力的容器内，用水蒸气加热，通过水蒸气使原料成熟的烹调方法。

水蒸气是达到沸点而汽化的水，是以水为介质传热形式的发展，其传热形式是对流换热。由于蒸在加热过程中要有一定压力，因此蒸的温度最低是100 ℃，如在高压下完成蒸制过程，则温度最高可达130 ℃。

（1）蒸的分类

根据加工方法的不同，蒸又可分为直接蒸法和间接蒸法两种。

①直接蒸法。即将加工好的原料直接放入蒸箱或蒸锅中蒸制，如蒸带皮土豆等。

②间接蒸法。即将加工好的原料先放入有盖或密封的容器内，再将容器放入蒸箱或蒸锅中蒸制，如蒸甜布丁等。

（2）友情提示

①原料在蒸制前要先进行调味。

②蒸制过程中要将容器密封，不要跑气。

③蒸制时，要根据不同的原料，掌握火候，不要过火。

④高压锅会把水蒸气保存在一定的压力之下，因此高压锅的温度往往会超过100 ℃。用高压锅烹调的速度非常快，因此要严格计时。

⑤蔬菜多用蒸的方法，无须搅拌，烹调速度快，可将营养成分的损失降到最低限度。

（3）适用范围

蒸的方法适宜制作质地鲜嫩、水分充足的鱼类、禽类等原料，如鱼虾、嫩鸡，也可制作慕斯、布丁、蔬菜、鸡蛋等。

（4）菜品举例

鱼肉蒸蛋

原料配方：

鱼肉300克，鸡蛋5个，水橄榄50克，洋葱半个，香叶1片，胡椒粒5粒，白胡椒粉1克，盐5克，辣酱油10克，奶油沙司150克。

制作步骤：

①将洋葱切碎；把胡椒粒、香叶、洋葱、盐和适量的水放入汤锅内烧开，放入净鱼肉，转中火烧5分钟取出。

②鱼肉放入粗筛，用汤匙背压成鱼糜，加上盐、胡椒粉和鸡蛋液，搅拌均匀后放入蒸碗。

③将蒸碗放入蒸锅内，用旺火蒸10分钟。

④装盘时，浇上奶油沙司，再加上适量辣酱油和切碎的橄榄。

注意事项：

一定要用旺火蒸制。

蒸鲳鱼卷

原料配方：

鲳鱼1条（500克以上），熟火腿100克，芫荽15克，生姜5克，洋葱4个，白胡椒粉2克，盐3克，白葡萄酒15克。

制作步骤：

①取出鱼肉，片成5厘米长的片，用刀背轻轻拍松，撒上盐、胡椒粉，用白葡萄酒腌制片刻。

②在鱼片上放火腿丝、姜丝、洋葱丝，然后卷起鱼片，让其两头都露出一些丝，再排在盘中，上蒸锅蒸7分钟，四周撒上洋葱末和芫荽末后上席。

注意事项：

鱼片厚度要适中。

5.2.2 以油为传热介质的烹调方法

这种方法主要是以油为传热介质将原料加热成熟。这类烹调方法，大多适合含结缔组织比较少、肉质细嫩的畜禽类食品。

1）煎

煎是把加工成型的原料，经腌制入味后，再用少量的油加热至规定火候的烹调方法。

（1）煎的种类

常用的煎法有3种：

①原料煎制前什么保护层也不蘸，直接放入油中加热。

②把原料蘸上一层面粉，再放入油中煎制。

③把原料蘸上一层面粉，再裹鸡蛋液，然后放入油中煎制。

（2）煎的特点

煎的传热介质是油和金属，传热形式主要是传导。

（3）适用范围

直接煎制或蘸面粉煎制的方法，可使原料表层结壳，而内部失水少，因此具有外焦里嫩的特点。

裹鸡蛋液煎制的方法能使原料保留充分的水分，具有鲜香软嫩的特点。

由于煎的方法是使用较高的油温，使原料在短时间内成熟，因此适宜制作质地鲜嫩的原料，如里脊、外脊、鱼、虾等。

（4）友情提示

①煎的温度范围在120～170 ℃，最高不应超过195 ℃。

②煎制形状薄、易成熟的原料，应用较高的油温。

③煎制形状厚、不易成熟的原料，应用较低的油温。

④煎制裹鸡蛋液的原料，要用较低的油温。

⑤煎制菜肴的开始阶段，应用较高的油温，然后再用较低的油温使热能逐渐向原料内部渗透。

⑥使用的油量不宜多，最多只能浸没原料的1/2。

⑦在煎制过程中要适当翻转原料，以使其均匀受热。

⑧在翻转过程中，不要碰损原料表皮，以防原料水分流失。

⑨煎制体积较厚、不易成熟的原料，可在煎制后再放入烤箱稍烤，使之成熟。

（5）菜品举例

橙香石斑鱼柳

原料配方：

石斑鱼柳1条（约110克），鲜橙子1个，鲜柠檬1个，鲜奶油10毫升，鸡蛋黄半个（约10克），白葡萄酒25毫升，黄油20克，面粉10克，黑胡椒粉、辣椒粉、番芫荽各少许，盐适量。

制作步骤：

①半个橙子切成片，备用；另半个橙子、1个柠檬榨汁；取1/2汁与少许盐和部分胡椒一起，将鱼柳腌制10分钟左右。

②在面粉中加入少许盐和胡椒粉和匀，拍在鱼柳表面，在黄油中煎至浅金黄色。

③鲜奶油，鸡蛋黄，白葡萄酒，剩余的柠檬汁、橙子汁放入碗中和匀。将碗放在沸水上，用力打发成糊状，用盐、胡椒、辣椒粉调味。最后将已软的黄油打在汁中，制成香橙沙司。

④将切片的橙子在盘中围成一圈，鱼柳放在橙片中间，上面淋上香橙沙司，用番芫荽装饰。

注意事项：

煎制过程一定要把握好火候，不可过大。

奶酪蛋包

原料配方：

鸡蛋2个（重约80克），鲜奶油15毫升，色拉油3克，盐和胡椒粉适量，白色奶酪30

克，白葡萄酒15毫升，盐和胡椒粉适量。

制作步骤：

①鸡蛋打成蛋液，加入鲜奶油、盐和胡椒粉，拌和均匀。

②锅中放入1/4色拉油，加热，推煎成一个橄榄形蛋包。

③锅置火上，加入白葡萄酒，煮至散发香味，奶酪切成小块，放入锅中，待奶酪溶化后，加盐和胡椒粉。

④将制作好的奶酪汁淋在蛋包上，用艾蒿叶装饰，即可。

注意事项：

打蛋液时一定要均匀，时间要充足。

2）炸

炸是指把加工成型的原料，经调味并裹上保护层后，放入油锅中，浸没原料，加热至成熟并上色的烹调方法。炸的传热介质是油，传热形式是对流与传导。

（1）炸的分类

①清炸：原料加工成型、调味后，蘸上一层面粉或直接放入油锅中炸制。

②面包粉炸：原料加工成型、调味后，蘸上面粉，裹上蛋液，蘸面包粉，再炸制。

③挂糊炸：原料加工成型、调味后，表面裹上面糊，再炸制。

面糊类型：

①英式面糊。

原料配方：面粉100克，面包粉100克，鸡蛋6个。

制作步骤：将上述原料混合，搅打成糊。

②法式面糊。

原料配方：面粉200克，牛奶220克。

制作步骤：将上述原料混合，搅打成糊。

③酵母面糊。

原料配方：面粉200克，牛奶或水200克，酵母5克，盐适量。

制作步骤：用少量水将酵母溶化，加入面粉、牛奶或水，搅拌均匀，至有光泽，使用前应放置1小时以上。

④蛋清面糊。

原料配方：面粉200克，牛奶或水160克，2个打好的蛋白，盐适量。

制作步骤：将面粉与水或奶混合搅打成糊，使用之前将打好的蛋白混合到糊中，搅拌均匀。

⑤啤酒椰奶面糊。

原料配方：面粉200克，啤酒150克，椰奶50克，盐适量。

制作步骤：将上述原料混合，搅打成糊。

⑥泡打粉面糊。

原料配方：面粉200克，牛奶或水200克，泡打粉3克，盐适量。

制作步骤：将上述原料混合，搅打成糊。

（2）友情提示

①炸制温度一般在120～270 ℃，最高不超过270 ℃，最低一般不低于100 ℃。

②炸制时，要根据原料的不同，掌握油温的高低。

③炸制体积小、易成熟的原料，油温要高。

④炸制体积大、不易成熟的原料，油温要低些。

⑤制带糊原料，也应选用较低油温以使面糊膨胀，并使热量能逐渐向内部渗透，使原料成熟。

⑥每次下油锅炸的食物原料不宜太多，要适量。

⑦每炸完一次原料后，应使油温达到一定温度后，再放下一批原料。

⑧炸制蔬菜原料时，应尽量控干水分，以防止溅油。

⑨炸制时，油不能冒烟，油用过后要过滤，去除杂质，以防变质。

（3）适用范围

由于炸制的菜肴要求原料在短时间内成熟，因此适宜制作粗纤维少、水分充足、质地脆嫩、易成熟的原料，如嫩的家畜肉类、家禽肉类、鱼虾、水果、蔬菜等。

（4）菜品举例

炸香蕉

原料配方：

香蕉1只（约100克），砂糖8克，朗姆酒5毫升，水20毫升，面粉15克，鸡蛋白10克，黄油5克，啤酒12毫升，白兰地酒3毫升，糖5克，盐少许，色拉油250克。

制作步骤：

①香蕉去皮，纵向切成两片，再横向切半，放入容器中，撒上糖，拌匀后，淋上朗姆酒，腌制约30分钟。

②黄油用小火溶化，面粉与盐和匀，筛入容器中。在面粉中开洞，加入已经溶化的黄油、啤酒、水，搅拌成粉浆，加入白兰地酒，放置约15分钟。

③锅置大火上，加热。将鸡蛋白充分打发，轻轻拌入脆浆内。待油烧热后，将香蕉放入脆浆中均匀裹上一层，放入油锅中，炸制成金黄色，取出；吸取多余油脂，装盘，趁热进食。

注意事项：

香蕉腌制时间要充分。

炸橄榄鸡卷

原料配方：

鸡胸脯肉1块（约150克），鸡蛋1个，黄油、面包屑、色拉油适量，盐、胡椒粉少许。

制作步骤：

①黄油用手捏成小橄榄形待用。

②鸡胸用刀拍平，撒少许盐和胡椒粉，黄油放在鸡胸脯中，卷紧，制作成橄榄形的鸡卷。

③油烧至150 ℃左右，将鸡卷蘸上面粉、蛋液、面包屑，放在油中炸至成熟，表面呈金黄色即可。

④食用时，可以配炸土豆丝、煮胡萝卜、煮豌豆等。

注意事项：

黄油放在鸡胸脯肉中，一定要卷紧。

3）炒

炒是指把加工成型的原料，用少量的油、较高的温度，在短时间内将原料加工成熟的烹调方法。炒的传热介质是油与金属，传热形式是传导。

（1）炒的类型

①用炒的烹调方法直接加工原料，使之成熟，如炒土豆片、炒荷兰豆等蔬菜类原料及炒面条、炒米饭等。

②用炒的烹调方法将原料加工成熟，然后取出原料和部分油脂，加入汤与调味汁等制成沙司，再将原料与沙司混合制成菜肴。这种方法只限于肉质一流的肉类、家禽，如牛里脊、猪外脊、鸡脯、小牛腰、肉鸡等。

（2）友情提醒

①炒的油温一般应控制在150～240 ℃。

②炒制的原料形状要小，刀口要均匀。

③炒制原料的油量应以原料的5%为标准。

④炒制原料时，油温要高，时间要短，翻炒频率要快。

（3）适用范围

炒的烹调方法适宜制作蔬菜，质地鲜嫩、质量一流的家畜肉类、家禽肉类，以及部分熟料，如里脊、外脊、鸡脯、肉鸡、蔬菜、米饭、面条等。

5.2.3 以空气为传热介质的烹调方法

以空气为传热介质的烹调方法，主要是指以热空气为传热介质，将原料加热成熟的方法。这类烹调方法，适合结缔组织较少、肉质细嫩的原料。

1）烤

烤是将原料放在烤箱中，利用四周的热辐射和热空气对流，将原料烹调成熟的方法。烤的传热介质是热空气、烤油，传热形式是辐射、传导和对流。

（1）温度范围

烤的温度范围一般为80～280 ℃。烤制原料时，一般应先用220 ℃以上高温烤制3～5分钟，使原料表面快速结成硬壳，以防止原料内部水分流失过多。然后再根据原料的不同，酌情降温至180 ℃左右，直至达到所需的火候标准。

烤制质地鲜嫩、水分充足、易成熟的原料，如肉质一流的牛里脊、牛外脊等，应一直采用高温，使其快速达到所需的火候，以防止水分流失过多。

（2）友情提示

①烤制的原料，应选用肉质鲜嫩、质量一流的家畜肉类、家禽肉类等原料。

②烤前和烤制过程中可往原料上刷油，或淋烤油原汁。

③肉类原料在烤制之前，可放入冰箱内冷藏或吊挂于通风处，或加入嫩肉粉等，以破坏肉中的血红细胞，使肉嫩味鲜，否则会有血腥味。

④烤制肉类原料时，应将其放于烤架或骨头上，以防止肉与烤盘直接接触，影响菜肴

的质量。

⑤肉类原料烤好，从烤箱中取出后，应将其放置片刻，稍凉后，再切配。

（3）肉类原料成熟度的检验

烤制的肉类原料可以通过以下几种方法判断其成熟度：

①通过感官凭经验检验，观察肉类原料外观的收缩率。

②用肉针扎原料检验，流出的肉汁如无血色即证明成熟，但此方法只适用于一流的牛肉、羊肉等，不适用于猪肉、家禽。

③用手按压原料检验，未成熟的肉松软、没有弹性或弹性小，成熟的肉弹性大、肉质硬。

④用温度计测量原料内部温度检验，肉类原料内部温度达到75 ℃左右即成熟。

在西餐烹调中，一般烤制的牛肉类、羊肉类菜肴不要求必须全熟，达到所要求的火候标准即可，而烤制的猪肉类、家禽等菜肴则不能食用未成熟的，必须要全熟。

三四成熟的牛肉、羊肉，肉汁较多，呈红色，用手按压肉质较软，无弹性，内部温度在50 ℃左右；五六成熟的牛肉、羊肉，肉汁为粉红色，用手按压弹性较小，肉质较硬，内部温度在60 ℃左右；七八成熟的牛肉、羊肉，肉汁无血色，用手按压弹性较大，肉质硬，内部温度在70 ℃左右；全熟的猪肉、家禽，用肉针扎无肉汁流出，用手按压，流出的肉汁为透明色，肉质硬实，弹性强，内部温度在75 ℃以上。

（4）适用范围

烤的烹调方法适用范围较广，适宜加工制作各种形状较大的肉类原料（牛排、整条的里脊、外脊肉、羊腿等）、禽类原料（嫩鸡、鸭、鸽子、火鸡等）、野味及一些蔬菜（土豆、胡萝卜等）和部分面点制品（清酥、混酥等）。

（5）菜品举例

烤西冷牛肉

原料配方：

西冷牛脊肉2 000克（整条），胡萝卜50克，洋葱50克，黄油80克，百里香、香叶适量，褐色牛肉基础汤400毫升，色拉油、盐、胡椒粉适量。

制作步骤：

①剔除牛肉上多余的脂肪和油筋，并用食用线将牛肉捆扎成型，放在冷藏柜中冷藏备用。

②取出西冷牛肉，撒上盐和胡椒粉，备用。

③烤盘置旺火上，加黄油和色拉油烧热后放入牛肉速煎定型，待牛肉表面起一层均匀的硬膜后，再将烤盘及牛肉送入200 ℃的烤炉中烤20～25分钟。待牛肉烤至七八成熟时，将牛肉取出保温备用。

④将胡萝卜、洋葱切碎，放入烤牛肉的原汁中炒制。待水汽炒干、出香味后加入褐色牛肉基础汤煮沸，加少许香叶和百里香增香。待汁香浓时，加盐、胡椒粉。将烤汁过滤，保温备用。

⑤去除牛肉上的食用线，切成厚的大片，放于盘中，淋上少许的烤汁，盘边配以时令鲜蔬即成。

注意事项：

牛肉上多余的脂肪和油筋一定要剔除干净。

2）焗

焗与烤类似，也是利用热辐射等热源，将原料烹调成熟的方法。

（1）焗的特点

①使用焗烹调时，原料只受到上方热辐射，而没有下方的热辐射，因此焗也称为“面火烤”。

②焗的温度高、速度快，特别适合质地细嫩的鱼类、海鲜、禽类等原料，以及需要快速成熟或上色的菜肴。

（2）菜品举例

香草蒜蓉焗蜗牛

原料配方：

蜗牛（罐装）24只，干白葡萄酒300毫升，香叶1片，百里香少许，蒜10粒，小干葱2根，黄油230克，番芫荽碎10克，盐、黑椒粉少许，马佐莲香草少许，面包糠适量。

制作步骤：

①蜗牛焯水备用，蒜头、干葱头去衣，切碎。

②黄油放软，混入部分蒜和干葱碎、番芫荽碎、黑椒粉、马佐莲香草及盐，充分搅匀成香草黄油馅。

③将少许黄油放入煎锅中烧热，放入蒜、干葱碎炒香，加干白葡萄酒、蜗牛、香叶及百里香。调味后，慢火煮至剩余少许汁液，放冷备用。

④将少许香草黄油放入蜗牛壳内，再以香草黄油馅封密壳口，在表面撒上少许面包糠。

⑤放入炉中，调至约230 ℃，壳口向上焗8分钟，即可。

注意事项：

蜗牛焯水时注意时间，不可太长或太短。

芝士焗海鲜

原料配方：

鱼肉230克，蟹肉110克，带子110克，虾仁110克，墨鱼110克，干白葡萄酒125毫升，奶酪沙司350毫升，芝士粉30克，蒜4粒，菠菜450克，盐、胡椒粉少许。

制作步骤：

①鱼肉洗净切成方块，蟹肉略微清洗，带子解冻，墨鱼洗净切成墨鱼圈，虾洗净去壳、去肠，蒜头去衣、切碎。

②菠菜洗净，放入滚水中汆两三分钟，捞起以清水冲洗，备用。

③海鲜原料用少许盐、胡椒粉腌味。

④黄油放在煎锅中加热溶化，加入一半蒜碎，再加入海鲜，以大火炒至刚熟。倒入干白葡萄酒，加入部分奶酪沙司，熄火，放一旁备用。

⑤菠菜与黄油、蒜碎一同炒三四分钟，放在盅底。

⑥将海鲜倾入盅内，淋上少许奶酪沙司，撒上芝士粉，放焗炉中焗至表面金黄色即可。

注意事项：

鱼肉切块大小要适中。

5.2.4 其他烹调方法

1）铁扒

铁扒是指将加工成型并经调味、抹油的原料，放在扒炉上，利用高度的辐射热和空间热量对原料进行快速加热并达到规定火候的烹调方法。铁扒的传热介质是热空气和金属，传热形式是热辐射与传导。

（1）铁扒的类型

①明火炉：又称高温扒炉、顶火扒炉，热量或火力由上而下进行加热。具体方法是将明火炉预热，将原料调味、抹油，放入明火炉下，将原料加热至所需的火候。用这种方法制作的菜肴也可称“扒”。明火炉不但可以制作扒制菜肴，还可用于菜肴的上色、上光等。

②铁板扒炉：又称坑面扒炉、铁板扒条。热量或火力由下而上进行加热，制作的菜肴一般都带有网状焦纹。具体方法是将铁板扒炉提前预热、刷油。将原料调味、抹油，放入铁板扒炉上，快速将原料加热至所需的火候。

③夹层扒板：通常用电加热，中间放原料，上下铁板夹住原料，上下同时加热，使其快速成熟。这种铁扒的方法应用较少，主要用于汉堡肉排的加工。

（2）铁扒牛排的成熟度

西餐中牛排的制作主要用铁扒和煎的烹调方法，其中肉质一流的牛排又大多采用铁扒的烹调方法加工制作。牛排成熟度的标准，则是厨师根据客人所要求的标准而加工制作的，一般分为五种成熟度。

①带血牛排：牛排表面稍有焦黄色泽，当中完全是鲜红的生肉，内部温度在30 ℃左右。

②三分熟：牛排表面焦黄，中心一层为鲜红的生肉，内部温度在50 ℃左右，汁水较多。

③五分熟：牛排表面焦黄，中心为粉红色。内部温度在60 ℃左右。

④七分熟：牛排表面焦黄，中心肉色为浅红色，基本成熟，内部温度在70 ℃左右。

⑤全熟：牛排表面为咖啡色，汁少肉干柴，内部温度在75 ℃以上。全熟的牛排，由于汁少肉干柴，鲜香不足，故食用者较少。

（3）友情提示

①制作铁扒菜肴，应选用鲜嫩、优质的原料。

②铁扒的烹调方法适用于片状或小型的原料。

③扒制原料时，应先用高温，再根据需要酌情降温。

④用铁板扒炉制作铁扒菜肴时，铁板扒炉要提前预热、刷油。

（4）适用范围

由于铁扒是一种温度高、时间短的烹调方法，因此适宜制作鲜嫩优质的肉类原料（如丁骨牛排、西冷牛排、猪排等）、小型的鱼类（如比目鱼鱼柳、鳟鱼鱼柳等）、小型的家禽（如雏鸡、鸽子等）、蔬菜（如番茄、茄子等）。

（5）菜品举例

铁扒牛肉

原料配方：

西冷牛里脊肉500克，干白葡萄酒40毫升，洋葱30克，他拉根草20克，蛋黄2个，黄油150克，番芫荽10克，粗胡椒碎、盐和胡椒粉少许，色拉油少许。

制作步骤：

①牛肉去筋，切成250克左右的块，用刀轻轻拍成圆形，冷藏备用；他拉根草、洋葱、番芫荽分别切碎。

②黄油放在小盆中，隔热水加热至黄油分层，取上层的清黄油保温备用。

③取1/2他拉根草、番芫荽碎和洋葱、胡椒碎放在沙司锅中加热，加干白葡萄酒浓缩，至酒近干、香味浓郁时，离火凉冷，加入蛋黄，放在45～50 ℃的温度下搅打至蛋黄发泡，加入热的清黄油汁，搅匀后将汁过滤，最后加入剩余的他拉根草、番芫荽碎，加盐，制作成斑尼士沙司，保温待用。

④铁扒炉烧热，在牛肉上抹适量的盐、胡椒粉和沙拉油，放在铁扒炉上，扒成网状花纹，根据顾客的要求制作成生牛扒、半成熟、七八成熟或全熟等。

⑤将牛扒放在盘子中，配上斑尼士沙司和油炸土豆条即可。

注意事项：

牛肉要将筋膜去除干净。

美式扒春鸡

原料配方：

仔鸡1 000克，芥末酱20克，面包粉100克，洋葱100克，粗胡椒碎5克，干白葡萄酒50毫升，白酒醋30毫升，褐色鸡肉沙司300毫升，盐、胡椒粉少许，沙拉油适量。

制作步骤：

①仔鸡去头、内脏及脚，洗净后，将腹腔打开整理成形。

②仔鸡撒上盐和胡椒粉、少许沙拉油，将皮面向下放于扒炉上迅速扒至上色，放在烤盘中，烤至全熟后待用。

③分葱切碎，胡椒粒压碎；锅中加洋葱碎、胡椒碎、白葡萄酒和白酒醋，加热浓缩至汁干见底时，加布朗鸡肉沙司浓缩，将沙司过滤。

④仔鸡烤后剔去鸡骨，将芥末酱抹于鸡身上，再撒上少许面包粉，淋上烤鸡原汁，送入烤炉中再烤8～10分钟，至色泽金黄时，取出。

⑤仔鸡装盘，淋上沙司配炸土豆丝烤蘑菇、番茄等即成。

注意事项：

仔鸡烤制时间要把握好，一定要保证全熟。

2）串烧

串烧也是铁扒的一种，是指将加工成小块、片状的原料腌制后，用金属钎穿成串，放在铁板扒炉上，利用高温的辐射热或空间热量，使之达到所需火候的烹调方法。串烧的传热介质是热空气和金属，传热形式是热辐射与传导。

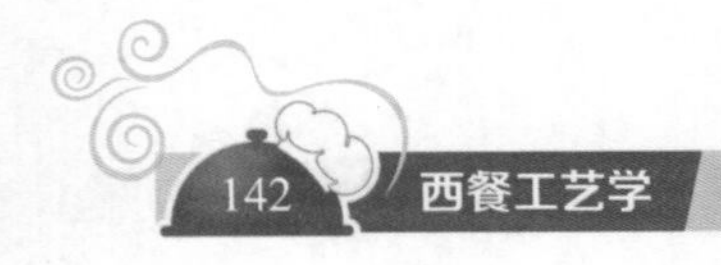

(1)友情提示

①串烧菜肴要求刀口均匀整齐，大小要尽量一致。

②串烧的原料烧炙前要腌制入味。

③串烧的原料不要穿得过紧，以便于加热。

④穿成串的原料应尽量平整，以便于均匀受热。

(2)适用范围

串烧是用较高温、短时间加热的烹调方法，所以适宜制作质地鲜嫩的原料，如鸡肉、羊肉、牛里脊肉、鸡肝及一些新鲜、鲜嫩的蔬菜等。

任务3 西餐肉类菜肴烹调程度测试

5.3.1 肉类烹调原理和方法

肉类烹调受烹调方法、烹调温度和烹调时间的影响。肉类原料在加热过程中，发生了一系列的变化，烹调程度也会随之改变，所以烹调时首先要选择合适的烹调方法。

采用干热烹调法加热后，容易在肉的表面形成硬壳及发生焦糖化作用使肉的风味改善。但同时，蛋白质凝固变硬会使肉的咀嚼性增强，肉的嫩度下降。一般情况下，高质量的嫩肉最适于使用干热烹调法烹调。如猪肉、牛肉、羊肉等肉类原料的脊背部分分别可以制作鲜嫩的烤猪排、烤牛排、烤羊排等。同时，热油烹调法主要适于肉质较嫩的肉类，否则高温加热，会使肉的嫩度大大下降。

采用湿热烹调法加热肉类则可以提高大量结缔组织的肉的嫩度，在较低温度下长时间进行湿热烹调，可使结缔组织中的胶原蛋白转变成明胶，改善肉类的嫩度。

从微波传热的原理可以看出，含水量多的肉类原料（相对嫩的肉类），在用微波烹调时，更容易成熟，也更容易保持肉类的原有嫩度。

5.3.2 描述肉类烹调程度的参数

评价肉类烹调效果的指标有质感（嫩度）、多汁性、风味、外观和出品率等，其中前4项是最主要也是最常用的，这4个指标受烹调温度和烹调时间的影响。温度与时间是肉类烹调中的两个相互关联的主要因素。

1)温度

肉块的中心温度是判断其成熟程度的一个重要参数，在西餐中通常要用专门的肉用温度计进行测量。肉用温度计有两个类型——直接型和间接型。直接型温度计的读书盘和探针直接连为一体，使用时将探针插至肉块的中心部位，只有靠近肉块才能看清读数盘上的指示温度；间接型温度计的读数盘和探针是分开的，二者之间通过电线相连，因此便于远距离的温度测量与控制。肉用温度计是唯一能准确判断肉块成熟度和测量肉、烤肉及大块厚肉排内部温度的指示器。

长时间的高温烹调，可以硬化肌纤维和结缔组织、汽化固有水分、消耗脂肪、引起肉块收缩。来自同一品种的外形、质量均相同的两块牛肉，在低温烤制时比高温烤制时更嫩、汁液更多、风味更好、产量更高。此外，低温烤制时脂肪不会大量溅开、不产烟，使得烤炉较干净、清洗方便。因此，一般推荐采用低温烹调，当然也不能排除一些特殊的烹调方法采用高温（如铁扒这一烹调方法，铁板的温度可达180～200 ℃）。

以上方法主要针对干热烹调法的菜肴，对于湿热烹调法的菜肴，烹调温度常常保持在100 ℃左右（采用高压锅烹调的例外），只有通过延长加热时间，才能达到软嫩的口感。如炖制牛肉常在100 ℃的条件下，慢火加热2小时左右，使牛肉口感酥烂、鲜美多汁。在烹调过程中，常常将叉子插进去试其抗压力如何，这是测试肉块成熟程度的相当可靠的办法。

2）时间

烹调时间是判定肉块成熟程度的另一个重要参数，不同烹调方法在烹调过程中所需时间的长短是不同的。高温烹调的烹法所需的时间一般比较短；低温烹调的烹法所需的时间一般比较长。

干热烹调法的烹调时间长短主要取决于下面几个因素。

（1）肉块的大小和质量

肉块越大，质量与体积之比越大，热传至肉的中心部位的距离越远，烹调所用的总时间就越多。所以，大块肉每千克所需的烹调时间通常比同类型的较小块肉所需的多，薄而宽的肉块每千克所需时间比同样质量的小而厚的肉块所需的少。

（2）肉中骨头的含量

由于骨头能够较快地将热量传导到肉块内部，因此等质量的无骨肋排肉所需烧烤时间比一般肋排要长一些。

（3）肉块表层脂肪的厚度

肉类表面的脂肪担任着隔热层的角色，大大延长了烹调时间。但是丰富的大理石花纹（即均匀分布的脂肪）可以缩短烹调时间，因为溶化的脂肪能够迅速地将热量传导到肉的各个部分。

（4）烹调的初始温度

室温放置的肉块比刚从冰箱中取出的肉块烹调起来更快。一般来说，冻肉所需的烹调时间是室温放置的肉的3倍，是刚从冰箱中取出的肉的2倍。因此，烹调前最好将冻肉先行解冻。

（5）烹调温度

温度高则烹调时间短，温度低则烹调时间长。

（6）肉块与热源的距离

肉块离热源的距离近，则温度高，烹调时间短；反之，则温度低，烹调时间长。

而湿热烹调法的烹调时间长短主要取决于以下两个因素。

（1）肉块的体积大小、质量多少

大块肉烹调时间长，小块肉则烹调时间短。质量大的肉块烹调时间长，质量小的肉块烹调时间短。

（2）肉块的固有嫩度

长时间的缓慢烹调可以嫩化肉块，因此嫩度较差的肉需在较低温度下加热很长时间，而具有一定嫩度的肉烹调时间可以短一些。

5.3.3 确定肉类烹调程度的方法

确定肉类烹调程度的方法有很多，常见的有测温法、计时法、辨色法、触摸法、品尝法等。但在实际菜肴制作过程中，常常结合几种方法同时判断，这样结果就更为准确。

1）测温法

烹调温度是影响菜肴嫩度的原因之一。在烹调过程中由于温度过高，特别是过了火候，肉质就会变老。其质感变化主要源于肉中肌原纤维蛋白的变性和蛋白质持水能力的变化。短时间加热，肉中的肌原纤维蛋白尚未变性，组织水分损失很少，所以肉质比较细嫩；加热过度，肌原纤维蛋白深度变性，肌纤维收缩脱水，造成肉质老而粗韧。因此，把握合适的烹调温度很重要。

西餐中对肉类的烹调温度有严格的规定，而且多用肉用温度计来测量食物的内部温度。这种科学的方法有助于找到口感要求与卫生安全的最佳温度契合点。

2）计时法

通过记录加热时间来确定肉类烹调程度，这是西餐中经常采用的方法，如烤牛肉时，每千克肉烧烤44分钟为生；每千克肉烧烤55分钟为半生半熟；每千克肉烧烤66分钟为熟透。煎牛排时，牛排肉块厚度为2.5厘米，与热源距离5厘米时，烧烤10分钟为生，烧烤14分钟为半生半熟，烧烤20分钟为熟透。

3）辨色法

西餐比较重视辨色法，因为这种方法比较直接，方便快捷而且实用效果好。在西餐中，判断肉类的烹调程度，只需在烹调过程中，观察切开的肉块中心的颜色，红色为生，粉红色为半生半熟，褐色为熟透。

4）触摸法

该方法是西餐中常用的方法。鉴定时，用大拇指和其他手指指端相互配合所产生的可感硬度来比较牛排及肉类的硬度和弹性，以判断不同的烹调程度。因为当拇指和其他手指捏在一起时，指端可以明显感知的硬度是不同的，拇指与食指捏在一起时的可感硬度为生；拇指与中指捏在一起时的可感硬度为半熟偏生；拇指与无名指捏在一起时的可感硬度为半生半熟；拇指与小指捏在一起时的可感硬度为熟透。

5）品尝法

品尝法在西餐中较为常见，通过品尝可切实感受肉类的老嫩与烹调程度。

任务4 西餐腌制工艺

西餐菜肴中的原料在烹调前，为了进一步去异增香，增添风味，就要先对原料进行调味或预处理，这是西餐中常见的原料腌制技术。

5.4.1 西餐腌制的定义

西餐腌制技术是指将加工好的大块或整块的肉类、禽类或海鲜原料，放入盆中，加入香料和专用的腌制酱料，经过浸泡腌制后，使原料增香、嫩滑、延长保存时间，以备烹制的半成品加工技术。

5.4.2 西餐腌制的作用

1）去异增香

在腌制的过程中，食物原料浸泡于腌制液体或油脂中，通过液体的渗透作用和扩散作用，去除原料自身的异味，增加独特的香味，使菜肴风格更加独特，这是西餐烹饪中常用的烹调方法。经过腌制的腌制料和腌制酱汁，既可以作为"浇锅底"的汤料，也可以用于沙司酱汁的制作，以保证西餐菜肴的原汁原味。

2）嫩化肉类原料的肌肉纤维结构

结缔组织中的胶原蛋白是肉类原料质感发硬的主要成分之一，所以通常胶原蛋白含量高的肉类，在烹调中的软化时间会更长。而经过腌制的肉类原料在烹制中，各种酸性物质扩散在肌肉组织中，烹调时会加速胶原蛋白的水解，从而进一步起到嫩化肉质的作用。因此，腌制肉类原料，有松软肉质的作用，进一步优化了成菜的口感。

3）延长半成品冷藏保鲜的时间

在原料的腌制过程中，酱汁内有各种酸性原料、酒类原料，如盐和酒醋等，另外还有油脂，能起到隔绝氧气的作用。所有腌制的原料要求在3 ℃的冷藏柜中冷藏保鲜备用，这样不仅降低了腐败变质的概率，也为厨师安排菜肴烹调工序创造了便利条件。

5.4.3 西餐腌制的类型

1）生料腌制

生料腌制是指将经过初加工的大块或整形肉类原料放入盆中，加入各种未煮制的香味蔬菜、特制香料和酒类调料，经过浸泡腌制后，以备烹制的半成品加工技术。主要用于畜肉类原料，有去异增香、软化肉质、延长保存时间的作用。

原料（以2 000毫升培根汁为例）：

洋葱100克，胡萝卜100克，红葱50克，西芹30克，大蒜2个，香料束1束，干白葡萄酒或干红葡萄酒1 500毫升，酒醋250毫升，干邑白兰地100毫升，色拉油50毫升，丁香、胡椒末、杜松子、盐适量。

制作方法：

①将洋葱、胡萝卜、红葱、西芹和大蒜去皮、洗净，切成小丁备用。

②先将一半的洋葱丁、胡萝卜丁、红葱丁、西芹丁、大蒜丁放入盆底，再放上肉类主料。

③在肉类主料表面均匀地铺满余下的洋葱丁、胡萝卜丁、红葱丁、西芹丁、大蒜丁，撒入盐、丁香、胡椒粉、杜松子、香料束等。

④倒入葡萄酒、干邑白兰地和酒醋等液体调料，将原料浸泡腌制备用。

⑤将盛有原料的培根盆用保鲜膜密封，送入3 ℃的恒温冷藏柜中，腌制冷藏备用。

技术要点：

①洋葱、胡萝卜、红葱、西芹和大蒜等量大，酒汁量足，要充分淹没肉类主料，以达到提味、增香的作用。

②传统腌制中，厨师喜欢用干白葡萄酒做培根汁；现代腌制中，更多厨师偏向用干红葡萄酒做培根汁，风味更浓郁。

③腌制过程中，不同原料加不同的香料。应注意添加原则，不能随意添加，否则会使香料之间风味相冲，影响成菜质量。

④相对来说，熟料腌制比生料腌制的应用范围小得多。因为熟料腌制主要用于肉质较老，异味较重的原料。

⑤现代西餐腌制中，常用“真空密封腌制法”腌制原料，效果最佳。方法是将原料放入真空密封袋中，加腌制料，进行真空冷藏腌制。这种方法的腌制时间只需传统腌制方法的三分之一，具有入味更均匀，操作更简便的特点。

加工特色：

①生料腌制适用于肉质鲜嫩的肉类，如牛肉、羊肉等。

②培根汁一般由干白葡萄酒或干红葡萄酒、酒醋、白兰地酒等酒类调料，胡萝卜、洋葱、红葱、西芹、大蒜、香叶、百里香等香味蔬菜料和胡椒末、丁香、杜松子等香料组成。

③原料浸入培根汁中，然后送入3 ℃的冷藏柜，通常冷藏腌制2 ~ 3天为佳。

④适用于烤制、煨制和烩制等烹调方法。

2）熟料腌制

熟料腌制是指将加工好的大块或整形肉类、禽类等原料，放入盆中，加入各种烹制出味后晾凉的香味蔬菜料、特制香料和液体调料等，浸泡腌制入味后，以备烹制的半成品加工技术。

原料（以2 000毫升培根汁为例）：

洋葱100克，胡萝卜100克，红葱50克，西芹30克，大蒜2个，香料束1束，干白葡萄酒或干红葡萄酒1 500毫升，酒醋250毫升，干邑白兰地100毫升，油50毫升，丁香、胡椒末、杜松子、盐适量。

制作方法：

①将洋葱、胡萝卜、红葱、西芹和大蒜去皮、洗净，切成小丁备用。

②将洋葱丁、胡萝卜丁、红葱丁、西芹丁、大蒜丁放入热油中炒香，呈金黄色。

③将葡萄酒、干邑白兰地和酒醋等倒入炒香的洋葱等蔬菜料中拌匀，撒入盐、丁香、胡椒末、杜松子、香料束等各种香料。

④将锅置于大火上煮沸，转小火保持微沸，浓缩30分钟，离火迅速冷却备用。

⑤将肉类主料放入盆中，倒入冷透的培根汁，淹没原料后，放少许油。

⑥将盛有原料的培根盆用保鲜膜密封，送入3 ℃的恒温冷藏柜中，腌制冷藏备用。

技术要点：

①洋葱、胡萝卜、红葱、西芹和大蒜等香味蔬菜只需炒香、上色即可，不可炒焦，否则影响腌制菜肴的风味。

②腌制料中不要忘记放盐和香料，以便充分入味。

③小火浓缩培根汁。若用大火浓缩，酒汁会被很快煮干，香料的香味未充分浸出，导致酒汁不足，无法淹没原料进行腌制。

④培根汁必须冷透才能使用。若培根汁未完全冷透，腌制时容易滋生细菌，影响卫生和品质。

⑤用于腌制的不锈钢盆应大小适中，便于充分淹没和浸泡主料。若培根汁不足，可以再加入一些冷透的培根汁补充。

加工特色：

①熟料腌制主要适用于整形、肉厚、肉质较老、异味较重的肉类原料。

②熟料腌制的培根汁与生料腌制类似，通常由干白葡萄酒或干红葡萄酒、酒醋、白兰地酒等酒类调料，胡萝卜、洋葱、红葱、西芹、大蒜、香叶、百里香等香味蔬菜料和胡椒末、丁香、杜松子等香料组成。不过熟料腌制的香味蔬菜料要提前炒香，晾凉后使用。

③把原料浸入培根汁中，然后送入3 ℃的冷藏柜，通常冷藏腌制2～3天为佳。

④适用于烤制、煨制和烩制等烹调方法。

3）快速腌制

快速腌制是指将加工好的小块肉类、禽类、内脏类、海鲜类和蔬菜类原料，放入盆中，加入柠檬片、沙拉油、特制香料和液体调料，浸泡腌制入味后，以备烹制的半成品加工技术。此方法的腌制时间较短，适应面广，常用于铁扒类、煎制类、炸类菜肴的腌制。

原料：

①铁扒肉类。如小羊排、特色肉扒、串烧类肉食原料，腌制料用沙拉油、香叶、百里香、大蒜；如鸡胸肉等原料，腌制料用沙拉油、柠檬汁、咖喱粉、红椒粉、藏红花、鼠尾草等。

②牛犊或羊羔的内脏类。如牛犊或羊羔的脑髓、脊髓、肠膜等原料，腌制料用沙拉油、柠檬汁、盐和胡椒粉。

③肉酱批类。腌制料用干邑白兰地、马德拉酒、波特酒、黑菌汁、什锦香料。

④铁扒海鲜鱼类。如龙利鱼、三文鱼块等原料，腌制料用沙拉油、柠檬片、茴香、罗勒、香叶、百里香、藏红花、莳萝、八角。

⑤铁扒虾蟹类。如小龙虾、大虾等原料，腌制料用沙拉油、柠檬片、香叶、百里香、什锦香草末。

⑥生腌海鱼类。如三文鱼片或块、鲷鱼等原料，腌制料用盐、细砂糖、橄榄油、莳萝、八角、柠檬汁。

⑦熟腌海鱼类。如鲱鱼等原料，腌制料用干白葡萄酒、酒醋、香料等。

制作方法：

①将柠檬切去两端，去净柠檬皮，将柠檬果肉切成圆片。将新鲜的香叶和百里香摘成小段备用。

②将柠檬片、香叶、百里香、沙拉油和其他香味蔬菜料和腌制料放入不锈钢盘中拌匀。

③放入要腌制的肉类原料，拌匀腌制，冷藏保鲜备用。

技术要点：

①应该沥干要腌制主料的水分，否则影响腌制效果。

②切去柠檬皮时，要求柠檬果肉上不带白色的内瓤，否则有苦涩味。柠檬果肉切成薄片，便于出味。

③制作培根汁时，不用加太多油浸泡，只需加适量油没过原料底部即可，保持口味清爽。

④快速腌制法一般选用花生油或葵花油做腌制料，也可以用品质更佳的橄榄油。

⑤快速腌制时，一般不提倡提前加盐调味，以免损失过多的肉汁，影响风味。

⑥也可以用真空低温腌制，效果更佳。

加工特色：

腌制时间根据品种不同有所区别。肉酱批类原料、蔬菜和熟腌海鱼等需要长时间腌制（2～3小时）；小块肉类、肉扒、肉排等需要较短时间腌制（5～10分钟）。

任务5　烹调临灶基本要求

烹调操作是一项繁重的体力劳动，同时又是一项复杂细致的技术工作。由于菜肴品种繁多，操作中要掌握火候和调味的多种变化，因此，这项工作的大部分操作很难用机械设备代替，包括在一些较先进国家，烹调操作也以手工操作为主，这就要求从事烹调工作的专业技术人员必须掌握扎实的基本功，以适应这项既繁重又复杂的工作。

1）临灶操作的姿势和要求

临灶操作时，一般是左手握煎盘把或锅柄，右手握铲或叉等工具。面向炉灶，身体立直，上身略前倾，但不要弯腰屈背，两脚成八字步站稳，全身肌肉放松，不要紧张、僵硬，双眼目视煎盘中菜肴的变化，双手自然配合，动作敏捷、干净、利落。

操作时要求精神集中，衣帽整洁，穿戴整齐，并随时注意炉灶周围的卫生状况，随时清理干净。

以下以煎盘的使用为例，说明临灶操作的基本要求。

2）煎盘的使用技能

煎盘是西餐烹调中的主要工具，熟练地掌握煎盘的使用方法是西餐烹调的主要基本功之一。

（1）煎盘握法

煎盘握法一般是左手握住煎盘把的上部，掌心朝上，五指自然合拢，要求握稳、握紧，但不能握死。

（2）小翻

动作要领：煎盘端平稳，先往前送出，使菜肴借助惯性滑到煎盘的前端，然后，将煎盘略微上扬，以使菜肴不滑出煎盘，与此同时，将煎盘向后一拉，使菜肴翻转过来。

小翻每次约翻动原料的一半，操作时一般连续翻动。

（3）大翻

动作要领：将煎盘端起，如盘中菜肴较多，可双手握煎盘，往上斜举45°～70°，借助惯性将菜肴翻起，使菜肴整体翻转过来。然后，将煎盘缓慢下落，使翻转的菜肴轻落于煎盘中。

大翻也是临灶操作中较常使用的煎盘翻锅操作技法，适宜翻动量大的菜肴。此操作方法一般不连续使用。

（4）拉翻

拉翻是一种方便的操作方法，适宜翻动小量的菜肴。

动作要领：将煎盘放在炉灶上，抬起煎盘斜成45°。先往前送出，再往后一拉，拉的同时将煎盘把稍往下压，使菜肴翻转过来。

拉翻一次约翻动菜肴的一半，操作时要连续翻动。

（5）转动

煎盘的转动广泛用于各种煎制菜肴。

动作要领：用拇指与其余四指拢住煎盘把，但五指并不合拢。使煎盘在手指中间有活动空间，然后快速将煎盘向左转动，再迅速拉回使菜肴借助惯性在煎盘内转动。

操作时应视火候的情况掌握转动次数。

（6）抖动

煎盘的抖动适用于炸或烩制带有液体的菜肴。

动作要领：利用手腕将煎盘不断向左转动，使煎盘中带有液体的菜肴借助惯性随之转动。操作中要视火候的情况掌握抖动的频率。

[思考题]

1. 简述烹调过程中的热传递。
2. 举例说明西餐常用烹调方法的应用。
3. 简述西餐肉类菜肴烹调程度测试方法。
4. 简述西餐腌制工艺的方法。
5. 简述烹调临灶基本要求。

单元6 西餐冷菜工艺

【知识目标】

1. 了解冷菜的特点；
2. 熟悉冷菜制作的注意事项；
3. 了解开胃菜的分类；
4. 熟悉沙拉的组成。

【能力目标】

1. 掌握冷菜的制作特点；
2. 熟练掌握开胃菜的制作方法；
3. 熟练掌握沙拉的制作方法。

本单元主要对西餐冷菜中的开胃菜和沙拉的生产原理与工艺进行总结和阐述，包括开胃冷菜、开胃热菜、沙拉和沙拉汁生产原理与工艺。通过本单元的学习，可掌握各种开胃菜的组成与制作程序、沙拉种类和沙拉制作实例，掌握各种沙拉汁的制作方法。

任务1 冷菜概述

冷菜是西餐菜肴的重要组成部分之一，它的概念有广义和狭义之分。广义上，冷菜是指热菜冷吃或生冷食用的所有西式菜肴，包括开胃菜、沙拉、冷肉类。狭义上，冷菜是指在宴席上主要起开胃作用的一些沙拉、冷肉类等西式菜肴。一般在西式宴席中，冷菜是第一道菜，能起到开胃的作用，甚至在西方一些国家，冷菜还可作为一餐的主食。同时，在西方，为庆祝或纪念一些活动，人们还常常举办一些以冷菜为主的冷餐会、鸡尾酒会等。冷菜在西方餐饮中的位置越来越重要。

6.1.1 冷菜的特点

冷菜具有味美爽口、清凉不腻、制法精细、点缀漂亮、种类繁多、营养丰富的特点。

冷菜制作在西餐中是一种专门的烹调技术，其花样繁多，讲究拼摆艺术，在夏季以及气候炎热的地带，一些制作精细的冷菜，能使人有清凉爽快的感觉，并能刺激食欲。

属于冷菜类的有沙拉、开胃小吃、各种冷肉类等，往往选用蔬菜、鱼、虾、鸡、鸭、肉等做成，含有很高的营养价值，其中火腿、奶酪、鱼子、烹制的鱼类及家禽、野禽等都含有大量的蛋白质，而各种沙拉和冷菜的配菜，如番茄、生菜、草莓和其他新鲜的蔬菜水果等又是维生素、矿物质和有机酸的主要来源。

1）调味的特点

冷菜要比一般热菜的口味稍重一些，并具有一定的刺激性，这样有利于刺激人的味蕾，增进食欲。调味上主要突出酸、辣、咸、甜、烟熏味等。有些海鲜是生吃的，如红鱼子、黑鱼子、牡蛎、鲑鱼、鲟鱼、鲱鱼等，还有部分火腿和香肠也是生吃的。

2）加工的特点

切配精细、布局整齐、荤素搭配适当、色调美观大方。一般热菜是先切配后烹调，而冷菜则是先烹调后切配。切配时要根据原料的性质灵活运用，落刀的轻重缓急要有分寸，

下刀的速度也要慢一点。

3）装盘的特点

摆正主料和辅料的关系，不要喧宾夺主。上宴会的冷菜还可以用蔬菜做成的花等作为点缀品，但不可将菜肴装出盘沿，或者把卤汁溅到边上。另外，根据冷菜的具体特点配用适当的盛器。

4）制作时间的特点

冷菜制作一般不同于热菜，热菜要求现场制作，以供客人趁热食用。而各种冷菜一般都是提前制作，以便冷却后供客人食用。其供应迅速，携带方便，也可供人们享受快餐或旅游野餐时食用。

6.1.2 冷菜的分类

1）冷菜的原料和调料的分类

要做好西餐中冷菜的烹调工作，首先应注意原料的选用。生制原料中，肉类、鱼类、禽类等，总会有肥有瘦、有老有嫩、有好有坏，哪些部位适用于煎、炸、烧，哪些部位适用于煮、烩、焖、烤等，都应加以选择；熟制原料中，哪些宴会适合选用哪些原料，哪些季节适合选用哪些原料，以及信仰等因素都会影响熟制原料的选择。所以，掌握冷菜原料及调料的分类就是做好菜肴的前提，只有这样才能达到合理使用的效果。

①生制原料。猪肉可选通脊、里脊、后腿、前腿、前肘、奶脯、血脖、头、尾、前蹄、后蹄等多个部位；牛肉可选里脊、外脊、上脑、米龙、和尚头、黄瓜肉、肋条、前腿、胸口、后腱子、前腱子、脖肉、头、尾等多个部位；羊肉可选后腿、前腿、前腱子、后腱子、上脑、肋扇、头、尾、脖肉等多个部位；贝壳类可选用蛤蜊、牡蛎、虾仁、蟹肉、明虾和龙虾等多种原料；素沙拉类可选用什锦沙拉、土豆、番茄、黄瓜、洋葱及各种豆类沙拉等；水果沙拉类可选用苹果、香蕉、文旦、橘子和梨等；蔬菜可选生菜、紫菜头、土豆、芹菜、胡萝卜、西蓝花、包菜、洋葱、百合、青红辣椒等。

②熟制原料。烟熏类原料可选用烟鲳鱼、烟鲑鱼、烟黄鱼、烟鳗鱼、烟猪扒、烟牛舌、培根及各种烟肠等多种原料；肠类原料可选用熟制的血肠、茶肠、乳酪肠、鸡卷等多种原料。

熟制塞肉类可选用黄瓜塞肉、青椒塞肉、洋葱塞肉、茄子塞肉、蘑菇塞肉；酸味类原料可选用熟制的酸味鱼块、酸烩虾球、咖喱鱼条、酸烩蘑菇、酸烩蟹肉和酸烩菜条等；开面类原料可选用咖喱鸡饺、沙生治罗尔、忌司得仔、炸什锦哈斗、明治鸡桂仔等；罐头类可选用沙丁鱼、大马哈鱼、鲱鱼卷、金枪鱼、芦笋、百合、鹅肝、蟹肉、鱼子、红辣椒、鲍鱼、黑蘑菇、甜酸葱头、橄榄等。

2）其他分类方法

按原料性质分，可分为蔬菜冷菜、荤菜冷菜。

按盛装的器皿分，可分为杯装冷菜、盘装冷菜、盆装冷菜。

按加工方法分，可分为热制冷吃类冷菜、冷制冷吃类冷菜、生吃冷菜。

按制作过程分，可分为开那批开胃菜、鸡尾杯类开胃菜、鱼子酱开胃菜、肝批类开胃菜、各种沙拉、胶冻类冷菜、冷肉类冷菜、蔬菜类冷菜、泥酱类冷菜及其他类冷菜。

6.1.3 冷菜的准备

在西式冷菜制作过程中，往往事先将大量的生、熟原料准备好，以便于冷菜的制作，在操作实践中，新鲜蔬菜、素沙拉以及冷肉的制品尤为重要。

新鲜蔬菜和素沙拉的加工准备。素沙拉一般用蔬菜加工居多，先把土豆、胡萝卜、紫菜头等洗干净，带皮煮熟，等冷却后剥去皮，切开分别放在盘或盆内，置于－2～0 ℃的冰箱内存放备用。

生蔬菜的加工应在专设的生菜加工间，选择新鲜生菜、番茄、黄瓜等洗净，选好芹菜并剥筋洗净，存放于2～4 ℃的凉爽处，制作前再用开水进行消毒处理，以确保卫生无污染。原料根据制作的需要加工成丝、片、丁等形状备用。

冷菜加工间所用的成品或半成品，都要在使用前做好加工准备，上桌时只是切配和艺术加工的过程。因此，要求对每天用于各种煮、烤、熏制等制作的火腿或者肠类，在使用前用干净的干毛巾将肠类擦干净，解除扎绳，剥去外皮，分类放在盘内；火腿则要剥皮，去掉肥膘，切去熏黑的部分，切成两半或四块置于0 ℃的冰箱内存放备用。

对于存放在冰箱内的熏制鱼类食品，如鳇鱼、鲈鱼等，使用前要进行初步加工处理，去掉头、皮、骨等备用。

此外，还应注意各种食品冷却后，及时放入温度适宜的冰箱内冷藏，在冷藏保管时要达到凉而不冻的效果，以保证冷菜的品质不受影响。一般情况下，素沙拉和冷肉类原料在冷藏时要注意以下事项：新鲜的蔬菜应存放在0～4 ℃的环境中；拌好待用的素沙拉应存放在2～6 ℃的环境中；配制好待用的各种沙拉应存放在8～10 ℃的环境中，并且存放时间不得超过两个小时。

煮、烤、熏制的各种肉类食品待冷却后一般要存放在0 ℃的环境中，如冷却过度，会使冷肉类食品因结冰导致肉内结合水减少，在食用时又因解冻使其渗出过多的水分，进而使肉的质感松软粗糙，极大影响肉的美味。如存放环境温度过高，则容易使肉内微生物迅速大量繁殖，迅速腐烂变质，进一步缩短存放的时间。

6.1.4 冷菜制作的注意事项

1）卫生方面

卫生安全是食品生产的首要问题，尤其是冷菜制作，更要注意卫生。因为冷菜具有不再高温烹调、直接入口的特点，所以从制作到拼摆、装盘的每一个环节都必须注意清洁卫生，严防有害物质的污染。

①原料卫生。冷菜的选料一般比热菜讲究，各种蔬菜、海鲜、禽类、肉类等均要求质地新鲜，外形完好。对于生食的原料还要进行消毒。

②用具卫生。在冷菜制作过程中，凡接触冷菜的所有用具、用器，都要特别小心。尤其是刀、砧板、盛器要消毒，要生熟分开。抹布洗净后要用碱水煮，手要反复用消毒水、清水洗净。

③环境卫生。这主要指冷菜间和冰箱的卫生。冷菜间要清洁、无蝇、无臭虫、无蟑螂和蜘蛛网等，要装紫外线消毒灯。冰箱要清洁无异味。

④装盘卫生。餐具要高温消毒，装盘过程中尽量避免接触食品原料。不是立即食用的，装盘后要用保鲜膜封好放入冰箱。

2）调味方面

冷菜多数作为开胃菜，因此在调味上比热菜重一些，要呈现比较突出的酸、甜、辣、咸等富有刺激性的味道。口感上侧重脆、生的特点，以求达到爽口开胃、刺激食欲的效果。

3）刀工方面

冷菜的刀工基本要求是光洁和整齐划一。要求切配精细、拼摆整齐、造型美观、色调和谐，给人以美的享受。如动物性原料下刀要轻，要慢。冷菜加工多用锯切法，以保证刀面光洁、成形完整且形状规格一致。

4）装盘方面

冷菜的装盘要求造型美观大方，色调高雅和谐，主次分明。可适当点缀，但不宜繁杂。注意盘边卫生，不可有油渍、水渍。成品要有美感。制作好的冷菜要凉至5～8 ℃，切配后立即食用，食用时的温度以10～12 ℃为宜。

6.1.5 冷菜的拼摆

1）冷菜的拼摆

冷菜拼摆，就是常说的冷菜拼盘，所谓拼摆就是将烹制晾凉的熟食，经过设计、构思、精心配制、切配造型而成的艺术性较高的菜肴。同时，拼摆制作水平的高低，是衡量烹调技艺的重要标准，因此，在拼摆制作中要靠西餐厨师的智慧、经验、技巧等，进行巧妙的构思、精心的搭配。一个出色的西餐厨师，可以根据不同的宴会、不同的原料、不同的季节，拼制出各种不同的冷盘，给宾客带来美的享受。因此，冷菜拼摆在宴会中占有非常重要的地位。

冷菜大多为第一道或第二道菜，因此，在制作冷菜拼摆时应做到菜品质量高，味道好，装饰美观，尤其是供隆重的宴会用的冷菜。为了使冷菜装饰美观，冷菜的配菜常使用颜色鲜艳的原材料。如番茄、红萝卜、胡萝卜、生菜、芹菜、豌豆等常用作冷菜的装饰品。配制冷菜时为了更好地衬托拼摆的艺术性，使用器皿应选择图案花纹新颖、式样美观的各种形状的陶瓷器皿、银制器皿和精制的玻璃器皿，以增加冷菜的色彩，达到色、香、味、形、器俱佳的完美效果。

冷菜在加工处理上与一般菜肴不同，一般菜肴是先切配后烹调，操作对象是生料，而冷菜则是先烹调后切配，操作对象是熟料，而生料的切配是原料的加工过程，熟料的切配是成品装配过程。因此，拼盘的要求比较严格，切配既要精细，又要目测手量尺寸，成片一律、切块相同、长短适度、厚薄均匀，无论西式冷菜拼摆什么造型，都必须根据原料的自然形态，加工处理成片、条、丝、段等不同的形态，考虑如何拼摆使用。

制作冷菜拼摆的第一个步骤往往是设计与命名，根据名称确定原料和表现手法，同时考虑宴会场合、客人身份、标准高低、季节特点、民族习惯、宗教信仰等来设计图案，其中重点是注意避免宾客忌讳的形象及食品。

制作冷菜拼摆的第二个步骤是先画一个草图，考虑原料的选择是否能发挥出设计效果，要使拼摆既能体现出布局适当、色调和谐、生动逼真、形态优美等特点，又要口味搭

配得当，富于营养，符合卫生要求。在设计过程中应注意不能单纯追求形式美，忽视花色造型的特色，要使两者兼顾，达到色、香、味、形、器俱佳的目的。

制作冷菜拼摆的第三个步骤是烹调，烹制也是为装盘作准备的一项工序，而拼摆原料的烹制则有更高的要求，一般要尽量保持原料的形态完整，使原料颜色符合拼摆的要求，尽量保持原料的本色，用色素时要严格执行食品卫生法规定的标准，除衬托点缀的特殊情况，不用生料装盘。冷菜原料的烹制一般用烤、煎、熏、拌、焖、泡等技法，同时还可用些罐头食品和熟食品等，如火腿、烤肠、鱼子、奶酪等。在口味上尽量达到干、香、脆、嫩、无汁、少腻、香鲜、爽口等。

制作冷菜拼摆的第四个步骤是装盘与拼摆。器皿选择应该根据拼盘名称、色泽、形态大小、成品数量为准，美观适宜，原料和盛器的色泽要协调，讲究造型的拼摆盛器要大些。器皿过小，虽然丰富实惠，却显得臃肿笨拙，过大则会显得干瘪单薄。在正式装盘时，一般要先用小的原料或素沙拉垫底。垫底是为了便于掌握形态，底垫得好，形态就逼真美观。

2）冷菜拼摆的注意事项

①做到拼摆前就有对整体图案的构思，胸有成竹。

②拼摆前对事先制成的成品质量进行把关，检查冷菜的口味，确保拼摆原料的质量。

③做好切配加工所需的各种设备、用具的消毒工作，从源头制止病原微生物的侵入。

④在拼摆时要按照宴会或个体菜肴的主题需要对冷菜花色、荤素等进行搭配，做到突出主题，按需拼摆。

⑤切配加工过程中，做到粗细有致，均匀有度，拼摆装饰美观大方，富有一定的艺术性。

总之，冷菜拼摆时，厨师不但要兼顾色、香、味、形、器及营养等方面，而且还要具备娴熟的切配、烹调技术和审美、营养卫生等方面的知识，才能做出理想的拼盘来。

6.1.6 冷菜的装盘

冷菜的装盘是衡量冷菜质量的重要标准之一。众所周知，菜肴的色、香、味、形是衡量菜肴质量的四大要素，而冷菜的装盘充分地体现了视觉的艺术性。冷菜装盘也是食品展示中要求最严格的一种。特别是专门用来展示的冷盘，要求更高的准确性、更好的耐心和良好的艺术性。

冷盘既包括简单的冷菜切片，也包括精心构造的以肉冻、块菌或蔬菜装饰的馅饼、肉、禽和鱼等。

西餐冷菜的装盘灵活性较大，并没有太多的固定模式，但一个富有经验的冷菜厨师可以根据不同的主题、不同的材料、不同的季节等，搭配出各种风格迥异、色调和谐、样式典雅的装盘，以烘托就餐的气氛，提高顾客的食欲。冷菜的装盘所起的作用往往要超过烹调所造成的效果。

1）冷菜装盘的基本要求

（1）清洁卫生

冷菜装盘后都是直接供顾客食用的，因此菜肴的清洁卫生就特别重要。冷菜装盘时应避免与任何生鱼、生肉等接触，即使是直接装盘的蔬菜也必须经过消毒处理。此外装盘所使用的刀具、器皿等也要经过消毒处理，以防污染。

（2）刀工简洁

西餐冷菜的装盘在刀工处理上要注意简洁。刀工处理不但可以节省时间，更重要的是能保持菜肴的清洁卫生。此外，还应尽可能利用原料的自然形状进行刀工处理，以避免过多的精雕细刻。

（3）式样典雅

西式冷菜大多是作为全餐的第一道菜，因此其装盘形状美观与否将会直接影响顾客的食欲。在装盘的式样上要力求自然典雅、美观大方，另外装盘的式样还要考虑顾客的身份、季节特点、宗教信仰、民俗习惯等。

（4）色调和谐

冷菜装盘时在色调上如果处理得好，不仅有助于形状美，而且更能显示其内容的丰富、色彩搭配的协调，会给人一种清新、自然、和谐的感觉和美的享受。

此外，冷菜在装盘时还应重视对器皿的选择，要根据菜肴的色泽、形态、规格等来选择器皿，以使其与菜肴的色彩、形态达到和谐、统一。

2）冷菜装盘的基本原则

①餐盘摆放的三个要素。中心装饰品或大块的食品可以是一整块未切过的食品，如派或冷烤肉，整个装饰或摆放；也可以是一个既分开又互相相关的食品，如一盘有肉冻的碎鲑鱼片盘子里的装饰成形的鲑鱼甜点。简单时，它可以是一碗或一盘（一种椭圆形的开胃小菜）沙司或调料，也可以是一件精美的装饰品，如一个黄油的雕塑或插有蔬菜花的南瓜花瓶。不管这件中心装饰品是否要被食用，都应当以可食性材料制成。应艺术性地摆放主要食品的切块或切片。装饰品应按切片的比例艺术性摆放。

②食品的摆放应易于处理和上菜，这样当一部分被取走时，不会影响其他部分的摆放。

③简单的设计是最佳的。简单的设计容易上菜，且比过分装饰的食品更吸引人，同时在被客人取用一半时仍可保持其吸引力。简单的摆放可能是最难制作的，每一件都应很完美，因为很少有其他装饰去吸引客人的注意力。

④有吸引力的冷盘可以采用银器或其他金属、镜子、瓷器、塑料、木器或其他材料，只要这种材料是像样的并适于盛装食物。如果金属盘可能会褪色或使食品带上金属味，则应在摆放食品前先铺一层薄肉冻。

⑤一旦有食物触到了盘子，就不要再把它移开。闪亮的银盘或镜盘很容易弄脏，若弄脏了就得洗干净重新开始。这也体现了事先计划的重要性。

⑥将冷盘看成整个餐台的一部分。冷盘和桌上的其他物品一起，都应看起来有吸引力。冷盘应该总是从一个角度来摆放，也就是将它放在餐台上的适当位置。

3）冷菜的装盘方法

（1）沙拉的装盘

沙拉的装盘并没有一定的规格，但要讲究色彩配合的协调与器皿搭配的和谐。总的原则就是使食物易于食用、易于拿取，给人以美的享受。沙拉的装盘一般有以下几种方式：

①分格装盘。适用于不同风味、不同味道的原料，多用于自助餐、冷餐酒会等。还可视其需要配以碎冰，以保持沙拉的清新、爽洁，诱人食欲。

②圆形装盘。一般是在沙拉盘内先垫上生菜叶等围边作装饰，然后将调制好的沙拉放在中间，堆码成丘状，使菜肴整体造型生动美观。

③混合装盘。主要用于不同颜色及多种原料调制的沙拉的装盘。装盘时要注意色泽的搭配、造型的美观。这类沙拉的调味汁一般多选用色浅、较淡、较稀的醋油汁或法国汁等，以保持原料原有的色泽和形态。

（2）其他冷菜的装盘

西餐冷菜种类繁多，装盘方法也是多种多样，通常有以下几种装盘方式：

①平面式装盘。即将各种冷菜，如批类、冷肉类、胶冻类等经不同刀工处理后，平放于盘内。

②立体式装盘。主要用于高档冷菜的装盘。一般是将完整的禽类、鱼类、龙虾及其他大块肉类原料等，通过厨师的构思、设计和想象装摆成各式各样的造型，再用其他装饰物搭配成高低有序、层次错落、豪华艳丽的立体式装盘。

③放射状装盘。主要是用于自助餐、冷餐酒会及高级宴会的大型冷盘的装盘。一般是用冰雕、黄油雕及大型禽类或酱汁等为主体，周围呈放射状装摆上各种冷菜。装摆时应注意各种冷菜原料色泽、造型之间的搭配。

4）摆盘设计

①事先计划。最好事先勾画一幅草图，否则当已经把食品摆在餐盘上时，才突然发现因为没有把它们摆在所希望的地方，所以必须从头开始，结果便是浪费时间和重复地处理食品。

一个勾画草图的方法便是把餐盘分成6或8等份。有了这样的空间标记来指导，就可以避免食品的摆放偏重一侧或弯弯曲曲。按照勾画的草图来设计一个平衡、对称的构图总是比较简单。

②使设计带运动感。这并不是说要把食品堆在小轮子上，而是说设计应使人们的视线随着设计的线条在餐盘中运动。大多数拼盘都包括一小部分排列成线或列的食品。这种小技巧可以通过把线排成弯曲的或成角度的，而使其具有运动感。一般来说，曲线和角度是具有运动感的，而方形则没有。

③使设计具有焦点。这是中心装饰品的功能。它通过给出方向和高度来强调和加强设计的效果。这可以通过使所有的线都汇集到一点来直接表达，也可以使所有的角度都朝向中心装饰品，或以优雅的曲线包围它来巧妙地表达。

注意，中心装饰品并不一定在中心，它可以置放在后面或侧面，这样就不会挡住其他食品。应从顾客的角度来设计摆盘。并非餐台上的每个餐盘都要有中心装饰品。但有一些必须要有，否则餐台就会缺乏高度或视觉效果。

④各种食品应成比例。餐盘中的主要食品——肉片、派或其他东西——应当让顾客一眼就能看出它是主要食品。中心装饰品不应太大或太高，不占据整个餐盘。装饰品在大小、高度或数量上都不应该掩盖主要食品。装饰品的数量应与主要食品的数量成比例。

餐盘的大小应同食品数量的多少成比例。不要选择一个过小的餐盘，使食品都挤在一起，或选择一个过大的餐盘，显得过于空荡。在食品之间或各排之间应保持足够的距离，就不会使餐盘看起来比较混乱。设计主菜的装饰品的位置时，注意怎样利用切片的食物，来使装饰品起到反映或加强设计风格的作用。

⑤将最好的一面呈现给顾客。将三角形重叠的切片和楔形切片朝向客人，并保证每个切片最好的一面朝上。

任务2 开胃菜

6.2.1 开胃菜概述

开胃菜，又称头盆、餐前小吃、鸡尾小吃等，是用各种调味的熟肉、鱼类、虾和沙拉等作为全餐的第一道菜肴或进食鸡尾酒时的小吃。

1）开胃菜的特点

①色调和谐，造型美观，赏心悦目，诱人食欲。

②块小，易食，开胃爽口，增加食欲。

③含有丰富的刺激性成分。

④热开胃菜必须是滚烫的。

⑤冷开胃菜必须经过冷藏。

2）开胃菜的分类

开胃菜用途广泛，形式多样，根据其性质和种类的不同一般分为：单一的冷食品种类（如烟三文鱼、肉酱、甜瓜）、精选的调味什锦冷盆、调味的热头盆三类。

在某些国家，开胃菜被分为5种基础种类。

（1）鸡尾头盆

鸡尾头盆作为全餐的第一道菜，通常以海鲜、肉类、水果及果汁等为主。一般来说，各种果汁都应冷冻后才能上桌，如海鲜头盆、水果头盆等。

（2）什锦沙拉 / 什锦头盆

什锦沙拉或称什锦头盆也是作为全餐的第一道菜，通常由多种食物混合调味制成，放于分格的盘内，包括各种酸菜、腌鱼、烟藩鱼、酿馅鸡蛋等。

（3）餐前小吃

餐前小吃是一种特殊的开胃菜，经常是在正餐之前食用，作为餐前的开胃小吃。有时也作为鸡尾酒会、冷餐酒会的食品，以助酒精饮品的消化吸收。餐前小吃冷热皆可，但热的必须滚烫，冷的必须要冷藏。餐前小吃上桌时，形状要小，以便能够用牙签或小肉叉食用。

餐前开胃小吃，并无固定菜式，任何腌制的海鲜、肉类及果蔬皆可，如油浸小银鱼、油浸沙丁鱼、油浸金枪鱼、鲜牡蛎、烟牡蛎、虾、蟹、腌甜椒、酸菜花、酸洋葱、鱼子酱，各种香肠、火腿、腌肉、腌鱼、青橄榄、酿橄榄、肉丸、肉酱及各种奶酪制品等。

（4）鸡尾小吃

鸡尾小吃或称伴酒小吃，也是一种特殊的开胃品种类，经常是在正餐前食用，有时也作为鸡尾酒会上的食品，以助酒精饮料消化。

鸡尾小吃是一种小型的、半开放式的三明治，基本上和餐前小吃一样，区别在于鸡尾小吃有一个用面包、托司、酥饼、奶酪等制作的底托，将烟三文鱼、小银鱼、鱼子酱、各种冷热奶酪、冷热肉类和鱼类、奶制品等放于底托上。

（5）酸果、泡菜

酸果、泡菜是指用各种香料等腌制的瓜果、蔬菜，如各种腌制的萝卜片、胡萝卜卷、蔬菜条、酿橄榄、青橄榄、泡菜等。

3）开胃菜的制作工艺要点

①制作开胃菜应该接近营业时间，这样可以保持开胃菜的颜色、味道和新鲜，使原料鲜嫩、酥脆、干燥。

②选择开胃菜的原料时，应考虑它们的味道、颜色、质地，使原料能协调地搭配在一起。

③开胃菜既要讲究造型，又不能过分地装饰，应当使它们大方、朴素、有艺术性。

④开胃菜的温度控制很重要，热菜应当是很烫的，冷菜应当是凉爽的。注意开胃菜的卫生控制，保持开胃菜的味道清新。

⑤严格掌握开胃菜的生产量。

6.2.2 开胃冷菜制作

开胃冷菜在开胃菜中所占的比例很大，种类很多，其中较常应用的有以下品种。

1）肉酱类

肉酱，是指用脂肪炼制的各种肉类原料的肉糜。常见的有鹅肝酱、鸡肝酱、猪肉酱、兔肉酱等。

鹅肝酱

原料配方：

鹅肝1 000克，鹅油600克，鲜奶油150克，雪利酒100克，洋葱50克，香叶2片，百里香、豆蔻粉、盐、胡椒粉、基础汤适量。

制作步骤：

①鹅肝去筋、去胆及去其他杂质，洗净切块。洋葱切块。

②用部分鹅油将洋葱炒香，加入鹅肝，稍炒，待鹅肝表面变硬，放入焖锅内。

③再加入雪利酒、香叶、百里香、豆蔻粉、盐、胡椒粉及少量的基础汤，小火将鹅肝焖熟。

④取出鹅肝，晾凉，用绞肉机绞细，过细筛，滤去粗质。

⑤余下的鹅油加热溶化，稍晾。

⑥将温热的鹅油逐渐加入鹅肝泥中（边搅拌边加入），待鹅油冷却凝结后，再加入鲜奶油，搅拌均匀。

⑦将鹅肝酱放入模具内，表面浇上一层溶化的黄油，放入冰箱冷藏即可。

质量标准：色泽浅棕色，细腻肥润，鲜香微咸。

猪肉酱

原料配方：

猪肉（硬肋）600克，培根200克，猪油200克，干白葡萄酒100克，白色基础汤250克，洋葱50克，胡萝卜50克，大蒜25克，香叶2片，百里香、盐、胡椒粉适量。

制作步骤:

①将猪肉切成大块，洋葱、胡萝卜切成片。

②用部分猪油将培根炒香，加入猪肉块，大火将猪肉块四周煎上色，放入焖锅内。

③再加入洋葱、胡萝卜、大蒜、香叶、百里香、盐、胡椒粉、葡萄酒和基础汤。

④将焖锅加盖，将猪肉放入180 ℃的烤箱内，焖至猪肉成熟软烂。

⑤将猪肉、培根取出，晾凉。

⑥锅内汤汁过滤。

⑦将焖熟的猪肉、培根用绞肉机绞细，并逐渐加入过滤后的原汁、盐、胡椒粉调味，搅拌均匀。

⑧将肉酱放入模具内，表面浇上余下的猪油，放入冰箱冷藏即可。

质量标准：色泽淡红，细腻肥润，鲜香微咸。

2）批类

“批”是指各种用模具制成的冷菜，主要有三种：将各种熟制后的肉类、肝脏绞碎，放入奶油、白兰地酒或葡萄酒、香料和调味品搅成泥状，入模冷冻成形后切片的，如鹅肝酱；各种生肉、肝脏经绞碎、调味（或加入一部分蔬菜丁或未绞碎的肝脏小丁）、装模烤熟、冷却后切片的，如野味批；在熟制的海鲜、肉类、调色蔬菜中加入明胶汁、调味品，入模冷却凝固后切片的，如鱼冻、胶冻等。

批类开胃菜在原料选择上比较广泛，一般情况下，禽类、肉类、鱼虾类、蔬菜类及动物内脏均可。在制作过程中，由于考虑到热制冷吃的需要，往往要选择一些质地较嫩的部位。批类开胃菜适用的范围极广，既可用于正规宴会，也可用于一般家庭制作。

小牛肉火腿批

原料配方:

小牛肉800克，烟熏火腿650克，肉批面团300克，胶冻汁500克，冬葱头100克，盐10克，胡椒粉2克，黄油50克，白兰地酒50克。

制作步骤:

①把小牛肉切成薄片，加入盐、胡椒粉、白兰地酒腌制入味备用。

②在长方形模具中刷一层油，再把3/4的面团擀成薄片，放入模具中。

③把火腿切成片，与小牛肉片相间叠放在模具内，同时把冬葱末炒香放入火腿和小牛肉之间；把余下的面团也擀成薄片盖在火腿上，并捏上图案，再刷上一层蛋液，放入175 ℃烤箱中烤至成熟上色取出。

④肉批冷却后，在上面扎一小孔，把胶冻汁灌入，放入冰箱内冷却。

⑤上菜时把肉批扣出，切成厚片装盘，点缀即可。

质量标准：外皮金黄，肉显棕褐色，浓香微咸。

皇室蔬菜批

原料配方:

嫩扁豆200克，胡萝卜200克，嫩西葫芦150克，西蓝花250克，菜花150克，奶油200克，鸡蛋7个，香草芝士汁100克，盐、胡椒粉、豆蔻粉适量。

制作步骤：

①将蔬菜洗净，嫩扁豆撕去筋，胡萝卜去皮，切成长条，西葫芦去皮、去子，切成长条，西蓝花、菜花分为小朵。

②用盐水分别将蔬菜煮至断脆，取出，控干水分。

③将奶油与鸡蛋混合，加盐、胡椒粉、豆蔻粉调味，搅拌均匀。

④将长方形模具内抹油，然后依次摆放上一层嫩扁豆、胡萝卜条、西葫芦条，最后将菜花根部朝上、西蓝花根部朝下摆好。

⑤将奶油与鸡蛋的混合物浇入模具内，将原料浸没。

⑥将蔬菜放入120 ℃烤箱，隔水烤制。模内液体混合物的温度应保持在70 ℃左右，以防温度过高而出现气孔，影响菜肴质量。

⑦直至完全凝固后，取出，晾凉，放入冰箱冷藏2小时。

⑧食用时，从模具内扣出，切成2厘米厚的片，配香草汁沙司即可。

质量标准：色泽浅黄色，艳丽多彩，口味浓香，微咸，整齐不碎，软嫩可口。

3）鸡尾杯类开胃菜

鸡尾杯类开胃菜是指以海鲜或水果为主的原料，配以浓味调味酱汁而制成的开胃菜，通常盛在玻璃杯里，用柠檬角装饰，类似于鸡尾酒，故名。一般用于正式餐前的开胃小吃，也可用于鸡尾酒会。鸡尾杯类开胃菜原料较广，有各类海鲜、禽类、肉类、蔬菜类、水果类等制成各种冷制食品或热制冷食的品种，在各类宴会前、冷餐会、鸡尾酒会等场合用得较多，并深受欢迎。

一般情况下鸡尾杯类开胃菜在制作方法上有两步，一是把热制冷食或冷食食品先简单加工；二是将加工好的食品装入鸡尾杯等容器中，并进行适当点缀，放上小餐叉或牙签即可。

大虾杯

原料配方：

大虾100克，千岛汁125克，生菜叶4片，柠檬片4片。

制作步骤：

①大虾煮熟，剥去虾壳，剔除沙肠。

②生菜叶洗净，控干水分，撕成碎片，放入鸡尾酒杯中。

③杯中放入大虾肉，浇上千岛汁。

④将柠檬片放在杯子边作为装饰。

质量标准：红绿相间，鲜香，味酸咸，滑爽适口。

水果头盆

原料配方：

苹果150克，洋梨150克，葡萄100克，樱桃50克，砂糖100克，柠檬汁适量。

制作步骤：

①砂糖加入适量的清水，煮成糖汁。

②苹果、洋梨去皮、去核，切成小丁，葡萄、樱桃洗净。

③将水果混合，加入糖汁、柠檬汁搅拌均匀。

④放入鸡尾酒杯内，放入冰箱冰冻即可。

质量标准：味酸甜，清凉爽口。

4）鸡尾小吃

鸡尾小吃又名“开那批”开味菜，是以脆面包、脆饼干等为底托，上面放有少量的小块冷肉、冷鱼、鸡蛋片、酸黄瓜、鹅肝酱或鱼子酱等的冷菜形式。此类开胃菜的主要特点是使用时不用刀叉，也不用牙签，直接用手拿取入口，因此还具有分量少、装饰精致的特点。

鸡尾小吃在制作时，为了使其口感较好，一般选用一些粗纤维少、质地易碎、汁少味浓的蔬菜；肉类原料往往使用质地鲜嫩的部位，这样制作出的菜肴口感细腻、味道鲜美。

鸡尾小吃常由4个部分或3个部分组成。含有4个部分的开那批包括底托、调味酱、主体菜和装饰菜。含有3个部分的鸡尾小吃中的调味酱与主体菜结合成一体，即主体菜。这种主体菜由沙拉或含有熟海鲜肉末的调味酱组成。

（1）底托原料

底托就是垫底的食品。开那批的底托常常是面包片、脆饼干、酥脆面皮和嫩蔬菜片等。常用的面包有：长方形面包、黑麦面包、深色带有甜味的面包（其中带有部分玉米粉、黑麦、蜂蜜、酸牛奶，有时掺入少许葡萄干和干果仁）、外皮酥脆的长棍形面包、德国风味带有酸味的面包、烤得很干的薄面包片。蔬菜包括嫩黄瓜片、鲜蘑菇、脆嫩的生菜等。

（2）调味酱原料

调味酱是开那批中的调味料。它包括由盐和胡椒粉等调味的牛油、芝士、熟肉类或鱼类制作的各种调味酱，或熟鸡肉、熟鱼、熟海鲜制作的沙拉等。通常有3种类型的开那批调味酱：

①以牛油为基本原料的调味酱。通常在牛油中加入柠檬汁、番芫荽末、他力根、青葱末、蒜末、黑鱼子酱、沙丁鱼肉酱、芥末酱、咖喱粉、蓝芝士末、熟虾仁肉酱等，然后用盐调味。

②以软芝士为基础的调味酱。通常在气味浓烈的软芝士末中加入牛油、钵酒、辣椒酱、芥末酱、他力根、百里香和番芫荽末等。

③以畜肉或海鲜为原料的沙拉。通常将沙拉的原料都切成碎末，使用少量的沙拉酱搅拌，并保证沙拉酱的稠度。常用的开那批沙拉有金枪鱼沙拉、三文鱼沙拉、鸡肉沙拉、虾仁沙拉、火腿沙拉、鸡肝酱沙拉等。

（3）主体菜原料

常用的主体菜原料有：熏制的蚝肉和蛤肉、熏三文鱼、罐头沙丁鱼、熟制虾肉和蟹肉、香肠、烤熟的牛肉、熏牛舌、熟制的火腿肉、黑鱼子酱、红鱼子酱、芝士等原料，摆在底托的调味酱上面。

（4）装饰菜原料

装饰菜在开那批中起着装饰的作用，选择装饰菜原料时应注意颜色、质地、味道和形状。常用的装饰菜原料有：橄榄、酸黄瓜、芦笋尖、鲜黄瓜片、番芫荽、小番茄、熟蘑菇、水瓜柳、西洋菜、柠檬皮、胡萝卜、青甜圆椒、红甜圆椒等。

熏三文鱼开那批

原料配方：

白吐司面包5片，熏三文鱼100克，柠檬片20片，黄油10克，奶油50克，奶酪粉10克，柠檬汁、莳萝、盐适量。

制作步骤：

①将奶油打起，加入奶酪粉、柠檬汁、盐搅拌均匀，制成调味酱。

②将托司面包烤成金黄色，切去四边，再分切成四块。

③将小块面包涂上软化的黄油，放上熏三文鱼鱼片。

④放上调味酱，撒上莳萝叶，用柠檬片装饰。

质量标准：造型典雅，脆爽适口。

鸡蛋、虾仁鸡尾小吃

原料配方：

白面包片6片，黄瓜50克，虾120克，煮鸡蛋3个，沙拉酱50克，黄油10克，番芫荽末、柠檬汁、盐、胡椒粉适量。

制作步骤：

①将虾煮熟，剥去虾壳，煮鸡蛋切成片，黄瓜切成圆片。

②沙拉酱内加入番芫荽末、盐、胡椒粉搅拌均匀。

③用花戳将面包戳成小圆片，涂上黄油。

④圆面包片上放上黄瓜片，挤上柠檬汁，再放上虾仁。

⑤浇上沙拉酱，再放上鸡蛋片，用番芫荽叶装饰即可。

质量标准：造型典雅，口味鲜香，细嫩。

樱桃番茄开那批

原料配方：

白吐司面包4片，樱桃番茄8个，鲜柠檬条16条，由奶油、青豆泥和盐、胡椒粉搅拌而成的调味酱50克。

制作步骤：

①将白吐司面包烤上色，切除四边，平均分成四块三角形。

②在每片面包上均匀涂上调味酱，然后摆上半个樱桃番茄，以柠檬条装饰。

质量标准：色泽均匀、形状美观。

6.2.3 开胃热菜制作

开胃热菜是近几年在西方较为流行的开胃菜，其特点有以下几个：

①多数以海鲜、蔬菜、蜗牛等为主要原料，一般不选用禽类和肉类。

②每份头盘的菜量要略少于主菜。

③头盘的配料以新鲜蔬菜为主，一般不用米饭、面条、土豆等。

④口味以清香、酸、咸、辛辣、鲜嫩为主，一般不用浓厚的口味。

⑤装盘以清新、小巧、美观为主要格调。

下面介绍两种目前比较流行的开胃热菜。

法式香草黄油焗蜗牛

原料配方：

主料：蜗牛12个，蔬菜香料（洋葱、胡萝卜、芹菜）50克。

香草黄油料：黄油120克，蛋黄1个，红椒粉、咖喱粉、芥末、杂香草、番芫荽末、洋葱碎、蒜碎、柠檬汁、白兰地酒、盐、胡椒粉适量。

制作步骤：

①水中放入蔬菜香料煮沸，再放入蜗牛稍煮，捞出。

②将蜗牛肉挑出，去掉尾部，洗净。

③用少量的黄油将洋葱碎、蒜碎炒香，烹入白兰地酒、柠檬汁，调入红椒粉、咖喱粉、杂香草、番芫荽末、盐、胡椒粉炒匀。

④将余下的黄油软化，与炒好的香料、蛋黄混合，搅拌均匀后放入冰箱冷冻，使其凝固。

⑤将蜗牛壳洗净，填入少许的香草黄油，再将蜗牛肉放入蜗牛壳内，最后用香草黄油封住蜗牛壳口，放入烤盘内。

⑥烤盘放入烤箱内，将蜗牛上色即可。

质量标准：色泽金黄，浓香，味美，口感鲜嫩。

海鲜小酥盒

原料配方：

酥盒4个，大虾50克，鲜贝50克，白色鱼柳50克，洋葱碎50克，黄油25克，奶油沙司250克，白葡萄酒50克，莳萝、盐适量。

制作步骤：

①大虾剥去虾壳，剔除沙肠，切成丁，鲜贝、鱼柳切成丁。

②用黄油将洋葱碎炒软但不要上色，加入海鲜、白葡萄酒，浓缩。

③加入奶油沙司、莳萝、盐煮透。

④将酥盒放入烤箱内重新加热，热透后取出，放于盘内。

⑤将海鲜装入酥盒内即可。

质量标准：鲜香肥糯，肉质鲜嫩，开胃适口。

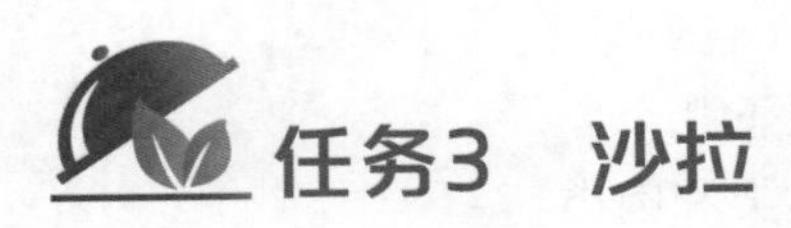

任务3 沙拉

沙拉一般是用各种可以直接入口的生料或经熟制冷食的原料加工成较小的形状，再浇上调味汁或各种冷沙司及调味品拌制而成。

6.3.1 沙拉概述

沙拉通常指西餐中用于佐食的凉拌菜。沙拉原是英语单词“Salad”的英译，在我国通常又被称为“色拉”“沙律”，我国北方习惯称之为“沙拉”，我国南方尤其是广东香港一带通常称之为“沙律”，而在我国东部地区，尤其以上海为中心的地区通常习惯称之为“沙拉”。

1）沙拉的种类

（1）按不同国家分类

西方国家均有代表性的沙拉，深受世界各国人民的喜欢。如美国的华尔道夫沙拉、法国的鸡肉沙拉、英国的番茄盅。

（2）按调味方式的不同分类

①清沙拉。主要指由单纯的原料经简单处理后即可供客人食用的沙拉，一般不配沙司。如生菜沙拉，即以干净的生菜切成丝装盘即可。

②奶香味沙拉。主要指在制作过程中沙拉酱加入了鲜奶油，使奶香浓郁，并伴有一定的甜味，深受喜欢甜食的人们喜爱，如鸡肉苹果沙拉。

③辛辣味沙拉。主要指在制作过程中沙拉酱加入了蒜、葱、芥末等具有辛辣味的原料，如法国汁，辛辣味较为浓郁，往往较多用于肉类沙拉，如白豆火腿沙拉。

（3）按沙拉在西餐中的作用分类

①开胃菜沙拉。开胃菜沙拉作为西餐传统的第一道菜，有刺激胃口、打开食欲的作用。因此，开胃菜沙拉的特点是数量少、质量高、味道清淡、颜色鲜艳等。如生菜沙拉、海鲜沙拉、什锦沙拉等。

②主菜沙拉。主菜沙拉作为一餐中的主要菜肴，应当具有分量大、食品原料丰富等特点。主菜沙拉的主体菜常选用蛋白质或淀粉原料。不仅如此，主菜沙拉的颜色或味道应当有特色。如鸡肉沙拉、厨师沙拉、酿番茄沙拉等。

③辅菜沙拉。辅菜沙拉的特点是数量小，有特色，它常在主菜后食用。通常，辅菜沙拉的质地、颜色和味道应区别于顾客选用的主菜，它的各方面特点应与主菜形成鲜明的对比和互补。

④甜菜沙拉。甜菜沙拉也称为甜品沙拉，是一餐中的甜品，作为一餐中的最后一道菜。甜菜沙拉的特点是甜味。它选用的原料可以是新鲜水果、罐头水果、果冻等。

（4）按沙拉的主要原料分类

①绿叶蔬菜沙拉。绿叶蔬菜沙拉使用新鲜生菜或其他绿叶青菜为原料，包括菠菜和西洋菜等原料。

②普通蔬菜沙拉。普通蔬菜沙拉是由一种或几种非绿叶蔬菜作为主要原料。常用的原料有卷心菜、胡萝卜、西芹、黄瓜、青圆甜椒、白蘑菇、洋葱、水萝卜、番茄、意大利小瓜等。

③组合原料沙拉。组合原料沙拉是由两种或多种不同种类原料制成的。组合的原料在味道、颜色和质地上必须适合组合在一起，而且是互补和协调的。

④熟制原料沙拉。熟制原料沙拉是以熟制的主料制作的。它的特点是主料必须是熟制

的，而且习惯以单一的原料作为主体菜。常用熟制原料有土豆、火腿、米饭、禽肉、意大利面条、海鲜、鸡蛋等。

⑤水果沙拉。水果沙拉是以水果为主要原料制作的。常用水果原料有苹果、杏、牛油果、香蕉、草莓、菠萝、西柚、葡萄、橙子、桃、猕猴桃、杧果、甜瓜和西瓜等。

⑥胶冻沙拉。胶冻沙拉是由水、鱼胶和各种原料制作的，主要有四种：透明胶冻、果味胶冻、肉冻胶冻、蔬菜胶冻。

2）沙拉的特点

沙拉的适用范围很广，可用于各种水果、蔬菜、禽蛋、肉类、海鲜等的制作，并且沙拉都具有外形美观、色泽鲜艳、鲜嫩可口、清爽开胃的特点。

3）友情提示

在制作沙拉时，根据我国消费者对沙拉口味的需求，往往要注意以下几个方面：

①制作蔬菜沙拉时，叶菜一般用手撕，以保证蔬菜的新鲜，并注意沥干水分，以保证沙拉酱的均匀拌制。

②制作水果沙拉时，可在沙拉酱中加入少许酸奶，使得味道更纯美，并具有奶香味。

③制作肉类沙拉时，可直接选用一些含有胡椒、蒜、葱、芥末等原料的沙拉酱，也可在沙拉油沙司中加入一些具有辛辣味的调味品。

④制作海鲜味沙拉时，可在沙拉酱中加入一些柠檬汁、白兰地酒、白葡萄酒等。

4）沙拉的组成

（1）底菜

底菜通常在沙拉的最底层，放在餐盘上，一般使用各种颜色鲜亮的新鲜的蔬菜。近些年，中餐也常常借鉴西餐的沙拉技法，将生菜用于凉拌菜肴的垫底。不过，一些厨师常常因为对西餐中使用底菜的作用不熟悉，所以没有将这种技法运用好。实际上，西餐沙拉中使用这种手法，有两个重要目的：一是衬托菜肴的颜色，二是约束沙拉在餐盘中的位置。因此，在西餐沙拉构成中，底菜虽然是一片小小的蔬菜叶，但绝不是无关轻重的。

（2）主体菜

主体菜是沙拉的主要构成部分，可以由一种或者几种原料构成。由于主体菜是沙拉最核心的部分，因此，沙拉通常以主体菜命名，比如，以苹果或者鸡肉为主体菜的沙拉，就命名为苹果沙拉或鸡肉沙拉。在传统沙拉的技法中，主体菜还要求必须十分明显，能够让食客直观感受到。比如，土豆沙拉中的土豆，可以切成丁、条等形状，但不能做成土豆泥。现代的西餐沙拉，大量使用新鲜的各种生吃蔬菜，保存了丰富的维生素，符合人们日益注重健康的需求。因此，近些年，沙拉在西方十分流行。中餐也可以借鉴西餐尽量生吃蔬菜和水果的方式，创新一些生拌菜肴，以获得更多的营养。

（3）调味汁

调味汁，是西餐沙拉的灵魂，丰富了菜肴的味道，为沙拉增加了颜色，并且起到了润滑的作用。沙拉的调味汁通常口味比较清淡，但有一定的脂肪成分，以保证菜肴清雅而滑润。沙拉中常用的调味汁有两大类：一类是乳化的调味汁，比较稠，通常称为调味酱，例如沙拉酱；另一类则没有经过乳化的过程，比较清，例如醋油汁。

（4）装饰品

装饰品一般放在沙拉的最上面，起到点缀的作用，并且在质地、色泽等方面，为沙拉增加特色。西餐在使用装饰品时，比较适度，通常的装饰品小而巧，一般不会放很多，也不会喧宾夺主。

6.3.2 沙拉制作

1）绿色蔬菜沙拉

菠菜沙拉（5份）

原料配方：

菠菜500克，腌肉120克，新鲜的蘑菇丝150克，全熟鸡蛋2只。

制作步骤：

①洗净菠菜，控干水，待用。腌肉烤制变脆，冷却后切成碎片，待用。

②洗净蘑菇，控干水，去根并切成丝，待用。鸡蛋稍微剁一剁，成碎块。

③把菠菜放在一个大碗里，撕成小片，加入蘑菇丝拌匀。

④把沙拉分放在沙拉盘上，撒上鸡蛋和腌肉末。

⑤搭配用油、醋、香料混合的沙拉汁或乳化的法式沙拉汁。

质量标准：色泽鲜艳，味鲜爽口。

附：腌肉中的肥肉一经冷却会凝结，影响沙拉的效果，让人胃口大减。为了保证质量，应尽量在离上菜较近的一段时间烤腌肉。

田园沙拉（25份）

原料配方：

混合绿色蔬菜1.6千克，黄瓜250克，芹菜125克，洋葱125克，胡萝卜125克，番茄700克。

制作步骤：

①混合蔬菜洗净控干，黄瓜去皮切成薄片，芹菜斜切成片，洋葱切末，胡萝卜去皮擦成丝。

②番茄去蒂，每个番茄切成8～10个楔形块。

③除番茄以外，其他菜放在大碗中充分拌匀，分装沙拉盘。

④配上番茄块，上菜时准备合适的沙拉汁。

质量标准：色泽鲜艳，脆嫩爽口。

2）蔬菜沙拉

卷心菜沙拉（25份）

原料配方：

蛋黄酱750毫升，醋60毫升，糖30克，盐10克，白胡椒粉2克，卷心菜2千克（净重），生菜叶25片。

制作步骤：

①在不锈钢碗中搅拌蛋黄酱、醋、糖、盐和白胡椒粉，直至均匀。

②加入卷心菜搅拌均匀。

③把生菜叶在沙拉盘中摆好，盛入卷心菜。

质量标准：味鲜爽口，色彩自然。

演变与创新：

①混合卷心菜沙拉，用一半红卷心菜，一半绿卷心菜。

②胡萝卜卷心菜沙拉，加入500克胡萝卜碎块，卷心菜减少至1.7千克。

③水果卷心菜沙拉，在卷心菜沙拉中加入125克热水泡过的葡萄干，250克苹果丁，250克菠萝，用酸奶油汁，并用柠檬汁代替醋。

青豆沙拉（25份）

原料配方：

青豆2.3千克，芥末沙拉汁或意大利汁700毫升，细香葱60克，蒜末2克，红洋葱175克，生菜叶25片。

制作步骤：

①青豆煮熟，在流水或冰水中凉透并控干。

②将青豆、沙拉汁、细香葱、蒜末混在一起，搅拌均匀，冷藏2～4小时。

③洋葱去皮切成环状细丝，在沙拉盘上摆好生菜叶。

④上菜时，每份盛60克腌好的青豆，在沙拉的顶部配上一点洋葱圈。

质量标准：色彩鲜艳，口味酸辣。

注意事项：罐装青豆不需要再煮，直接控干水，拌上沙拉汁即可。当天腌泡的青豆当天食用，腌泡时间太长会变色。

演变与创新：

①下面所列的蔬菜也可在醋中腌泡，采用上述的步骤来做：芦笋、甜菜、胡萝卜、干豆、白豆、鹰嘴豆等。

②三豆沙拉，700克青豆，700克罐装菜豆，700克罐装鹰嘴豆，125克细香葱，青椒小丁60克，60克碎干辣椒，做法与青豆沙拉相同。

3）熟料沙拉

鸡肉沙拉（25份）

原料配方：

熟鸡肉1.4千克，芹菜丁700克，蛋黄酱500毫升，柠檬汁60毫升，白胡椒粉、盐适量，香菜100克，生菜叶25片。

制作步骤：

①在一个拌菜碗中轻轻搅拌所有调味品，直至均匀。

②把沙拉主料与沙拉汁拌匀。

③在沙拉盘上摆好生菜叶，用勺子在每个沙拉盘上放一小堆鸡肉沙拉。

质量标准：色彩鲜艳，爽口鲜嫩。

演变与创新：

①鸡肉沙拉可以在基本食谱中加入下述配料：175克碎的核桃；6个全熟的鸡蛋，切块；225克无核葡萄，从中间切开；60克剁碎的或成片的杏仁；225克菠萝干；225克鳄梨丁。

②鸡蛋沙拉，用28个切成丁的全熟鸡蛋代替鸡肉。

③金枪鱼或三文鱼沙拉，用1.4千克的切成薄片的金枪鱼或三文鱼代替基本食谱中的鸡

肉，加入60克剁碎的洋葱。

莳萝腌虾沙拉（25份）

原料配方：

熟的去皮虾1.4千克，芹菜丁700克，蛋黄酱500毫升，柠檬汁30毫升，莳萝10克，盐2克，生菜叶25片，番茄楔形块50块。

制作步骤：

①把虾肉切成厚1厘米的片，并和芹菜拌匀。

②加入蛋黄酱、柠檬汁、泡菜和盐搅拌。

③在虾肉混合物中加入沙拉汁，拌匀。

④在沙拉盘上摆上生菜叶，每份盘子上放一小堆沙拉，用两块番茄点缀。

质量标准：造型美观，鲜香味，略酸。

演变与创新：

①蟹肉或龙虾沙拉，用蟹肉或龙虾肉代替虾肉，其他与基本食谱一样。

②蟹肉、虾肉或龙虾肉配路易斯沙拉汁，用路易斯沙拉汁代替蛋黄酱、柠檬汁、泡菜。

③虾肉米饭沙拉，把虾肉减少450克，加入600克米饭。

④咖喱饭虾肉沙拉，省去泡菜，在调料中加入5毫升咖喱粉，咖喱粉要在少许油中稍加热，冷却后加入，可选用青椒丁代替一半芹菜丁。

4）水果沙拉

华道夫沙拉（25份）

原料配方：

常提利沙拉汁350毫升，新鲜、脆的红苹果1.8千克，芹菜丁450克，胡桃（粗切）100克，生菜叶25片，胡桃碎60克。

制作步骤：

①把苹果去核切丁，不去皮，切好后立即倒入沙拉中浸泡，以免变色。

②把芹菜加入，搅拌均匀。

③在沙拉盘上摆上生菜叶，用勺子在每个盘子上盛一小堆沙拉，撒上胡桃碎点缀。

质量标准：色泽艳丽，脆爽可口。

演变与创新：下列原料也可加入华道夫沙拉基本食谱，相应沙拉名也改变。不同的名字表示包含不同的原料，比如，菠萝华道夫沙拉。225克菠萝丁；100克剁碎的枣，代替胡桃；100克的葡萄干，在热水中泡开，并控干；450克剁碎的卷心菜或白菜代替芹菜。

新鲜水果常提利（25份）

原料配方：

橘子瓣750克，柚子瓣625克，苹果丁500克，香蕉片500克，葡萄375克，浓奶油250毫升，蛋黄酱250毫升，生菜叶25片，点缀用原料（薄荷枝、草莓、葡萄、新鲜樱桃）一种。

制作步骤：

①将橘子瓣和柚子瓣切成两半，控干，待用。

②把苹果和香蕉切好后立刻放在橘子汁中，以免变色。葡萄切两半，如有籽，把籽去掉。

③把奶油搅打至软，取1/4倒进蛋黄酱中调匀，然后再把剩下的3/4加入搅拌。

④水果控干，倒入沙拉汁中。

⑤沙拉盘中摆上生菜叶，每份盛125克水果沙拉，适当点缀。

⑥立即上菜食用，最多在冰箱中冷藏30分钟。

质量标准：造型美观，口味香甜。

5）组合沙拉

厨师沙拉

原料配方：

咸牛舌25克，熟鸡脯肉25克，火腿25克，奶酪15克，熟鸡蛋1个，芦笋4根，番茄半个，生菜数片，法汁75克。

制作步骤：

①将生菜切成粗丝，堆放在沙拉盘中间，把牛舌、鸡肉、火腿、奶酪均切成约7厘米的粗条，和芦笋分别竖放在生菜丝的周围。

②把熟鸡蛋去壳，与番茄均切成小块，间隔放在各种食料旁边，出菜时配法汁即可。

质量标准：色彩鲜艳、酸香爽口。

金枪鱼土豆青豆沙拉（25份）

原料配方：

土豆1.4千克，青豆1.5千克，罐装金枪鱼1 700克，鱼片25片，橄榄50个，全熟鸡蛋50只，番茄楔形块100块，碎香菜20克、法汁1 250毫升。

制作步骤：

①将土豆放在盐水中煮一会儿，在仍脆时，捞出控干、冷却、去皮、切成薄片，待用。

②用盐水将青豆煮熟，冲凉控干。在沙拉盘上放上生菜叶。

③将土豆和青豆混合，在每个沙拉碗中均分，每份60克。将金枪鱼控干切块，在沙拉盘中心位置放约50克的鱼块。

④在沙拉上巧妙地摆上鱼片、橄榄、鸡蛋和番茄块，点缀香菜末。上菜时浇上法汁。

质量标准：搭配合理，口味鲜香。

6）胶质沙拉

水果调味明胶（25份）

原料配方：混合味的明胶375克，沸水1升，果汁1升，水果（控干）1千克。

制作步骤：

①明胶倒入碗中，加入沸水，搅拌至溶解。

②倒入果汁，冷却至变稠（糖浆状）。

③将水果倒入模子中，冷冻至凝结。

④脱模。如果装盘可切成5×5块。

质量标准：鲜艳透明，果味浓郁。

演变与创新：水果和调味胶的组合几乎是没有限制的，比如：

①酸橙味明胶配切片的梨。

②黑樱桃味明胶配切半的樱桃。

③山莓味明胶配切片的桃子。

④草莓、山莓或樱桃味明胶配罐装水果。

⑤橙子味明胶配桃片或梨片。

⑥樱桃味明胶配樱桃或切碎的菠萝。

⑦柠檬味明胶配柚子瓣。

鳜鱼冻

原料配方：

鳜鱼一条（1千克左右），虾仁100克，明胶粉125克，鱼汤1.2千克，方面包1片，鸡蛋2个，黄油150克，香叶2片，蔬菜香料150克，蛋黄酱200克，白葡萄酒50克，盐3克，胡椒粉1克，柠檬汁10克，沙拉油沙司、糖色各适量。

制作步骤：

①将鳜鱼刮鳞洗净，去掉内脏和鱼鳃，不要剖腹，保持鱼形外形完整。用盐、香叶、蔬菜香料、柠檬汁、白葡萄酒腌60分钟。

②将鱼用开水烫一烫，去掉黏液和腥味，剖腹洗净，将虾仁斩成蓉，加盐、胡椒粉、泡软的面包、鸡蛋制成馅心，并塞入鳜鱼肚内。

③将鳜鱼用白布包好，用线捆成鱼游水的形状，放入蒸笼蒸20分钟，熟后取出冷却。

④鱼汤内加100克明胶粉和2只鸡蛋白拌匀，用文火煮开澄清，再用布过清，并使之冷却。另将25克明胶粉用少许冷水化后煮开，稍冷后徐徐拌入蛋黄酱内。将冷透的鳜鱼放在盘内呈游水状，再用沙拉油沙司浇没鱼身，放进冰箱冷却。

⑤将黄油搅软加少许糖色，使之成巧克力色，再放入裱花袋中，在鱼头上裱出鼻、眼、口，鱼的两侧鱼鳞也裱出来。

⑥将鱼放在银盘内，竖立平稳，将步骤4中的汤汁呈瓦状浇在鱼的周围，使之呈波浪形。此菜适用于宴会。

质量标准：整鱼上桌，栩栩如生，肉质细嫩。

6.3.3 沙拉汁制作

沙拉汁是液态或半液态的沙拉佐味料。它可以使沙拉更美味、可口、润滑。现广泛使用的沙拉汁主要有以下三种：

①油和醋沙拉汁（一般不太稠）。

②用蛋黄酱调成的沙拉汁（大部分是稠的）。

③熟料沙拉汁。

还有一些沙拉汁配料含有乳酸、酸奶和果汁。许多这样的沙拉汁是专门用于水果沙拉或低热量食物的。

基础法汁或醋汁

原料配方：

葡萄酒醋500毫升、盐30毫升、白胡椒粉10毫升、沙拉油1.5升。

制作步骤：

把所有原料放在大碗中混合。

质量标准：口味微辣，酸味宜人。

演变与创新：可以用橄榄油部分或全部代替沙拉油。

在基础法汁的基础上可以演变出以下沙拉汁：

①芥末醋汁：将60～125克法式芥末加到基础食谱中。加油以前，先把芥末和醋搅匀。

②香草醋汁：在基础食谱或芥末醋汁食谱中添加60克香菜末和20毫升下列干香草中的一种：紫苏、百里香、马郁兰、龙蒿叶、细香葱。

③意大利汁：全部或部分使用橄榄油，在基本食谱中添加15毫升大蒜末、30毫升牛奶、125毫升香菜末。

④辛辣汁：在基础食谱中添加20毫升干芥末，60毫升洋葱末，20毫升红辣椒粉。

⑤鳄梨沙拉汁：在基础食谱中添加1千克的鳄梨泥，打至柔滑，可加一些盐调味。

⑥蓝奶酪沙拉汁：把250克碎的蓝奶酪和250毫升的浓奶油搅匀，逐渐加到1.5升的基础法汁中。

⑦低脂肪醋汁：用白汤、蔬菜汤或蔬菜汁代替2/3的油。

拼盘沙司

原料配方：

白葡萄酒醋100毫升，沙拉油500毫升，盐和胡椒根据口味添加，腌黄瓜碎65克，刺山柑碎65克，洋葱碎65克，全熟鸡蛋3个。

制作步骤：

①将醋和油混合，用盐和胡椒调味。

②加入腌黄瓜、刺山柑、洋葱和切成丝的全熟鸡蛋，轻轻搅拌。

质量标准：色泽和谐，口味酸辣。

美式法汁

原料配方：

洋葱125克，沙拉油1升，苹果醋375毫升，番茄酱625毫升，糖125克，大蒜碎5毫升，李派林汁15毫升，辣椒粉5毫升，白胡椒粉2毫升。

制作步骤：

①把洋葱在食物碾磨器中磨碎。

②在不锈钢碗中把所有原料混合。

③把所有配料搅匀，让糖溶解，然后冷却。

④在使用前再次搅拌。

质量标准：色泽鲜艳，酸辣利口。

蛋黄酱

原料配方：

蛋黄8只，醋60毫升，盐10毫升，干芥末10毫升，辣椒少许，沙拉油1.7升，柠檬汁60毫升。

制作步骤：

①把蛋黄放入打蛋器的碗里打匀，再加30毫升醋打匀，把所有干料放入碗中搅拌均匀。

②把打蛋器开至最大速度，开始慢慢加油，当乳化剂开始形成后，可稍快地加油。

③当蛋黄酱变得稍稠时，用醋稀释，慢慢加入最后的油。

④加入少许柠檬汁来调节酸度和黏度。

质量标准：色泽浅黄或洁白，糊状有光泽，口味酸咸清香，口感绵软细腻。

演变与创新：以下沙拉汁均以2升蛋黄酱为底料加入而制成。

①千岛汁：500毫升番茄沙司，60克切碎的洋葱、125克剁好的青椒、125克剁碎的辣椒、3个剁碎的全熟鸡蛋。

②路易士汁：在千岛汁的基础上去掉鸡蛋，加入500毫升奶油。

③俄罗斯汁：500毫升辣椒沙司，125毫升山葵、60克洋葱碎、500毫升白鱼子酱。

④常提利汁：500毫升浓奶油（打发加入，慢慢加入）。

⑤蓝色奶酪汁：125毫升白醋、10毫升李派林汁、少许红辣椒油、500克碎的蓝色奶酪和300毫升浓奶油。

⑥大蒜蛋黄沙司：60～125克蒜泥和盐搅拌均匀，倒入蛋黄中。其余操作与蛋黄酱操作相同。

水果沙拉汁

原料配方：

糖175克，玉米淀粉30克，鸡蛋4只，凤梨汁250毫升，橙汁250毫升，柠檬汁125毫升，酸奶油350毫升。

制作步骤：

①将糖和玉米淀粉放入一个不锈钢碗中，加入鸡蛋搅拌至均匀。

②在一有柄煮锅内加热水果汁至沸腾，再将热水果汁慢慢加入鸡蛋混合物内，搅匀。

③再将混合物倒入锅内煮至沸腾，不断搅拌，当其变稠时，倒进容器内，冷冻。

④把酸奶油倒入冷冻的水果混合物里搅打。

质量标准：口味酸甜，奶香宜人。

[思考题]

1. 简述冷菜的特点。
2. 简述冷菜制作的注意事项。
3. 简述开胃菜的分类。
4. 简述沙拉的组成。

单元7

西餐制汤工艺

【知识目标】

1. 了解基础汤的原料；
2. 了解清汤的原料；
3. 熟悉浓汤的种类。

【能力目标】

1. 掌握基础汤的制作方法；
2. 掌握清汤的制作方法；
3. 掌握浓汤的制作方法。

本单元主要对汤的生产原理与工艺进行总结和阐述。包括基础汤生产原理与工艺、清汤生产原理与工艺和浓汤的制作工艺。通过本单元的学习，可掌握基础汤主要原料、基础汤种类及制作方法；掌握清汤的种类和特点以及浓汤的制作工艺。

任务1 基础汤

西餐中的各种汤菜、沙司、热菜制作一般都离不开用牛肉、鸡肉、鱼肉等调制的汤，这种汤被称为基础汤，又称为原汤。法国烹饪大师埃斯科菲曾说过："烹调中，基础汤意味着一切，没有它将一事无成。"

7.1.1 基础汤概述

基础汤是用微火经过长时间的熬制提取的一种或多种原料的原汁（除了鱼、蔬菜基础汤）。它含有丰富的营养成分和香味物质。基础汤是制作汤菜、沙司、肉汁的基础。因此掌握各种基础汤的制作是制作其他产品的关键。

1）制作基础汤的原料

制作基础汤的原料，主要有肉或骨、调味蔬菜、调味品和水。

（1）动物原料的肉或骨头

制作基础汤常用的肉类和骨头，包括牛肉、鸡肉、鸡骨和鱼骨等。与中餐不同，西餐基础汤种类很多，而且不同的基础汤使用不同种类的动物原料，一般不混合使用。例如，鸡肉基础汤由鸡肉和鸡骨头熬制而成；牛肉基础汤由牛肉和牛骨头熬制而成；鱼肉基础汤由鱼骨头和鱼的边角肉等制作而成。除此之外，鸭、羊和火鸡以及野味的骨头，也可熬制一些特殊风味的基础汤。

（2）调味蔬菜

制作基础汤的蔬菜称为调味蔬菜，主要有洋葱、西芹和胡萝卜。调味蔬菜是制作基础汤的第二个重要的原料，起着增香除异的作用。

在制作中，调味蔬菜使用的数量不同，通常的比例是，洋葱的数量等于西芹和胡萝卜的总数量。在熬制白色基础汤时，常把胡萝卜去掉，加上相同数量的鲜蘑菇，使基础汤不产生颜色。

（3）调味品

制作基础汤常用的调味品有胡椒、香叶、丁香、百里香、番芫荽梗等。调味品常被包装在一个布袋内，用细绳捆好制成香料袋，放在基础汤中。

（4）水

水是制作基础汤不可缺少的成分，水的数量常常是骨头或肉的3倍左右。

2）基础汤的种类和特点

基础汤按其色泽可分为白色基础汤、布朗基础汤两类。

①白色基础汤：包括白色牛骨基础汤、白色小牛肉基础汤和白色鸡基础汤等。白色基础汤主要用于制作白色汤菜、白沙司、白烩菜肴等。

制作白色基础汤要选用鲜味充足又无异味的原料，如鸡、瘦肉、骨头、新鲜的水产品等。其中生长期长的动物比生长期短的动物鲜味成分多，如老母鸡要比笋鸡鲜味成分多。在同一动物身上，结缔组织多的部位，要比结缔组织少的部位鲜味成分多，如用鸡腿煮汤就比鸡脯煮汤的味道要鲜美。煮汤时一定要选用鲜味成分多的原料。一些本身带有异味的原料，如羊肉等，有明显的膻味，也不宜煮汤。另外，在选料中还要考虑原料的综合使用，以减低成本，所以要尽量选用一些下脚料来煮汤，如鸡骨、鸡爪、鱼头等。

②布朗基础汤：又称褐色基础汤、红色基础汤，包括布朗牛骨基础汤、布朗小牛肉基础汤、布朗羊骨基础汤、布朗鸡基础汤及布朗野味基础汤等。布朗基础汤主要用于制作红色汤菜、布朗沙司、肉汁、红烩菜肴等。

基础汤按原料的不同又可分为牛基础汤、鸡基础汤、鱼基础汤、蔬菜基础汤四类。

①牛基础汤：白色牛基础汤，也称为怀特基础汤，是由牛骨或牛肉配以洋葱、西芹、胡萝卜以及其他调味品加上水煮成的。其特点是无色透明，味道鲜美。制作白色牛原汤，通常使用冷水，待水沸腾后，撇去浮沫，用小火炖成。牛骨与水的比例为1：3，烹调的时间为6～8小时，过滤后即成。

布朗基础汤使用的原料与白色基础汤原料基本相同，只是将牛骨和蔬菜香料烤成棕色，然后加上适量的番茄酱或剁碎的番茄调色。其特点是颜色为浅棕色微带红色，浓香鲜美，略带酸味。牛骨与水的比例为1：3，烹调的时间为6～8小时，过滤后即成。

②鸡基础汤：由鸡骨、蔬菜、调味品制成。它的特点是微黄、清澈、鲜香。制作步骤与白色牛基础汤相同，鸡骨与水的比例为1：3，炖制2～4小时。制作鸡基础汤时可放些鲜蘑菇，代替胡萝卜，以使鸡基础汤的色泽更加完美和增加鲜味。

③鱼基础汤：由鱼骨、鱼的边角肉、调味蔬菜、水、调味品煮成。它的特点是无色、清澈，有鱼的鲜味。鱼基础汤的制作步骤与白色牛基础汤相同，但制作时间比较短，一般在30分钟至1小时。制作鱼基础汤时，通常要加上适量的干白葡萄酒和蘑菇以去腥味，主要用于鱼类菜肴的制作。

④蔬菜基础汤：又称青菜汤，是未使用动物性原料熬制而成的基础汤。有白色蔬菜基础汤和红色蔬菜基础汤之分，其用途广泛，主要用于蔬菜、鱼类及海鲜菜肴的制作。

3）基础汤制作的注意要点

①使用新鲜的骨头、肉类和调味蔬菜等原料。骨头、肉类原料含有核苷酸、肽、琥珀

酸等鲜味成分。不新鲜的原料，鲜味成分减退，而且还有异味，尤其是水产品，稍不新鲜即有腥臭味，所以不能煮汤。

②要掌握制汤的火力大小。火力的运用是制汤的关键，开始阶段可以用旺火，以最短的时间使汤的温度上升。当温度上升至95 ℃以上时，要及时改用小火使汤保持微沸状态即可。因为汤料中含有一些残留的血污和脂肪等，如果用旺火使汤沸腾，就会使血污中的蛋白质分子相互撞击，并与汤中的其他杂质一起形成多分子组成的微粒悬浮在汤中。与此同时，汤中的脂肪也会因分子的撞击形成微粒，成为乳浊液，这样就使汤失去了清澈的特点。但火力过弱，汤液达不到微沸的状态，汤料中的蛋白质等鲜味成分就不易溶出，也影响汤的鲜味。

③要及时撇去汤中的浮沫。汤中的浮沫主要是汤料中的血红蛋白和一些杂物，当水温升到70～80 ℃时，蛋白质开始凝固，血红蛋白混合其他杂物呈絮状浮至汤面。由于汤料都是热的不良导体，因此汤料内部的温度是逐渐上升的，汤中的浮沫也随着温度的升高而逐渐增多，如不把这些浮沫及时除去，就容易形成数量众多的分子集合体悬浮在汤液中，使汤成为不透明的悬浊液。

浮沫除净后，汤料中的脂肪也因温度的升高和分子撞击作用逐渐外溢，浮至汤面。如果不把这些浮油及时除去，就会因水分子的撞击作用形成大量的分子集合体悬浮在汤中，使汤成为不透明的乳浊液。

④要使汤料与水同步升温。制汤时要把汤料放在冷水中加热，使汤料与水同步升温，因为这样能使汤料中的蛋白质等鲜味充分溶出。如果把汤料放在沸水中加热，汤料表面骤然受热使蛋白质变性，这样原料内部的鲜味成分就不易溶出，降低汤的鲜醇风味。另外，煮汤时水分要一次加足，中途不宜加水，因为汤料与水在共热过程中，热量是均匀、持续地向汤料内传递的，水分子也就较有规律地相互渗透。如果中途加入冷水，汤液温度突然下降，就破坏了原来的均衡状态，当温度再升高时，热量向原料内部传递，就会受到原料表层因先前汤液骤冷致已凝固的蛋白质的阻碍，汤料内部可溶性物质的外渗也将受到阻碍。

⑤煮汤时不要先放盐。因盐是强电解质，容易促使汤料中的蛋白质凝固，使汤料不易酥烂，鲜味成分也不易溶出。此外，溶于汤中的蛋白质都有一层水化层，可使蛋白质在溶液中保持稳定状态，过早加盐，就会剥去蛋白质表面的水化层，使蛋白质沉淀，不但影响汤汁的鲜醇，还能使汤色变得灰暗。

⑥胡萝卜、洋葱、西芹等原料宜切成大块，以避免汤的浑浊。胡萝卜、洋葱、西芹等蔬菜原料，含有天然色素，如蔬菜切得过细容易煮烂，将天然色素溶入汤中，影响到汤的清澈。

⑦基础汤制成后，必须用几层过滤布将基础汤过滤，使其清澈，然后撇去汤中的浮油，防止其变味。

⑧储存基础汤前，首先将装满基础汤的桶置于流动的凉水中，使基础汤快速降温，然后再将其放在冷藏箱内，保存期常常是3天。如果基础汤冷冻储存，可存放3个月。

7.1.2 基础汤的制作

白色基础汤

原料配方：

清水6千克，生骨头2千克，蔬菜香料（胡萝卜、芹菜、葱头）0.5千克，香料包（百里香、香叶、番芫荽），黑胡椒粒12粒。

制作步骤：

①将生骨头锯开，取出油与骨髓。

②将生骨头放入汤锅内，加入冷水煮开。

③如果骨头较脏，应滤去沸水后，再放入冷水煮制。

④及时撇去油脂及浮沫，将汤锅周围擦净，并改微火，使汤保持微沸。

⑤加入所有蔬菜、香料包及黑胡椒粒。

⑥小火煮6～8小时，并不断地撇去浮沫和油脂。

⑦用纱布过滤。

质量标准：色泽浅黄，清澈透明。

布朗基础汤

原料配方：

清水4千克，生骨头2千克，蔬菜香料（洋葱、胡萝卜、芹菜）0.5千克，香料包（百里香、香叶、番芫荽），黑胡椒粒12粒，植物油。

制作步骤：

①将骨头锯开，放入烤箱中烤成棕红色。

②滤出油脂，并将骨头放入汤锅内。

③加入冷水，煮开，撇去浮沫。

④将蔬菜切片，用少量油将其煎成表面棕红，滤出油脂，倒入汤锅中。

⑤加入香料包，黑胡椒粒。

⑥用小火煮6～8小时，并不断撇去浮沫及油脂。

⑦用纱布过滤。

质量标准：色泽棕黄，清澈透明。

鸡基础汤

原料配方：

鸡骨5千克，清水15千克，葱头350千克，芹菜200千克，黑胡椒粒10克，香叶、百里香少量。

制作步骤：

①把鸡骨切块，蔬菜洗净切块。

②把鸡骨和其他原料放入汤桶内，加入凉水，用旺火煮沸后改用微火煮4小时，不断撇去汤中的油沫和浮油，然后用纱布过滤即好。

质量标准：色泽微黄，清澈透明。

鱼基础汤

原料配方：

清水6千克，比目鱼骨或其他白色鱼骨2千克，洋葱200克，黄油50克，黑胡椒粒6粒，香叶、番芫荽梗、柠檬汁适量。

制作步骤：

①将黄油放入厚底锅中，放入葱头片、鱼骨及其他原料，用小火煎5分钟左右，但不要将鱼骨等煎上色。

②去盖，加入冷水，煮开。

③改小火，微沸20分钟左右，并不断撇除浮沫及油脂。

④用纱布过滤。

质量标准：色泽淡白，清澈透明。

蔬菜基础汤

原料配方：

洋葱200克，芹菜100克，黑胡椒粒6粒，香叶、番芫荽梗、柠檬汁适量。

制作步骤：

将蔬菜切片，同其他材料一起放入冷水中，煮沸后，改小火微沸20分钟左右即可。制作蔬菜基础汤时，还可加番茄或番茄酱，也可用白酒醋或干白葡萄酒替代柠檬汁。

质量标准：色泽淡黄，清澈透明。

牛肉高汤

原料配方：

牛基础汤500克，洋葱60克，胡萝卜30克，芹菜30克，鸡蛋2个，瘦牛肉末300克，香叶1片。

制作步骤：

①将牛肉末、洋葱碎、胡萝卜片、芹菜段与鸡蛋清搅拌均匀，充分混合。

②取汤锅一口，倒入牛基础汤，将搅拌均匀的牛肉末倒入汤中。汤锅上火慢慢加热并放入香叶，不断搅动，以防结底。不要让汤底沸腾，待其将沸时停止搅动。

③当肉蓉和鸡蛋混合物渐渐凝固并上浮至汤的表面时，转小火保持炖的状态，使其不断吸附汤中的悬浮颗粒。

④撇去表面的浮渣，将汤体过滤一遍。在撇去汤表面浮渣之前，向汤中加入少量冷水，停止加热，并使更多的脂肪和杂质浮上汤面。

⑤汤体冷却后若不立即使用，可将汤放入密闭的容器中进行冷藏。

质量标准：汤汁清澈透明，香味浓郁，滋味醇厚，胶质丰富，无油迹。

说明：按照以上烹饪方法可以制作鱼高汤、鸡高汤、猪高汤、火腿高汤和各种野味高汤，使用相应的基础汤替换牛基础汤。

任务2　清汤

7.2.1　概述

西餐清汤鲜美、清淡，为西餐汤类中较为普通的品种。清汤可单独上桌供饮，也经常加一些辅助原料，配制成多种多样的汤品。

"Consomme"是指"特制清汤"，是在基础汤的基础上，加上鸡蛋清、蔬菜香料和冰块，用低温炖制 2 ~ 3 小时，过滤而成，汤色清澈透明、口味鲜美香醇。

制作清汤利用了蛋白质热变性的原理。把瘦肉、蛋清等加水搅匀放置一小时，是为了使蛋白质溶于水中。当把瘦肉、蛋清等加入基础汤后，用木铲搅动，可以使蛋白质和汤液充分接触，这样，加热后蛋白质变性、凝固的同时，也把汤液中的其他悬浮物凝固在一起，通过过滤从而使汤液更加清澈。

牛肉清汤、鸡肉清汤、鱼肉清汤是基础汤，在此基础上，加上不同的汤料就可以制成许多清汤品种。在选择汤料时要能保持或突出清汤本身的特点。

7.2.2　清汤基本原料

1）瘦肉泥

瘦肉泥是蛋白质的重要来源，能够发挥澄清的作用，而且还可以为汤增加鲜味。通常选用瘦牛肉、鸡肉和鱼肉。

2）蛋清

蛋清的大部分成分是蛋白，具有较强的澄清、吸附能力，通常用来澄清鲜汤。

3）植物性调味原料

植物性调味原料实际上不能起到清汤的作用，但这部分原料有助于增加清汤的香味，常与肉泥一起使用。

4）酸味成分

酸性物质有助于蛋白质的凝固、胶化，可选择性地在加入清汤的肉泥中使用。

7.2.3　制作流程

制作清汤时通常是将牛肉或者鸡肉等用绞肉机绞碎或剁碎，加鸡蛋清搅匀，浸泡在水中（基础汤中），使肉类的蛋白质溶于水中（基础汤中）。先用中、大火煮至汤沸腾。煮时用汤勺搅拌，汤煮沸后不可再搅，目的是不让碎肉煳底；再调成小火煮一个小时左右，此时，蛋白已将汤内的碎肉等杂质凝结成一团，先沉底后游离在汤面上，吸附汤中的杂质，使汤澄清，同时用勺撇去浮沫并滤净，便成为清肉汤汁。有时颜色不够深可加些焦糖糖浆，或再加煎上色的洋葱。西餐正餐或宴会中，常常使用这种汤作为开胃的菜肴。这种汤除去了脂肪，既有营养又不油腻，深受人们喜爱。

7.2.4 清汤的分类

根据制作清汤的原料不同，可分为牛清汤、鸡清汤、鱼清汤等。

1）牛清汤

牛清汤是用牛基础汤制作的清汤。由于牛的生长期较其他动物长，因此肌红蛋白较多，呈味物质比较充分，煮制的汤颜色比其他清汤深，口味也更鲜醇。

2）鸡清汤

鸡清汤是用鸡基础汤制作的清汤。由于鸡组织中含有羰基化合物和含硫化合物等香料成分，因此鸡清汤中具有特殊的香味和香气，并且有轻微的硫黄气味。鸡清汤呈淡黄色，这是因为鸡肉中的血红蛋白较少，所以汤色较淡。

3）鱼清汤

鱼清汤是用鱼基础汤制作的清汤。由于鱼组织中含有氨基酸酰胺、肌苷酸等鲜味成分，因此鱼汤具有独特的鲜美气味。鱼组织中血管分布少，血红蛋白也较少，所以汤色很淡，只略带浅黄。

7.2.5 清汤的影响因素

清汤应该如水晶般清澈、干净。清汤透明、澄清的关键是由肉馅和蛋清混合体中的蛋白质决定的，随着汤温的上升，蛋白质会发生变性凝固，而浮到汤液上面，并带走汤液中的悬浮物和其他杂质，使汤液清澈、透明。造成清汤暗淡、浑浊不清的原因，主要有以下几方面因素：

①基础汤的质量差。

②基础汤中的油脂太多。

③基础汤未经过滤，杂质太多。

④作为清洁剂的混合物数量不充足，量太少。

⑤煮制汤液时，没有保持在微沸状态而是达到了煮沸翻滚状态，因而使杂质与汤液混合，使汤液浑浊。

⑥在过滤前，汤液未能得到充分的澄清或澄清时间过短。

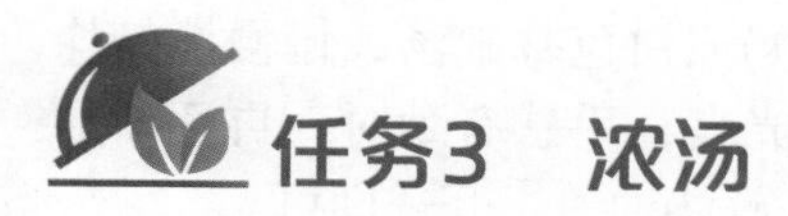

任务3 浓汤

7.3.1 浓汤概述

浓汤是不透明的液体，稠度与羹相似，主要有四个部分：基础汤、稠化剂、配料和调料。

①基础汤主要为牛基础汤、鸡基础汤、鱼基础汤和蔬菜基础汤等。在制汤过程中，通常讲究不同的基础汤与不同的配料相配，如海鲜汤常与鱼基础汤相配，素汤常用蔬菜基础

汤相溶。

②稠化剂是用来使汤汁变稠的辅料，通常有油面酱、黄油面粉糊等。油面酱是用油和等量面粉低温炒制而成的糊状物，而黄油面粉糊通常是由等量的黄油和面粉搅拌而成的。两者都可以使汤汁变稠，但后者主要用于当汤汁稠度不够时，加上少许黄油面粉糊以调节稠度，增加光泽。

③配料的不同能变化出很多种类。以奶油汤为例，鲜蘑奶油汤以鲜蘑菇为配料，芦笋奶油汤以芦笋为配料，龙虾奶油汤以龙虾为配料等。

④调料的使用也能使开胃汤增色无限。盐、胡椒粉、柠檬汁、雪利酒、马德拉酒等是制汤常用的调味品。

7.3.2 奶油汤

奶油汤英文为“Cream soup”。奶油汤最早起源于法国，我国广州、香港一带称之为忌廉汤。奶油汤是用油炒面粉加白色基础汤、牛奶或奶油等调制而成的，是有一定浓度的汤类。

1）奶油汤的类型

奶油汤的类型主要有以下三种：

①用油炒面粉加白色基础汤和奶油或牛奶调制的奶油汤。

②用油炒面粉牛奶和蔬菜蓉混合调制的奶油汤。

③在蓉汤的基础上加入牛奶或奶油调制的奶油汤。

2）奶油汤的制作步骤

制作奶油汤可分为制作油炒面粉和调制奶油汤两个步骤。

（1）制作油炒面粉

①选料：面粉应选用精白面粉，并过细箩，去除杂物；油脂应选用较纯的黄油。

②用料：面粉与油脂的比例一般为1∶1，油脂最少可减至1∶0.6。

③制作过程：选用厚底的沙司锅，放入油加热至油完全溶化（50～60 ℃），倒入面粉搅拌均匀，慢慢炒制（120～130 ℃），并定时搅拌，以免煳底，至面粉呈淡黄色，并能闻到炒面粉的香味时即好。

（2）调制奶油汤

奶油汤的调制，现今主要流行两种方法，即热打法和温打法。

热打法是将白色油炒面粉炒好，趁热冲入部分滚热的牛奶或白色基础汤，慢慢搅打均匀，再用力搅打至汤与油炒面粉完全融为一体。当表面洁白光亮，手感有劲时，再逐渐加入其余的牛奶或白色基础汤，并用力搅打均匀，然后加入盐、鲜奶油等，开透即可。

这种方法制作的奶油汤，色白、光亮、有劲，不容易懈，但搅打时比较费力。制作中应注意以下问题：

①牛奶、白色基础汤和油炒面粉一定要保持较高温度，以使面粉充分糊化。

②搅打奶油汤时要快速、用力，使水和油充分分散，汤不易懈，并有光泽。

③如汤出现面粉颗粒或其他杂质，可用纱布或细箩过滤。

温打法是在油脂中放入切碎的胡萝卜、洋葱、香草束和面粉一起炒香。然后逐渐加入

30～40 ℃的牛奶或白色基础汤，用蛋抽搅打均匀，煮沸后，再用微火煮至汤液黏稠，然后过滤。过滤后再放入鲜奶油，用盐调口即可。

制作中应注意以下问题：

①加入的牛奶或白色基础汤温度不宜过高，以防出现颗粒或疙瘩。

②熬煮时要用微火，不要煳底，一般要煮制30分钟以上。

3）奶油汤的制作原理

制作奶油汤主要利用了脂肪的乳化与淀粉的糊化等现象。水与油是不相溶的，可是奶油汤从外观上看，牛奶、清汤、油与面粉却完全融为一体。这是因为在制作奶油汤的过程中，上述物质受到了机械的搅拌，使水与面粉及油脂均匀地分开，形成了水包油的乳化态，与此同时，面粉中的淀粉受热发生糊化，形成黏稠状态，从而使油水均匀分散的现象稳定下来，形成了较稳定的乳化状态。

4）奶油汤的制作案例

安妮奶油汤

原料配方：

鸡脯肉150克，牛舌80克，韭葱160克，蘑菇260克，黄油180克，鸡肉清汤2 000毫升，面粉100克，奶油200克，柠檬1个，盐和白胡椒粉适量。

制作步骤：

①韭葱和蘑菇切成丝备用。

②鸡脯肉和牛舌煮熟后切成丝，取150克左右的蘑菇丝用黄油炒香，再加入鸡肉丝和牛舌丝炒均匀备用。

③黄油放入厚底锅中用小火溶化，加入蘑菇丝，韭葱丝炒香上色。

④加入面粉炒制面酱，面酱出香后边用勺搅动边加入煮沸的鸡肉清汤，用大火煮沸，去掉浮沫，加盐和胡椒粉调味再熬制30分钟左右。

⑤将汤过滤后加入奶油，用火将其浓缩，加入黄油增香。

⑥成菜装盘：将牛舌丝、鸡肉丝装入汤盘，淋上汤汁即成。

质量标准：汤色成乳白色，微咸，味道鲜醇并带有蔬菜的清香。

注意事项：

①面粉在炒制过程中要防止面粉过火、变色。

②将白色基础汤倒入汤锅中与其他原料混合时，一定要充分搅动，防止面粉在汤中成团。

③蘑菇切成丝后要加入少量的柠檬汁，防止蘑菇变色。

④使用的鸡肉清汤味道要鲜美浓郁，才能突出汤的特色。

奶油粟米周打汤

原料配方：

玉米粒100克，土豆2个，洋葱1个，牛奶1 000毫升，面粉150克，黄油100克，鸡汤适量，盐、白胡椒粉、黄姜粉少许。

制作步骤：

①土豆去皮，切丁，煮熟沥干备用。洋葱切碎备用。

②黄油放入厚底锅中，用微火溶化，放入洋葱碎炒香，加入姜黄粉煸炒后加鸡肉清汤烧开，煮5分钟后过滤备用。

③取汤锅加入牛奶，烧热备用。

④黄油放入厚底锅中，溶化后加入面粉，并用木勺不断搅拌，用小火炒制面酱；待面酱有香味时，先加入少量牛奶，并用木勺搅拌成厚状，再加入适量牛奶搅匀；成厚奶油白汁时，过滤，加入鸡汤稀释成一定浓度；最后加入玉米粒、土豆丁及香叶稍煮，加入盐和胡椒粉调味。

质量标准：汤色乳黄，微咸，口感滑润细腻，带有浓郁的奶香。

注意事项：

①在黄油炒面酱的制作过程中，要注意火候的控制，一般使用小火或微火防止面粉炒煳。

②制成奶油白汁后一定要过滤数次，防止面粉颗粒影响菜肴的口感。

7.3.3 菜蓉汤

"Puree"常指菜蓉汤，是将含有淀粉质的蔬菜（土豆、胡萝卜、豌豆、南瓜等）放入原汤中煮熟，然后将蔬菜放在粉碎机中搅成泥，再与原汤一起烧开、过滤、调味、放装饰品而成。该汤具有蔬菜的本色，如青豆泥汤颜色为绿色，南瓜浓汤为橙色等。

青豆蓉汤

原料配方：

青豆700克，黄油100克，韭葱80克，胡萝卜80克，洋葱80克，香料束1束，大蒜20克，培根80克，牛肉清汤2 000毫升，奶油100克，香叶少许，面包150克，盐和白胡椒粉适量。

制作步骤：

①将青豆煮至七成熟，培根切丁，韭葱切成细丝，胡萝卜、洋葱、香叶切碎，大蒜拍碎，将面包制成黄油面包备用。

②将黄油放入厚底锅中用小火溶化后，放入培根将其炒香出油。

③加入韭葱、胡萝卜、洋葱煸炒，直到蔬菜出水出香。

④加入青豆炒匀，转入汤锅中加入牛肉清汤、大蒜和香料束，用大火煮沸后去掉浮沫。

⑤转小火熬制40～60分钟，待青豆熟烂后，用盐和胡椒粉调味。

⑥取出香料束，将汤倒入电研磨机中研磨成蓉汤，再加入黄油和奶油增加香味，将汤装入汤盘内，撒上黄油面包和香菜点缀即成。

质量标准：汤色青绿，微咸，口感滑润细腻，青豆的香味浓郁。

胡萝卜浓汤

原料配方：

黄油125克，洋葱500克，胡萝卜2 000克，鸡汤5 000毫升，土豆500克，盐、胡椒粉适量。

制作步骤：

①在厚底沙司锅中加入黄油加热，放入洋葱、胡萝卜炒至脱水，呈半熟状。

②加入鸡汤和土豆，加热至沸腾。用文火加热，直至所有蔬菜变软。

③将汤体通过食物研磨器，制成泥状。

④将汤体再次加热至微沸状态，再加入一些原汤，将汤体调整至适宜的浓稠度。

⑤加料调味，上桌前加入热奶油。

质量标准：色泽橙黄，鲜香润滑。

注：用菜花、芹菜、韭菜、白萝卜、番茄等代替胡萝卜，可制成花菜浓汤、芹菜浓汤、土豆韭菜浓汤、白萝卜浓汤、品红浓汤。

7.3.4 虾贝浓汤

“Bisque”音译为比斯克汤，主要指海鲜汤，是以海鲜（龙虾、海鱼、蟹等）为配料制成的汤，如蚬海鲜汤、龙虾汤等。比斯克汤的制作步骤与奶油汤的制作步骤基本相同，因为需要处理贝类等海鲜，所以制作比斯克汤较为复杂一些。由于原料价格比较高，比斯克汤被认为是一种豪华高档的菜肴。

比斯克虾汤

原料配方：

黄油30克，洋葱60克，胡萝卜60克，小虾500克，月桂树叶2片，百里香20克，香菜根4根，番茄酱30克，烧过的白兰地酒60毫升，白葡萄酒200毫升，油面酱30克，鱼汤500毫升，浓奶油250毫升，盐、白胡椒粉适量。

制作步骤：

①在厚底沙司锅中用中火加热黄油，加入洋葱和胡萝卜，翻炒至蔬菜微微变色。

②加入小虾、月桂树叶、百里香和香菜根，翻炒至小虾呈红色，加入番茄酱，搅拌均匀。

③加入白兰地酒和葡萄酒，文火加热，浓缩至原容积的1/2。

④捞出小虾切成小丁作为装饰料，待用。

⑤将油面酱和鱼汤加入沙司锅中，文火加热10～15分钟，过滤，将过滤后的汤再倒回沙司锅中，加热至微沸状态。

⑥上桌前，加入热奶油和虾肉丁，加料调味。

质量标准：色泽淡红，味道鲜香浓郁。

新英格兰蛤蜊浓汤

原料配方：

蛤蜊1罐，咸肉150克，土豆750克，洋葱200克，鲜奶油250克，黄油50克，鱼高汤1 500毫升，辣椒粉、盐、胡椒粉、百里香少许。

制作步骤：

①洋葱切丝，土豆切方块。咸肉洗净切片，放入煎锅，加黄油，用中火煎至锅底出现

一层薄衣后，将火调小，加洋葱，烧约5分钟。当咸肉和洋葱呈淡金黄色时，加少许水和土豆块，用大火烧开，再将锅盖半开，用小火煨约15分钟，直到土豆软而不烂。

②将罐装的蛤蜊肉和汤汁连同鲜奶油和百里香粉放入鲜肉锅内，加入清汤，用小火烧至快要滚烫时，加适量的盐和辣椒粉调味，然后再加少量的黄油搅拌。

③上桌时，将汤盛入汤盘，撒上胡椒粉。按传统习惯另配用盆装的饼干数块。

质量标准：味鲜香浓，色泽淡黄。

7.3.5 杂烩浓汤

"Chowder"主要指什锦汤或杂料汤，其制作步骤各异，该类汤的命名常因汤中的主料名称而改变，而且它的配料品种与数量也没有具体规定，但无论主料及配料，经过刀工处理的原料形状都稍大，这是区别于其他汤的特征之一。

海鲜周打汤

原料配方：

鱼清汤1.5千克，比目鱼200克，平鱼200克，龙虾1个，海鳗200克，蛤蜊200克，葱头15克，大蒜末25克，番茄50克，番芫荽15克，烤面包10片，青蒜15克，黄油50克，红花粉5克，香叶片5克，百里香5克，盐20克，胡椒粒5克，葱丝适量。

制作步骤：

①各种海鲜经初步加工取出净肉，上火煮熟，分放于10个汤盘内，鱼汤留用。

②把葱头、青蒜切成丝，番茄切丁。蒜末及黄油调匀，抹在面包片上，入炉把蒜末烤香。

③用黄油把蒜末、葱丝、胡椒粒炒黄，放入青蒜、番茄、鱼清汤及部分煮鱼的汤，沸后调入百里香、红花粉、盐煮开。

④把汤浇在海鲜上，放上面包片，撒上芫荽末即成。

质量标准：色泽浅黄、鲜嫩味美。

蟹肉浓汤周打汤

原料配方：

螃蟹800克，蟹肉100克，胡萝卜80克，洋葱80克，韭葱40克，白兰地酒50毫升，干白葡萄酒150毫升，香槟酒50毫升，大米150克，海鲜鱼汤2 000毫升，番茄400克，番茄酱40克，大蒜20克，香料束1束，香菜20克，黄油80克，橄榄油50克，奶油100克，盐和白胡椒粉适量。

制作步骤：

①将螃蟹切成小段备用。

②胡萝卜、洋葱、韭葱切碎，番茄去籽后切碎，大蒜拍碎备用。

③橄榄油放入厚底锅中，用旺火将螃蟹炒制成大红色。

④加入胡萝卜碎、洋葱碎、韭葱碎和大蒜碎炒香出味。

⑤加入白兰地酒点燃，烧出酒的香味，再加干白葡萄酒浓缩。

⑥原料转入汤锅中，加入海鲜鱼汤用大火煮沸，去除浮沫后，再放入番茄碎、番茄酱和香料束煮制出味。

⑦取出汤中的螃蟹，剔出蟹肉备用，将蟹壳搅碎后放入汤中继续熬制30 ~ 40分钟。

⑧加入大米和奶油调剂稠度，达到一定的浓度后，用盐和胡椒粉调味，过滤保温。

⑨装盘，用黄油将蟹肉炒香，加香槟酒后装入汤盘中，将汤倒入汤盘，撒上香菜末，即成。

质量标准：汤色成橘红色，微咸，口味鲜醇浓厚。

[思考题]

1. 简述基础汤的原料。
2. 简述清汤的原料。
3. 简述清汤的影响因素。
4. 简述浓汤的种类及其制作方法。

单元8 西餐调味工艺

【知识目标】

1. 了解调味的原则和作用；
2. 了解调味的特点；
3. 熟悉沙司的分类和作用。

【能力目标】

掌握沙司的制作方法。

本单元主要对调味及沙司的生产原理与工艺进行总结和阐述，包括调味的原则、作用和特点，沙司的种类和作用以及沙司的制作工艺。通过本单元的学习，可掌握各类沙司的制作方法。

任务1 调味概述

调味就是把菜肴的主、辅料与多种调味品适当配合，使其相互影响，经过一系列的过程，去除异味增加美味，形成菜肴风味特点的过程。

8.1.1 调味的原则

1）根据菜肴的风味特点进行调味

长期以来，西餐各式菜肴都已形成了各自的风味特点，因此，在调味中应注意保持其原有的特点，不能随便改变其固有的风味。如俄罗斯人口味较重，英国人口味较清淡，美国南部得州靠近墨西哥地区的人们口味浓重偏辣等。

2）根据原料的不同性质进行调味

西餐烹饪原料有很多，特点各异。对于本身具有鲜美滋味的原料，要利用味的对比现象，突出原料本身的美味；对于本身带有异味的原料，调味要偏浓重，利用消杀现象或调味品的化学反应去除异味。

3）根据不同的季节进行调味

人们口味的变化和季节有一定的关系。在炎热季节人们喜爱清淡口味，而在严寒季节人们喜爱口味浓郁的菜肴。因此，在调味时应根据这个规律，灵活掌握口味的变化。

8.1.2 调味的作用

1）确定菜肴的口味，形成菜肴的风味

菜肴的口味主要是通过调味来确定的，同时调味还是形成菜肴风味的主要手段。西餐和中餐菜肴口味的不同主要是由于调味的不同。再如，同样是牛肉，由于使用的调味品不同，就可形成不同风味特点的菜肴。

2）形成美味，去除异味

烹饪原料本身的滋味是有限的，甚至有的原料本身并无明显的美味，但可以通过调味增加美味，制作出人们喜爱的菜肴。同时，有的烹饪原料有一些不良气味，如水产品的腥味和羊肉的膻味等，可通过调味，利用消杀现象和其他化学变化加以去除。

3）使菜肴多样化

菜肴品种的变化是由多种因素决定的，其中调味方法的变化是其中的主要因素之一。同样的原料、同样的烹法，但由于使用的调味品不同，就可以调制出许多不同的风味菜肴。

8.1.3 调味的方法

西餐调味的方法主要有原料加热前调味、加热中调味、加热后调味等3种形式。

1）加热前调味

原料加热前调味，又称基础调味，目的是使原料在烹制前就具有基本的味，同时去除某些原料的腥膻气味以及改善原料的色泽、硬度和持水性。主要适用于加热中不宜调味或不能很好入味的烹调方法。如烤、炸、煎等烹调方法烹制的菜肴，一般均需对原料进行基本调味。此阶段所用的调味方法主要有腌制法、裹拌法等。

腌制法是将加工好的原料用调味品（如盐、辣酱油、料酒、糖等）调拌均匀后浸渍，时间可长可短，根据具体要求而定。而裹拌法主要是指原料的裹粉、调味与致嫩同时完成，一举两得。

2）加热中调味

加热中调味，也称正式调味或定型调味。其特征为调味在加热炊具内进行，目的主要是使菜肴所用的各种主料、配料及调味品的味道融合在一起，相辅相成，从而确定菜肴的滋味。

3）加热后调味

加热后的调味又称辅助调味，它是指菜肴起锅后上桌前或上桌后的调味，是调味的最后阶段，其目的是补充前两个阶段调味之不足，使菜肴滋味更加完美或可增加菜肴的特定滋味。如肉类炸制菜肴往往在成菜后或上桌前撒胡椒盐或蘸番茄酱等，煎烤牛排类菜肴要在上桌前另浇沙司等调味等，这些都属于加热后调味。

值得注意的是，并不是所有的肉类菜肴都一定要经历上述3个阶段，有的肉类菜肴只需要在某一阶段完成，常称之为一次性调味。而有些肉类菜肴需要经历上述3个阶段或者其中的某两个阶段，一般称其为重复性调味。

8.1.4 调味的要求

1）崇尚自然，保持新鲜，追求本味

烹制西餐菜肴时，要注重保持原料本身的风味。烹饪菜肴的最终目的是呈现和突出食物本身最核心的本味，以感受食物最自然的风味。如煎牛肉，要吃到牛肉原有的味汁，品牛肉原有的香味；土豆泥，要体现出土豆自然的清香味。因此，西餐调味的味型，更注意食物本身单一味的表现，以不掩盖原料自身的本味为原则，对食物的新鲜度要求极高，始终坚持食物新鲜是烹饪的唯一前提标准。

2）选料严格，烹饪简单，风味清淡

西餐烹饪选料以健康、自然和时令为首要标准。烹饪原料不仅以市场采购为主，主厨还常常自己动手，寻找、开发品质更佳的原料。许多有特色的西餐厅都有专供的新鲜香草和蔬菜的种植园，为日常的调味和烹饪创造了极佳的便利条件。

3）慎用香料，配菜灵活，风味独特

西餐主料的烹调往往较为简单，以保留食材的原汁原味。配料和酱汁的制作则颇费工夫，所使用的原料，无论是肉汤、酒类、奶油、芝士、黄油或各式香料、水果等，都运用得非常灵活。许多大厨都有自己独创的特色沙司酱汁、配方和菜式，还常常用自己的名字来命名所创的特色酱汁和菜肴，以此作为招牌，吸引客人。

8.1.5 调味的特点

1）注重营养和健康

以法餐为例，在17世纪以来的传统法餐调味中，主厨深受法国宫廷皇家烹饪风格的影响，其制作的菜肴中的沙司酱汁味厚重油腻，虽然风味浓厚，但是不易被人体消化吸收，不利于营养健康。

而近代法餐中，菜肴调味以低热量、营养均衡为特点，讲究新鲜、自然的特色。沙司酱汁口味清爽，油少不腻，浓稠适度，量少而精，易于人体消化吸收，符合现代平衡膳食的发展趋势。

2）加工精细，应用严格

西餐调味品注重对细节的加工，如厨师会随时撇去浮沫和浮油等，以得到更油亮的汤和沙司，保证菜肴油少、健康。基础汤的应用要求十分严格，不同的原料和菜肴要使用不同的基础汤。如烹制小牛肉类的菜肴，用小牛肉基础汤；烹制鸭肉类菜肴，用鸭肉基础汤；烹制鸡肉类菜肴，用鸡肉基础汤。只有如此，才能进一步确保菜肴的原汁原味。

3）制作严谨，工艺规范

西餐调味对基础汤的要求更高，汤清味醇，带有大量的肉胶。制作基础汤时，要用到大量的牛膝、牛足、牛尾等胶质原料，使汤增稠。根据菜肴的风味特色，选用不同的浓稠料，如制作风味清淡的酱汁时可以用黄油拌面酱增稠，制作白汁类沙司酱汁时可以用白色油面酱增稠，制作黄色类沙司酱汁时可以用黄色油面酱增稠，制作褐色类沙司酱汁时可以用褐色油面酱增稠。此外，还有一些特殊的增稠料应用，如蔬菜泥、鸡（猪）血等。

4）大量使用酒类，以浓味增香

现代西餐的沙司制作更加简便、快捷。除了烧汁、白汁等基本的母沙司外，多数沙司都是现烹现制的。制作中，讲究“浇锅底”的烹制技法，即用酒来溶化锅中煎肉时余下的风味物质，以保持烹饪过程中菜肴的原汁原味。

在西餐沙司酱汁的制作过程中，调味用酒类的选用比较灵活，根据原料风味和菜品特色而定，一般多用干红葡萄酒、红葡萄酒、苹果酒、覆盆子酒等。

5）大量使用特色香草或香料

在追求西餐调味的开发与创新上，特色香草或香料的作用功不可没。香料在西餐调味中的应用相当广泛，常用香叶、百里香、莳萝、鼠尾草、罗勒等。而一些特色香料也被借鉴应用在菜点中，产生了独特的风味，如青胡椒、黑胡椒、孜然粉、咖喱粉等。其中，以中国四川特有的花椒在西餐中的应用最为独到，如花椒味的冰激凌、鹅肝酱等，别具特色。随着全球性餐饮文化的不断交流与发展，相信会有更多的特色香料在西餐调味中得到广泛应用，产生更大的影响。

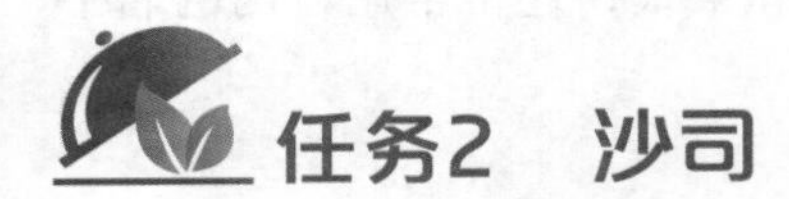

任务2　沙司

沙司在西餐烹调中占有十分重要的地位。制作沙司是西餐烹调一项非常重要的工作，一般由受过训练的有经验的厨师专门制作。沙司与菜肴主料分开烹调的方法是西餐烹饪的一大特点。

1）西餐沙司的概念

沙司是英文"Sauce"的音译，我国北方习惯译成沙司，是指经厨师专门制作的菜点调味汁。沙司一般使用味重、黏稠的汤汁来调节、增加菜肴的味道。沙司对于西餐菜肴至关重要，它可以调整菜肴的下列性质：湿度、味道、饱满度、外观（色泽）、口感。

2）西餐沙司的分类及组成

沙司的种类很多，分类方法也不尽相同，根据其性质和用途可分为冷菜沙司、热菜沙司和点心沙司。

（1）冷菜沙司

冷菜沙司往往由植物油、白醋、盐、胡椒、辣酱油、番茄酱、辣椒汁等制作的调味汁以及由它们制作的各种各样的沙拉酱及调味汁组成。

（2）热菜沙司

西餐热菜沙司主要由3种成分构成：沙司的主体（汤汁）、黏稠物质、调味品和增味成分。

（3）点心沙司

用于制作点心的沙司往往由白糖、黄油、奶油、牛奶、巧克力、水果、蛋黄等制作而成。

汤汁构成了大多数沙司的主体或基础。沙司基本是在5种汤汁的基础上制作而成的，这些沙司被称为主沙司或母沙司。

①白色高汤（鸡肉高汤、小牛肉高汤、鱼高汤）用于制作黏稠沙司。

②上色高汤用来制作上色沙司。

③牛奶用来制作白沙司。

④番茄加高汤用来制作番茄沙司。

⑤澄清后的黄油用来制作荷兰沙司。

经常使用的沙司是以高汤为基础制成的。沙司质量的高低也取决于高汤制作的好坏。

沙司的种类很多，大多数沙司都有一定的浓稠度。沙司的浓稠度一般以能够挂在食物上不流为宜。具体的浓稠度要根据菜肴的要求去调制。沙司浓度的调节剂主要有以下几种。

①油炒面。

油炒面又称黄油面粉糊、面捞，用油脂和面粉一起烹调制成，主要有3种类型。

A. 白色油炒面。

原料配方：黄油：面粉=1：1

制作步骤：将黄油溶化，加入面粉并搅均匀，放于120～130 ℃炉灶上或160 ℃左右的烤箱内，加热几分钟，至面粉松散、不变色即可。

用途：白色油炒面主要用于牛奶白沙司、奶油汤的制作。

B. 淡黄色油炒面。

原料配方：黄油：面粉=1：1

制作步骤：加热时间较白色油炒面稍长些，加热至面粉松散、呈淡淡的浅黄色即可。

用途：淡黄色油炒面主要用于白沙司、番茄沙司和奶油汤的制作。

C. 布朗油炒面。

原料配方：黄油：面粉=4：5

制作步骤：用黄油将面粉慢慢炒至松散，呈浅棕色即可。注意不要烹调过度，使油炒面变成深褐色，这样会使淀粉发生老化，失去变稠的性能，也会使油脂从油炒面中分离出来，并产生不良气味。

用途：布朗油炒面主要用于布朗沙司的制作。

②粟米粉、慈姑粉、薯粉或藕粉。

制作步骤：将这些淀粉类原料用水或牛奶、基础汤稀释，调入煮汁中即可。

用途：淀粉类原料主要用于烤肉原汁的制作。

③黄油面团。

制作步骤：用等量的黄油或人造黄油与面粉搓揉成光滑的面团，调入煮汁中。

用途：黄油面团主要是“应急之用”。

④蛋黄。

用途：蛋黄主要用于马乃司、荷兰沙司、吉时汁的制作。根据菜肴的不同进行不同的运用。

⑤奶油和黄油。

制作步骤：将鲜奶油、黄油分别或一起放入浓缩的基础汤里，调节沙司的浓度。

用途：应用范围广泛。

虽然构成沙司主体的汤汁为沙司提供了基本的调味成分，但还要加入其他成分，增加沙司主体味道变化层次，以使沙司味道更完美。由基本沙司加入不同调味成分，可以演变为成百上千种沙司。

3）西餐沙司的作用

沙司是西餐菜点的重要组成部分，尤其在菜肴中起着举足轻重的作用，主要表现在以下几个方面。

（1）增加菜点的色泽

各种各样的沙司由于制作中的原料不同，有着不同的颜色，如褐色、红色、白色、黄色等。黄色以咖喱居多，白色多为奶油沙司，红色一般为番茄沙司调味汁，茶褐色为西班牙风味和多米尼加风味的沙司。

（2）增加菜点的香味

西餐沙司使用的原料很多，其中有一类为香料，包括新鲜的香草和干制的香料，巧妙运用它们能增加沙司的香气，从而赋予菜点诱人的香味。另外，还有西餐烹调用酒的使用也能达到同样的效果。

（3）确定或增加菜点的口味

各种热菜的沙司都是由不同的基础汤汁制作而成的，这些汤汁都含有丰富的鲜味物质，同时还能把各种调味品溶于沙司中，增加菜肴的口味，而且大部分沙司都有一定的稠度，能均匀地包裹在菜肴的表层，这样能使一些加热时间短、未能充分入味的原料同样富有滋味。一些沙司直接调制的菜肴，其口味主要由沙司来确定，一些单配的沙司也能给菜肴增加美味。

（4）美化菜点造型

由于在制作沙司时使用了油脂，因此沙司色泽会显得鲜艳光亮。而且在装盘时沙司浇淋所形成的图案能够平衡它与主料的重心，从而彰显主料的特点，增加整体造型的流动感，使菜肴的造型更加美观。

（5）改善菜点的口感

由于大部分沙司都有一定的稠度，可以裹在菜肴的表层，这就可以使菜肴内部热量不易散失，还可以防止菜肴水分流失，从而改善菜点的口感。

4）沙司制作的关键步骤及注意事项

（1）关键步骤

①浓缩，用小火长时间浓缩沙司，使其味道浓郁，稠度增加，更富有光泽。

②去渣，以清汤或烹调用酒将粘于锅底的原料溶解，此过程使沙司更有风味。

③过滤，调制出的沙司经过过滤后，才能显示出质地细腻的效果。

④调味，细心、准确地调味能够使沙司增色无限。

（2）注意事项

①严格按照配方制作沙司，不要随意添加配料和调味料。

②制作过程中要及时用木匙或打蛋器搅拌，以免煳底。

③沙司制作结束时，可以加入一些奶油、黄油来增加沙司的光泽。

④热菜沙司要及时保温，防止结皮；冷菜沙司要及时冷藏。

任务3 沙司的制作

8.3.1 西餐热菜沙司

西餐中的热菜沙司品种很多，归纳起来主要有白沙司、布朗沙司、咖喱沙司、番茄沙司、荷兰沙司和其他特殊沙司。这些沙司都是基础沙司，西餐中的大多数热菜沙司都是以这些沙司为基础演变的。

1）白沙司及其衍生沙司

传统的白沙司是用文火将无脂小牛肉、香草和调味料与黄油炒面煮制1小时而成，或向黄油炒面中加入白色小牛高汤，然后经过浓缩而制成。但是现今厨师很少采用这些方法。

现今普遍使用的是制作简单的白沙司（将牛奶和油脂面粉糊简单混合而成），加入洋葱和调味品并经过文火煮制，可以提高白沙司的质量。

（1）白沙司

原料配方：黄油250克，面包粉250克，牛奶4升，小洋葱1只，香叶1片，丁香3粒，盐、豆蔻粉、白胡椒粉适量。

制作步骤：

①黄油放入厚底锅内，慢火加热至溶化，加入面粉制成白色油脂面粉糊。将油脂面粉糊稍微冷却，待用。

②在另一个沙司锅中将牛奶煮热，把牛奶逐步加入油脂面粉糊中，不断搅动。

③将沙司煮沸，连续搅动。然后用文火继续煮制。加入香叶、丁香、洋葱，继续煮制15～30分钟，不断搅动。

④加入盐、豆蔻粉、白胡椒粉调味。

⑤过滤，表面浇上溶化的黄油，以防沙司起皮。

质量标准：沙司色泽乳白，有光泽，细腻滑爽，呈半流体。

（2）衍生沙司

以牛奶白沙司为基础，可以演变出多种沙司，常见的有：

①鱼沙司。在白汁沙司内，加入鱼柳或鱼精即可。鱼沙司主要用于温煮、沸煮、煎制的鱼类菜肴。

②鸡蛋沙司。将煮鸡蛋切成小丁，放入白汁沙司内，煮透即可。鸡蛋沙司主要用于温煮、沸煮的鱼类菜肴。

③洋葱沙司。用黄油将洋葱碎炒香，但不要上色，加入白汁沙司内，煮透即可。洋葱沙司主要用于烤羊腿等菜肴。

④番芫荽沙司。在白汁沙司内加入番芫荽末，煮透即可。番芫荽沙司主要用于温煮、沸煮的鱼类、蔬菜菜肴。

⑤奶油沙司。在白汁沙司内加入奶油，煮透即可。奶油沙司主要用于温煮、沸煮的鱼

类、蔬菜菜肴。

⑥莫内沙司。在白汁沙司内加入芝士粉。

⑦芥末沙司。在白汁沙司内加入稀释英式芥末粉，煮透即可。芥末沙司主要用于铁扒的鱼类菜肴。

⑧番红花沙司。在白汁沙司内加入奶油和番红花或番红花粉，煮透即可。番红花沙司主要用于海鲜菜肴。

2）肉汁白沙司及其衍生沙司

这种白沙司又称肉汁或白汁。制作这种白沙司的基础是淡黄色油炒面和白色基础汤。

（1）肉汁白沙司

原料配方：白色基础汤500克，面粉100克，黄油100克，盐3克，白胡椒粉1克，香叶1片。

制作步骤：

①用黄油将面粉炒香，先加入一半的白色基础汤，一边加一边用力搅拌均匀，至汤与面粉完全融为一体时，再加入剩余的基础汤及香叶，用微火煮20分钟，同时不断搅动，以免煳底。

②最后放入盐、白胡椒粉调味即可。

质量标准：沙司色泽洁白，细腻有光泽，呈半流体。

（2）衍生沙司

这种白沙司也是一种基础沙司，可以演变出多种沙司，常见的有以下几种：

①酸豆沙司。在肉汁白沙司内加入酸豆，煮透即可。酸豆沙司主要用于煮羊腿。

②蘑菇沙司。在肉汁白沙司内加入白蘑菇片，微沸15分钟，撤火，加入蛋黄和奶油，搅拌均匀即可。蘑菇沙司主要用于煮鸡、烩鸡等。

③它里根沙司。将它里根香草在干白葡萄酒内煮软，加入肉汁白沙司内，调入奶油，煮透即可。它里根沙司主要用于煮鸡等。

④顶级沙司。在肉汁白沙司内加入切碎的蘑菇丁，煮透，滤去蘑菇丁，撤火，逐渐加入奶油、蛋黄、柠檬汁，搅拌均匀即可。顶级沙司主要用于煮鸡、烩鸡等。

⑤曙光沙司。在顶级沙司的基础上加入番茄汁，使其有轻微的番茄味即可。曙光沙司主要用于煮鸡、煮鸡蛋等。

⑥奶油莳萝沙司。在用鱼基础汤制作的白沙司内，加入奶油、莳萝、干白葡萄酒，煮透即可。奶油莳萝沙司主要用于烩海鲜等。

3）布朗沙司及其衍生沙司

布朗沙司又称黄汁、红汁，制作布朗沙司的基础是布朗基础汤和布朗油炒面。

（1）布朗沙司

原料配方：布朗基础汤20升，黄油50克，面粉60克，番茄汁或番茄酱100克，牛骨10千克，蔬菜香料（洋葱、胡萝卜）200克，香叶、百里香适量。

制作步骤：

①将牛骨和蔬菜香料烤至浅棕色。

②将黄油放入厚底锅中，加入面粉，微火炒至浅棕色，晾凉。

③加入番茄酱，再逐渐加入热的布朗基础汤，搅拌均匀。

④再加入牛骨、蔬菜香料、香叶、百里香等。

⑤小火，微沸，煮制4～6小时，并不断撇去汤中浮沫和油脂，过滤即可。

注：制作布朗沙司时，可根据需要加入部分胡萝卜粒、火腿粒、培根等增加香味的辅料。此外，还可以加入红酒、雪利酒等增加沙司的色泽和香味。

质量标准：色呈棕红，近似流体，口味香浓。

(2)衍生沙司

以布朗沙司为基础，可以演变出很多用途不同的沙司。

①烧汁。在布朗沙司中再加入烤至棕色的牛骨或小牛骨等，浓缩到一半以上后，调味而成。

②波都沙司。将洋葱碎、胡椒碎、香叶、百里香等放入红酒中煮制，浓缩至1/4左右，加入烧汁或布朗沙司，煮透，调口，过滤即可。波都沙司主要用于牛排、小牛排等。

③猎户沙司。黄油炒洋葱碎至软，加入蘑菇片，炒透，控油，加入白葡萄酒，浓缩至一半以上，再加入番茄粒、烧汁或布朗沙司，小火，微沸，煮透，最后加入番芫荽末、它里根香草，调口即可。猎户沙司主要用于牛排、小牛排以及烩牛肉、羊肉、鸡肉等。

④黑胡椒沙司。洋葱碎、蒜碎用黄油炒香，加入黑胡椒碎、红酒，小火浓缩至1/4左右，再加入烧汁或布朗沙司，煮透，调味即可，不用过滤。黑胡椒沙司主要用于牛排。

⑤蜂蜜沙司。将糖炒成糖色，加入烧汁或布朗沙司内，调入蜂蜜、火腿皮，小火，微沸，煮透，调味即可。蜂蜜沙司主要用于火腿。

⑥迷迭香沙司。在烧汁或布朗沙司内，加入烤鸡原汁及烤鸡骨，放入迷迭香、红酒，浓缩至一半，调口，过滤即可。迷迭香沙司主要用于烤鸡。

⑦马德拉酒沙司。在沙司锅内倒入马德拉酒，稍煮，加入烧汁或布朗沙司，煮透，调味，过滤，稍晾凉后，调入黄油即可。马德拉酒沙司多用于牛排、牛舌等。

⑧雪利酒沙司、波尔图红酒沙司。这两种沙司的制法与马德拉酒沙司相同，前者选用雪利酒，后者选用波尔图红酒（砵酒）。主要用于猪排、牛排、牛柳等。

⑨布朗洋葱沙司。布朗洋葱沙司又称里昂沙司。用黄油将洋葱丝小火炒软，加入红酒或白醋，充分浓缩，加入烧汁或布朗沙司，煮透，调味即可。布朗洋葱沙司多用于小牛排、煎牛肝、鹅肝等。

⑩魔鬼沙司。将冬葱碎、洋葱碎、胡椒碎和杂香草等，用红葡萄酒和少量白醋小火煮制，浓缩至一半，加入烧汁或布朗沙司，煮透，再调入少许辣椒粉或芥末粉调味，过滤，调口即可。魔鬼沙司常用于铁扒、煎的鱼类、肉类菜肴等。

4)黄色沙司及其衍生沙司

咖喱沙司与苹果沙司都是黄颜色的，因此统称为黄色沙司。

(1)咖喱沙司

原料配方：咖喱粉25克，咖喱酱250克，姜黄粉25克，什锦水果（苹果、香蕉、菠萝等）300克，鸡基础汤3千克，葱头25克，蒜35克，姜50克，青椒50克，土豆1千克，橄榄油50克，辣椒1个，香叶2片，丁香1粒，椰子奶100克，盐3克。

制作步骤：

①把各种蔬菜洗净，葱头、青椒切块，水果、土豆去皮切片，姜、蒜切片。

②用油将葱头、姜、蒜炒香，放入咖喱粉、咖喱酱、姜黄粉、丁香、香叶、辣椒炒透，再放入土豆、青椒、水果稍炒，放入鸡基础汤在微火上煮1.5小时，至蔬菜和水果软烂，再用料理机打成泥，如浓度不够可用油炒面调节稠度，加入盐、椰子奶调味，煮沸过筛即成。

质量标准：色泽黄绿，口味多样。

说明：咖喱沙司常用于家禽类菜肴。以咖喱沙司为基础调制的沙司种类不多，最常见的是奶油咖喱沙司，在咖喱沙司内加入1/3的鲜奶油，用小火煮浓而成，常用来配水煮鱼。

（2）苹果沙司

原料配方：酸苹果400克，黄油25克，砂糖2克，玉桂粉适量。

制作步骤：

①苹果去皮、去核，洗净切块。

②放入沙司锅内，加入黄油、砂糖和少量水，盖上严实的锅盖。

③煮至苹果软烂，成蓉汁状，过滤成泥即可。

质量标准：沙司色泽米黄，香甜适口。

苹果沙司常用于配烤猪排、烤鸭、烤鹅等。

5）番茄沙司及其衍生沙司

（1）番茄沙司

原料配方：鲜番茄500克，黄油50克，面粉50克，蒜泥50克，基础汤2 500克，培根丁30克，洋葱粒100克，胡萝卜粒50克，芹菜粒50克，百里香、香叶、盐、胡椒粉适量。

制作步骤：

①将番茄洗净，去皮、去子，用粉碎机打碎。

②用黄油将辅料炒香，并轻微上色。

③调入面粉，炒至松散，加入番茄蓉，炒透，晾凉。

④逐渐加入煮开的基础汤，搅拌均匀。

⑤加入蒜泥、盐、胡椒粉调口，小火，微沸煮1小时左右，过滤即可。

质量标准：沙司色泽鲜红，细腻有光泽，口味浓香，酸咸。

说明：番茄沙司常用于煎鱼、炒面条等。

（2）衍生沙司

①杂香草沙司。用黄油将洋葱末、蒜末炒香，然后放入番茄酱、杂香草稍炒，烹入少量红葡萄酒，再加入番茄沙司调匀即成。适用于各类菜肴。

②普鲁旺沙司。用葡萄酒把洋葱末、大蒜末煮透，加入番茄沙司开透，再撒上芫荽末、橄榄丁、蘑菇丁搅匀，烧开即可。适用于各类菜肴。

③西班牙沙司。用黄油把洋葱丝、大蒜片、青椒丝、鲜蘑菇片等炒熟，加入番茄沙司开透，再撒上番茄丝、西式火腿丝，调味即可。适用于各类菜肴。

④葡萄牙沙司。用黄油把洋葱丁、大蒜末炒透，加入番茄沙司烧透，再撒上番芫荽、番茄丁，搅匀，烧开即成。适用于各类菜肴。

⑤美国沙司。用黄油把洋葱末、芹菜末、胡萝卜末、香叶炒香，加入番茄沙司烧透，再撒上番茄丁，烧开即成。适用于红烩类菜肴。

6）荷兰沙司及其衍生沙司

（1）荷兰沙司

原料配方：蛋黄2个，清黄油200克，白醋或柠檬汁50克，白兰地酒50克，香叶2片，黑胡椒6粒，洋葱50克，盐、辣酱油适量。

制作步骤：

①把洋葱末、香叶、黑胡椒、柠檬汁或白醋放入沙司锅内，充分浓缩，过滤。

②在过滤后的浓缩汁中再加入适量的清水，晾凉。

③将蛋黄放入沙司锅内，搅打均匀。

④再将沙司锅放入50～60 ℃的热水中，加入白兰地酒，并不断搅打，直至将蛋黄打起。

⑤从热水中取出沙司锅，稍晾。

⑥再逐渐加入溶化的清黄油，不断搅打，直至完全融合，加入晾凉的浓缩汁，调味即可。荷兰沙司如不及时使用，应在微热的温度下保存。

质量标准：沙司色泽浅黄，细腻有光泽，口味咸酸，黄油味浓郁。

（2）衍生沙司

①马耳他沙司。在荷兰沙司内加入橙汁、橙皮丝，搅匀即可。马耳他沙司常配芦笋食用。

②摩士林沙司。在荷兰沙司内加入奶油，搅匀即可。摩士林沙司常用于焗制菜肴。

③班尼士沙司。用白葡萄酒或白酒醋将它里根香草煮软，倒入荷兰沙司内，加入番芫荽末，搅匀即可。班尼士沙司常用于烤、铁扒的肉类或鱼类菜肴。

7）硬黄油沙司

硬黄油沙司是以黄油为主料制作的固体沙司，主要用于特定菜肴。常见的硬黄油沙司有以下几种：

（1）香草黄油

原料配方：黄油1 000克，法国芥末20克，冬葱碎100克，洋葱碎100克，香葱50克，牛膝草5克，莳萝10克，他拉根香草8克，银鱼柳10条，蒜末10克，咖喱粉5克，红椒粉5克，柠檬皮5克，橙皮3克，白兰地酒50克，马德拉酒50克，辣酱油5克，盐12克，黑胡椒粉10克，蛋黄4个。

制作步骤：

①把黄油软化，然后将其打成奶油状。

②用黄油将冬葱碎、洋葱碎、蒜末炒香至软。

③加入其他原料，稍炒，晾凉，放入软化的黄油中，再加入蛋黄，搅拌均匀。

④将搅匀的油纸卷成卷或用挤带挤成玫瑰花形，放入冰箱冷藏，备用。

香草黄油应用广泛，变化也较多，不同的厨师有不同的调制方法，常用于烤、铁扒的肉类菜肴等。

（2）番芫荽黄油

原料配方：黄油100克，番芫荽末10克，柠檬汁、盐、胡椒粉少量。

制作步骤：

①将黄油软化，打成奶油状，加入柠檬汁、胡椒粉、盐、番芫荽末搅匀。

②用油纸卷成直径3厘米左右的卷，放入冰箱冷冻，备用。

③番芫荽黄油常用于铁扒的肉类菜肴，如大管式牛排。

（3）鳀鱼黄油

原料配方：黄油50克，鳀鱼柳25克，盐、胡椒粉适量。

制作步骤：

将黄油软化，鳀鱼柳切碎与黄油混合，盐、胡椒粉调味，搅拌均匀，用油纸卷成卷，放入冰箱，备用。

鳀鱼黄油常用于煎、铁扒的鱼类菜肴。

8.3.2 西餐冷菜沙司及调味汁

各种冷菜沙司及冷调味汁是调制冷菜的主要原料，有些品种还可佐餐热菜。冷菜沙司与冷菜调味汁大体可以分为3类，即马乃司沙司、油醋沙司、特别沙司。

1）马乃司沙司

原料配方：鸡蛋黄2个，沙拉油500克，芥末20克，柠檬汁60克，冷清汤50克，盐15克，胡椒粉适量。

制作步骤：

①把蛋黄放在陶瓷皿中，再放入盐、胡椒粉、芥末。

②用蛋抽把蛋黄搅匀，然后徐徐加入沙拉油，并用蛋抽不停地搅拌，使蛋黄与油融为一体。

③当搅至黏度大、搅拌吃力时，可加入一些白醋和冷清汤，这时黏度减小，颜色变浅可继续加沙拉油。直到把油加完，再加上其他辅料，搅匀即成。

注：如用量大可用打蛋机搅制。

质量标准：

①色泽：浅黄，均匀，有光泽。

②形态：稠糊状。

③口味：清香及适口的酸、咸味。

④口感：绵软、细腻。

制作原理：

制作马乃司沙司主要利用了脂肪的乳化作用，油与水本身是不亲和的，但通过机械的搅拌可使其均匀分散形成乳浊液，但静止后油和水就又分离。如果在乳液中加入乳化剂，就可以使乳液形成相对的稳定状态。

在制作马乃司沙司时，我们用生鸡蛋黄作乳化剂，因为鸡蛋黄本身就是乳化了的脂肪，其中又含有较高的卵磷脂，卵磷脂是一种天然的乳化剂，它的分子结构中既有亲水基又有疏水基。当我们在蛋黄内加油搅拌时，油就形成肉眼看不到的微小油滴，在这些小油滴的表层乳化剂中的疏水基与其相对，形成薄膜。与此同时，乳化剂中的亲水基与水分子相对。当马乃司沙司很黏稠时，也就是油的比例过高时，就要加水，使油和水的比例重新调整，才可继续加油。

保管方法：

①存放于5～10 ℃的室温或0 ℃以上的冷藏箱中。温度过高马乃司沙司易脱油，如结冰

后再解冻也会脱油。

②存放时要加盖，否则会因表层水分蒸发而脱油。

③取用时应用无油器具，否则也易脱油。

④避免强烈的振动，以防脱油。

以马乃司沙司为基础可以衍变出很多沙司，常见的有以下几种：

①鞑靼沙司。

原料配方：

马乃司沙司250克，煮鸡蛋1个，酸黄瓜50克，番芫荽15克，洋葱20克，盐、胡椒粉、柠檬汁适量。

制作步骤：

把煮鸡蛋、酸黄瓜切成小丁，番芫荽切末然后把所有原料放在一起，搅匀即可。

质量标准：黄里带黑，味香而醇。

说明：用于佐配海鲜、水产品等菜肴。

②千岛汁。

原料配方：

马乃司沙司500克，番茄沙司200克，煮鸡蛋1个，酸黄瓜35克，洋葱25克，番芫荽15克，盐、胡椒粉、柠檬汁适量。

制作步骤：

把煮鸡蛋、酸黄瓜、洋葱切碎，番芫荽切末，然后把所有原料放在一起搅均匀即可。

质量标准：粉红色，香甜酸辣。

说明：用于佐配海鲜、水产品等菜肴。

③法国汁。

原料配方：马乃司沙司500克，清汤200克，沙拉油50克，法国芥菜50克，白醋100克，葱末50克，蒜蓉40克，辣酱油、柠檬汁、豆蔻粉、盐、胡椒粉各适量。

制作步骤：

把除马乃司沙司以外的所有原料放在一起搅匀，然后逐渐加入马乃司沙司内，同时用蛋抽搅拌均匀即成。

质量标准：淡白色、味酸微辣。

说明：用于佐配蔬菜、肉类、海鲜、水产品等菜肴。

④奶酪汁。

原料配方：

马乃司沙司250克，蓝奶酪150克，葱头末50克，蒜蓉25克，酸奶50克，白醋15克，芥末25克，纯净水50克。

制作步骤：

把蓝奶酪切碎放入马乃司沙司内，搅拌均匀，再加入其他调料即可。

质量标准：色泽奶白、口味酸辣。

说明：用于佐配蔬菜类沙拉。

⑤鸡尾汁。

原料配方：

马乃司沙司250克，辣椒汁5克，白兰地酒15毫升，番茄沙司20克，盐5克，白胡椒5克，李派林汁15克，柠檬汁10克。

制作步骤：

将番茄酱加入马乃司沙司内，搅拌均匀。加入其他调料调味即可。白兰地酒最后加入，以免酒味挥发。

质量标准：色泽粉红、口味香辣。

说明：用于佐配海鲜、水产类菜肴。

2）油醋沙司及油醋汁

（1）油醋沙司

原料配方：

橄榄油250克，白醋50克，葱头末75，盐6克，胡椒粉2克，杂香草5克。

制作步骤：

把原料放在一起搅拌均匀即可。

质量标准：色泽淡黄，酸味宜人。

说明：用于佐配蔬菜类沙拉。

以油醋沙司为基础可以衍变出很多沙司，常见的有以下几种。

①渔夫沙司。

原料配方：

油醋沙司100克，熟蟹肉15克。

制作步骤：

把蟹肉切碎放入油醋沙司内，搅拌均匀即好。

质量标准：色泽淡黄，酸味利口。

说明：用于佐配海鲜、水产品等菜肴。

②挪威沙司。

原料配方：

油醋沙司100克，鳀鱼5克，熟鸡蛋黄15克。

制作步骤：

把熟鸡蛋黄和鳀鱼切碎，放入油醋沙司内，搅拌均匀即好。

质量标准：色泽淡黄、味道醇厚。

说明：用于佐配海鲜、水产品等菜肴。

③醋辣沙司。

原料配方：

油醋沙司150克，酸黄瓜15克，水瓜纽10克。

制作步骤：

把酸黄瓜和水瓜纽切碎，放入油醋沙司内，搅拌均匀即好。

质量标准：色泽淡黄，口味酸咸。

说明：用于佐配海鲜、水产品等菜肴。

（2）意大利油醋汁

原料配方：

芥末15克，青椒25克，红圆椒15克，洋葱15克，橄榄油50克，红葡萄酒15克，红酒醋15克，白醋5克，牛膝草3克，盐、胡椒粉适量。

制作步骤：

①将红葡萄酒用小火浓缩。

②将青椒、圆红椒、洋葱切成碎粒。

③用橄榄油慢慢将芥末顺同一方向调开，加入红酒醋、白醋和浓缩红葡萄酒。

④最后加入切好的碎粒和盐、胡椒粉、牛膝草即可。

质量标准：色泽鲜艳，口味酸辣。

说明：任意菜式均可使用。

（3）法国油醋汁

原料配方：

芥末15克，青椒15克，红圆椒10克，洋葱15克，橄榄油50克，白葡萄酒15克，白酒醋15克，白醋5克，牛膝草3克，大蒜5克，盐、胡椒粉适量。

制作步骤：

①将白葡萄酒用小火浓缩。

②将青椒、圆红椒、洋葱、大蒜切成碎粒。

③用橄榄油慢慢将芥末顺同一方向调开，加入白酒醋、白醋和浓缩白葡萄酒。

④最后加入切好的碎粒和盐、胡椒粉、牛膝草即可。

质量标准：色泽和谐、口味酸辣。

说明：一般油醋汁中醋和油的比例为1：2。

3）特别沙司

特别沙司的制作不尽相同，较为常见的有以下几种。

（1）金巴伦沙司

原料配方：

红加仑果酱500克，柠檬汁100克，橙汁100克，橙皮5克，柠檬皮5克，波尔图酒150克，英国芥末、红椒粉、盐各少量。

制作步骤：

①将橙皮、柠檬皮切成细丝用清水煮沸，捞出晾凉。

②把煮过的橙皮、柠檬皮及其他辅料一起放入红加仑果酱内，搅拌均匀即好。

质量标准：色泽鲜艳、口味酸甜。

说明：用于佐配各种肉食。

（2）辣根沙司

原料配方：

辣根200克，奶油100克，柠檬汁50克，盐、红椒粉各少量。

制作步骤：

把辣根擦成细蓉，把奶油打成膨松状，把所有主辅料混合均匀即好。

质量标准：辛辣利口、酸甜解腻。

说明：用于佐配胶冻类和较油腻的肉。

（3）薄荷沙司

原料配方：

薄荷叶50克，白醋400克，糖80克，纯净水400克，盐少量。

制作步骤：

把薄荷叶切成碎末，与所有辅料混合，上火煮透，然后晾凉即好。

质量标准：荷绿色、口味清凉。

说明：主要用于佐配烧烤羊肉类菜肴。

（4）意大利汁

原料配方：

沙拉油500克，黑橄榄50克，酸黄瓜30克，芥末50克，葱头末30克，蒜蓉20克，红葡萄酒50克，黑胡椒10克，柠檬汁20克，红醋50克，番芫荽10克，辣酱油10克，盐、糖、他拉根香草、阿里根奴、罗勒各适量。

制作步骤：

①把酸黄瓜、黑橄榄切成末，黑胡椒碾碎。

②把除红醋外的辅、调料放在一起，搅匀然后逐渐加入沙拉油，边加油边搅拌，直到把油加完，最后倒入红醋搅匀即成。

质量标准：色泽美观，口味鲜香。

说明：主要用于各种蔬菜沙拉。

（5）凯撒汁

原料配方：

鸡蛋黄3个，芥末15克，蒜末5克，银鱼柳10克，洋葱末5克，水瓜纽10克，辣椒汁10克，柠檬汁5克，橄榄油15克。

制作步骤：

①将鸡蛋黄和芥末混合，加入切成泥状的银鱼柳，慢慢淋入橄榄油，边淋边用打蛋器将蛋液顺同一方向匀速搅打至涨发。

②加入柠檬汁，将汁水稀释至适当厚度。

③加入蒜末、洋葱末、水瓜纽、辣椒汁调味即可。

质量标准：酸辣鲜香，色泽鲜艳。

说明：凯撒汁与生菜拌好，放上帕玛森芝士片、培根片、面包丁，即成凯撒沙拉。

8.3.3 西餐点心沙司

用于西餐点心的专门沙司较少，而且它们往往与点心馅心和装饰物混为一体，这里介绍几例作为参考。

1）蛋黄格斯沙司（又名忌林沙司）

原料配方：

牛奶500克，鸡蛋黄3个，白糖100克，面粉100克，香兰素0.5克。

制作步骤：

①将蛋黄、糖放入沙司锅搅拌，至起泡后加面粉拌匀。

②把烧沸的牛奶冲入沙司锅内，边冲边搅，以防起疙瘩。

③用微火加热，加入香兰素拌和即成。

质量标准：色泽浅黄，味香嫩滑。

说明：此沙司适用于蛋糕、布丁。

2）巧克力沙司

原料配方：

无糖黑巧克力150克，浓奶油150毫升，牛奶125毫升。

制作步骤：

将巧克力磨碎，与浓奶油和牛奶混合后放入碗中，一边用文火隔水蒸，一边不断搅拌即成。

质量标准：色泽黑亮，浓郁香甜。

说明：此沙司适用于佐配蛋糕、布丁等。

3）焦糖沙司

原料配方：

细砂糖150克，水125毫升。

制作步骤：

将细砂糖加水，用打蛋器不断搅拌，加热煮制浓稠状，颜色为棕色即成。

质量标准：色泽油棕，浓郁香甜。

说明：此沙司用于佐配泡芙、布丁等。

[思考题]

1. 简述调味的原则。
2. 简述调味的作用。
3. 简述调味的特点。
4. 简述沙司的分类。
5. 简述沙司的作用。

单元9 西餐烹调表演

【知识目标】

1. 了解西餐烹调表演的要素及种类；
2. 熟悉西餐烹调表演的用具及程序。

【能力目标】

1. 掌握西餐烹调表演的标准；
2. 能够尝试西餐烹调表演。

本单元主要对西餐烹调表演进行总结和阐述，包括西餐烹调表演的要素、种类、用具及程序。通过本单元的学习，可掌握西餐烹调表演的基本内容及案例等。

任务1　西餐烹调表演的要素及种类

当今视觉效应在西餐中愈加受到重视，西餐烹调表演工艺正符合人们的这种消费需求心理。通过现场表演，让客人看到食物加工、烹调的全过程，闻其香、观其色、看其形、听其声，增加就餐的趣味性和观赏性，使顾客产生浓厚的购买兴趣和强烈的消费冲动，大大提高酒店的知名度，产生较好的经济效益和社会效益。

西餐烹调表演主要来源于西餐中的法式服务，是指西餐服务员面对顾客，在餐厅里利用烹调车和轻便的小服务桌制作一些有观赏价值的菜肴，运用艺术切割法加工水果、奶酪和一些已经烹调成熟的菜肴及制作一些菜肴调味汁等，以营造良好的餐厅气氛，增加餐厅的知名度及提高餐厅营业额的一系列服务活动。西餐烹调表演过去一直在法国餐厅进行，主要有烹调、燃焰和切割服务表演等形式。瑞士餐饮管理专家沃尔特·班士曼在评估西餐烹调表演时说："我相信在顾客面前做一些烹调、燃焰和切割表演已经成为高级西餐厅中最吸引人的服务项目。"许多优秀的西餐厅经理认为，如果西餐厅服务员或承担烹调表演的厨师技术优秀，表演认真，顾客会非常喜欢和欣赏。餐厅烹调表演已经被业内人士证明是个有效的营销方法。

9.1.1　西餐烹调表演的要素

不是任何西餐厅都适合采用西餐烹调表演这种形式，经营西餐的企业必须对市场与目标顾客的需求、自身的条件及其他因素进行评估后才能决定是否需用餐厅烹调表演及采用哪种具体形式。评估烹调表演的因素主要包括10个方面，只有当这10个方面都达到理想的效果时，才适合采用餐厅烹调表演。

1）顾客方面因素

顾客方面因素包括顾客对餐厅烹调表演的接受能力和欣赏能力，对餐厅烹调表演服务

价格的接受能力、餐桌翻台率等。

2）服务方面因素

进行西餐烹调表演时，服务工作也要与一般的宴会有所区别，对于客前操作的美食，一定要给客人做详细的介绍，并且操作人员和服务人员要注意运用自己的服务技巧调节现场的气氛，使整个就餐过程因为进行了客前操作而让人感到热烈和愉悦。客人享受的服务也是五星级的，每上一道不同的菜式都会换一次瓷碟，让客人眼前永远清清爽爽，菜量也都恰到好处，既让人品尝到美味，又不会让人发腻。

3）成本方面因素

餐厅烹调表演需要更多的时间，更多的服务员，更多的空间，更多的设备和用具，因此，服务成本高。

4）安全方面因素

餐厅烹调表演必须在严格的安全条件下进行。在西餐烹调表演过程中，安全因素很重要。如表演铁板烧时，技术高超的大厨会把握距离，虽然铁板的核心部位有300 ℃的高温，但客人不必担心有烟熏火燎不舒服的感觉。再如在制作“燃焰”时，由于加入了烈性酒烹制，淡蓝色火焰腾空而起，顺着锅边旋转，平添了许多热烈气氛，空气中也弥漫着淡淡的酒香。由于在表演过程中出现了明火，因此安全要求格外重要。平时定期检查煤气炉及煤气罐，灶具与客人之间要保持一定距离，而且要做好消防安全措施。

5）人员方面因素

西餐烹调表演效果的好坏，与烹制操作者表演水平的高低有着直接的关系。杰出的餐厅烹调表演需要技术熟练和充满自信的操作人员，一般由厨师长进行操作，但如果由餐饮部经理、餐厅经理或服务主管来操作，往往效果会更好，因为这样可以拉近餐饮管理者与顾客之间的距离，便于双方沟通。

6）技术方面因素

熟练的技巧、专业的标准以及表演的天赋等都是客前美食表演成功的基础。操作技能在其中处于相当重要的地位。在烹调表演过程中，敏捷的动作、有目的性的操作表演行为，往往给人以自信的感觉，再加上所烹制出来的美食在色、香、味、形、器等特征上都让客人满意，那么，客前美食表演必定成功无疑。

例如，在制作西餐中铁板烧一类比较受欢迎的菜肴时，一般6 ~ 8位客人围在一个烧烤台前，烧烤台上放置一块厚度约2厘米的铁板，用煤气加热升温，铁板就是厨师的舞台。在烹制菜肴过程中，表演者能将盐罐、胡椒罐随一双巧手上下左右翻飞，能将利刃在空中抛舞，而且准确到位，得心应手。精湛的绝技往往让在场的客人拍手称赞。再如，“印度飞饼”是来自印度首都新德里的独特风味食品，是用调和好的面饼在空中用“飞”的绝技做成。制作时厨师捏紧面饼一端按顺时针方向转动，手里的面饼越转越大，越转越薄，几近透明。接着就是放馅料，稍作切割，装盘。制作飞饼的厨师在餐厅现场表演制作，潇洒大方，技术精湛，会为用餐增添无限情趣。

7）原料方面因素

原料质量优劣是客前美食表演成功与否的首要保证，除了烹调表演的专业技术要求之外，原料一定要新鲜、卫生、美观，不易变色或破损，而且都经过适当的加工，以免表演的时间拉得太长。如在表演沙拉的拌制与装盘时，精选的蔬菜、瓜果等原料必须在厨房

内清洗干净并滤干冷藏，甚至沙拉酱也可以在厨房预备好。而在西餐中表演制作肉类菜肴时，原料选择顶级的，而且事前加工时应去掉肥油及筋，并且按量平均分开，每份以一分钟的制作时间为好。

8）用具设备方面因素

西餐烹调表演使用的设施设备要质地优良，造型美观，功能齐全，给人以高档华贵的感觉。如果烹调车陈旧简陋，功能不全，进行操作时设施不能配套，使用工具跟不上，都会影响客人欣赏表演的兴趣，从而破坏烹调表演的整体效果。

9）环境方面因素

进行烹调表演前要充分考虑顾客的感受，保证客人不受干扰，不能使客人有不适的感觉。所以，在烹制过程中不可声音太响，刺鼻味太重，油烟味太大，而且，烹调时间过长的菜肴或点心都不宜进行客前操作。一般情况下，一桌高档宴席最多只能安排1~2道客前烹调表演，以免引起视觉疲劳，而且延长就餐时间。

10）菜肴品质方面因素

进行西餐烹调表演，一定要保证菜肴色、香、味、形、质等各方面的质量。顾客来餐厅用餐，主要是来享受美味佳肴，而不是专门为了欣赏烹饪表演。所以，在酒店经营中，如果只注重渲染气氛、哗众取宠而不能保证菜品质量，其结果只能是导致客人不满和反感。对于其他美食内容、品质要求也同样如此。

9.1.2 西餐烹调表演的种类

西餐烹调表演是在顾客面前，利用烹调车制作一些有观赏价值的菜肴的表演。因此，西餐烹调表演的菜肴必须有观赏性，可以快速制熟，而且没有特殊气味。餐厅烹调表演有许多种类和分类方法。

1）按照表演形式分类

（1）全过程烹调表演

将加工过而没有熟制的原料送至餐厅进行全过程的烹调表演。

（2）部分烹调表演

将厨房烹调好的菜肴送至餐厅做最后阶段的烹调，即组装或调味表演。

2）按照西餐菜肴的种类分类

（1）开胃菜表演

开胃菜烹调表演包括冷汤、水果、沙拉和鸡尾菜制作的表演，主要采用切割和组装的表演方式。

（2）意大利面条表演

将厨房煮熟的面条运送至餐厅做最后阶段的烹调、组装或调味表演。

（3）海鲜、禽肉和畜肉的表演

将小块且容易制熟的海鲜、禽肉和畜肉原料，通过服务桌的酒精炉或烹调车上的烹调表演将其制熟。

（4）甜点制作表演

在餐厅服务桌上或烹调车上制作一些可以快速成熟，又有观赏价值的甜点，或者将一

些已经制熟的甜点和水果等原料组装在一起的表演。

3）按照烹调手段分类

（1）燃焰烹调表演

燃焰烹调表演是在菜肴最后的烹调阶段放入少许烈性酒，使酒液与烹调的锅边接触产生火焰的表演。这种烹调方法使用酒精度高的白兰地酒或朗姆酒，通过将酒洒在成熟的热菜上，倾斜热锅的边缘，使菜肴与烹调炉上的火焰接触而产生火焰。燃焰烹调不仅有观赏价值，还能使餐厅和菜肴本身充满香味，同时活跃餐厅气氛。

（2）非燃焰烹调表演

非燃焰烹调表演是在顾客面前烹调一些有观赏价值又简单易制的菜肴，包括某些菜肴的全部烹调过程、部分烹调过程或最后的组装等。

任务2　西餐烹调表演的设备用具及程序

9.2.1　西餐烹调表演的设备用具

1）西餐烹调表演设备

（1）餐厅烹调车

烹调车也称为燃焰车，通常是带有45厘米×90厘米长方形的操作台，双层，有一个或两个炉头，带有煤气炉，带有4个脚轮的小车。

（2）餐厅烹调炉

许多餐厅在烹调表演时不使用烹调车，只使用餐厅烹调炉，这样可以简化服务程序。餐厅烹调炉也称为台式烹调灯，这是因为有些烹调炉的外观和构造像一个汽灯，它以酒精或气体为燃料。炉子的上端有个燃烧器，燃烧器上面可放平底锅进行烹调表演。

（3）餐厅表演桌

表演桌是长方形的轻便小桌，常带有脚轮，一些表演桌不带脚轮，高度与餐桌相等，它的面积有各种尺寸，但是不得低于46厘米×61厘米。

（4）切割车

切割车又称为烤牛肉切割车，是用来切割大块肉类菜肴的专用服务车。如烤牛肉、烤猪腿、烤羊腿、烤火鸡等，服务时都可以用此类切割车进行现场服务，营造气氛。

切割车外观像一只半圆形的自助餐保温炉，打开翻盖，就可以看到切割砧板和相应的菜肴，旁边是盛装调味汁的汁船，切割车下部的小托盘用于摆放刀叉和服务刀叉，车身的右侧有一圆形托盘与车身连接，这是摆放空餐盘的餐盘架。若是用于自助餐菜肴的切割，切割车底部还可以根据用餐人数，适当贮放一些餐盘供服务时使用。

（5）甜品车

甜品车是餐厅用于展示和销售蛋糕等各类甜品的服务用车，各种甜品有序而整齐地摆放在带有玻璃罩的甜品车上。服务时将甜品车推进餐厅，让客人自由选择，然后根据客人需要切出相应数量的甜品提供给客人，所有的甜品碟都摆放在甜品车下层的托盘内。也有

一些餐厅，各类甜品都事先按分量切好放入车中，客人点后直接从车中取出递给客人。

（6）酒水车

酒水车是餐厅专门用于陈列和服务各种酒水的服务用车，其形状根据所陈列的酒水品种不同而有所不同。普通酒水车一般分上下两层或多层，上层摆放杯具、冰箱及相应的调酒用具，下层陈列酒水，服务时直接将酒水车推进餐厅，根据客人的选择现场斟倒、配置或调酒。

2）西餐烹调表演用具

（1）餐厅切割用具

①刀具。主要有切割叉、削皮刀、片鱼刀、厨师用刀、剔骨刀、切割刀、片火腿刀等。

②砧板。任何一种用于餐厅现场切割的砧板都有一个共同的特征，即砧板的四周有一圈凹槽，用来接切割各类菜肴时流出的汁液。这种凹槽既增加了砧板的美观性，同时又使得操作更卫生。

普通方形砧板，可以用于各类菜肴的切割，尺寸可大可小，根据服务的需要可以自由选择使用。

羊腿形砧板，制作十分考究，“羊腿”部分采用镀银装饰，十分美观。主要用于烤羊腿、烤猪腿等一类菜肴的切割。

（2）餐厅烹调用具

根据需要，餐厅烹调用具各有不同，主要包括大小金属盘各1个，大餐匙、大叉各3个，大餐刀1个，盐盅和胡椒盅各1个，沙拉碗1个，餐盘数个，杂物盘1个等。

（3）西餐烹调表演常用的调料

①根据需要，准备沙司、辣椒油、酱油和番茄酱等。

②根据需要，准备糖、鲜奶油、1个柠檬、少许青葱末、洋葱末、香料末、香菜末、芥末酱等。

③根据菜单准备烹调酒1瓶，可以是有颜色的，调味或干味葡萄酒、味美思酒、雪利酒、马德拉酒、利口酒或烈性酒、各种橘子甜酒、白兰地酒和朗姆酒。

9.2.2 西餐烹调表演的程序及标准

1）西餐烹调表演的程序

①准备烹调车或表演桌与烹调炉，根据菜单需要提前准备各种用具和调料。

②严格按照每道菜肴的制作规程进行烹调，充分使用标准菜谱。

③检查要烹调主料的温度，主料温度必须是热的，它的沙司也是热的。

④不同菜肴烹调程序不同，应根据菜谱的要求操作。通常的程序是将平底锅加热后，放植物油或黄油、洋葱末、主料、调味品，放烈性酒燃焰。

⑤用一种以上的调味酒时，应当把酒精度最高的放在最后使用。烹调菜肴时，不要使菜肴出现燃焰现象，应在最后放入烈性酒，出现燃焰。放入烈性酒，倾斜平底锅，让锅边与炉中的火焰接触，使炉中的火焰立即点燃烈性酒，不要用火柴点燃。

⑥用烹调勺的大餐匙将燃焰的液体重复浇在锅中的菜肴上，火焰的效果会更理想。制

作甜点时，将少许糖撒在火焰上会出现蓝色火焰。

2）西餐烹调表演的标准

①在顾客面前做燃焰表演时，菜肴必须是热的，达到理想的成熟度，烹调锅必须是热的，否则，燃焰表演会失败。

②使用烈性酒要适量才能达到理想的效果，使用过多的酒既不安全又浪费成本。

③餐厅烹调表演时，烹调艺术表演和营销活动应当选择有观赏价值和有特色的设备、器皿和工具。

④讲究卫生，操作前必须洗手，不要用手直接接触食物，应使用工具拿取原料。

⑤操作前检查炉具和设备，掌握烹调的流程。不要移动已经点燃的烹调车和烹调炉，与顾客保持一定距离，与窗帘盒等易燃物品保持一定距离。此外，还应切记烹调锅中有少量的液体和调味汁时，烈性酒会溅出汤汁，而且火焰较大。

⑥注意仪表仪容、举止行为和礼节礼貌。在这些方面出现问题的餐厅烹调表演不仅不能增加收入，还会破坏餐厅的声誉。

9.2.3 西餐烹调表演案例

1）开胃菜烹调表演

鱼子酱

鱼子酱采用腌制过的鲟鱼卵，颗粒的大小和颜色因鲟鱼的种类不同而各异。其中颗粒最大、质量最好的品种是白鲟鱼的比鲁格。颗粒最小的品种是塞录加和欧塞塔。前者颜色灰色，后者为酱色或金黄色。

烹调用具：小茶匙2个。

原料配方：鱼子酱，烤面包片，柠檬，青菜末，洋葱末，酸奶酪片各适量。

表演程序：

①用小匙取出鱼子酱，堆成一堆，盘内放两片烤面包和一块柠檬。

②根据需要放调味品。

鱼子酱的其他表演方法：将鱼子酱放在一个小容器内，将该容器放在装有碎冰块的专用杯子中，下面放一个垫盘。

2）海鲜烹调表演

煮龙虾荷兰沙司

烹调用具：砧板一块，厨刀1把，酒精炉1个，主菜匙、叉1套，洗手盅1个，餐盘1个，杂物盘1个，铺好餐巾的椭圆形盘1个。

原料配方：烹制好的龙虾1只，荷兰沙司适量，香菜嫩茎4根。

厨房准备：将龙虾烹调熟，连带锅中的调味汁一起放入一个可以加热的圆形无柄平底锅内。将荷兰沙司倒入沙司盅内，待用。

表演程序：

①用服务匙和服务叉将龙虾从锅中取出，放在铺好餐巾的椭圆形餐盘上，使龙虾的汁浸在餐巾上，然后放到切菜板上，左手用口布按住龙虾，右手用厨刀切下龙虾腿，把切下的龙虾腿与虾身分开。

②用餐巾把虾头包住，从头下部把虾纵向切成两半，再把虾头纵向切成两半，用服务叉和服务匙取出龙虾头中部和龙虾背部的黑体与黑线。

③用服务叉和服务匙从龙虾尾部将虾肉取出。用服务匙压住虾壳，用叉子取肉，并用厨刀切下头部的触角。

④左手用餐巾握住龙虾大爪，右手用厨刀背将大爪劈开，并用服务叉取出虾肉。

⑤用厨刀将龙虾头部的肉切整齐。

⑥把龙虾肉整齐地放在餐盘上，虾肉浇上荷兰沙司，盘中摆放些虾壳，小爪和香菜茎作装饰。

3）意大利面条烹调表演

海鲜意大利面条

烹调用具：酒精炉1个，平底锅1个，服务匙1个，服务叉1把，温碟盘1个，餐盘1个。

原料配方：意大利面条40根，虾仁6个，鲜鱿鱼丝50克，小海蚌10个，小海蛤10个，大蒜末8克，辣椒丁20克，橄榄油40毫升，番茄酱100克，煮蛤原汤1 000克，香菜、盐、胡椒各少许。

厨房准备：将意大利面条煮熟，将各种海鲜煮熟，去皮，切成条。将番茄酱配置好，将煮蛤汤过滤后，放到一个容器内备用。

表演程序：

①将橄榄油倒入平底锅，加热，煸炒大蒜末和辣椒丁至金黄色，放蛤肉、蚌肉、虾仁和鱿鱼丝煸炒，倒入番茄酱。用服务匙和服务叉搅拌，倒入蛤原汤，制成沙司。

②把煮过的意大利面条用服务叉卷起，放到沙司中。

③把意大利面条和沙司一起搅拌，如果沙司太稠，可倒一些热水。放盐和胡椒调味，撒上香菜末。

④用服务叉将面条缠在叉齿上，放入餐盘中堆成堆，将锅中的沙司倒在面条上，使面条上有各种海鲜，再撒上少许香菜末。

4）鱼类烹调表演

水波鳟鱼

烹调用具：酒精炉1个，小煮锅1个，鱼刀1把，服务匙1个，鱼盘1个，服务叉1把，杂物盘1个。

原料配方：鳟鱼1条，土豆块、洋葱块、西芹块各20克，盐少许，黄油与柠檬汁制成的沙司适量。

厨房准备：鳟鱼宰杀，去鳞，剖腹掏内脏，洗净。

表演程序：

①将煮锅放入开水，放少许盐、土豆块、洋葱块、西芹块，在酒精炉上煮开，放鳟鱼，快速地煮一下。用服务匙和服务叉将鱼从煮锅中托起，把鱼放在鱼盘上，然后使鱼的腹部面对自己，鱼头朝右手方向。用鱼刀剥去鱼皮，从鱼头往下剥，将鱼翻过去，用同样方法剥去皮。

②左手用服务叉压住鱼头，右手用鱼刀从鱼的尾部向鱼头方向将鱼肉切下，放在餐盘的上部，用鱼刀切下尾部，再切下脊骨。然后将上片鱼肉放在下片鱼肉上，尾部也摆在原来的位置，形成一条完整的鱼的形状。

③用鱼汤中的蔬菜摆在鱼肉上作装饰，然后，浇上用黄油和柠檬汁混合成的沙司。

5）牛排烹调表演

黑椒牛排配马德拉沙司

烹调用具：保温炉1个，餐盘1个，汤盅1个，主餐刀1把，服务叉1把，服务匙1把。

原料配方：黑椒牛排200克，马德拉沙司150毫升，黄油10克，白兰地酒15克，盐2克，煮土豆50克，炖苦荬菜50克。

厨房准备：根据客人的要求将牛排煎熟，并放在平底锅内，加少量黄油，放保温炉上保温。

操作程序：

①先将牛排加热，然后将平底锅从炉头移开，在牛排上倒上白兰地酒并点燃。

②用服务匙和服务叉将牛排从平底锅中取出，放进餐盘，将汤盅倒扣在牛排上，使其保温。

③将马德拉沙司倒进平底锅内，一边晃动平底锅，一边用服务匙铲刮锅底。

④在沙司中加入黄油，慢慢搅拌，使其溶化。可根据需要，适当加少许盐调味。

⑤用服务匙和服务叉将牛排放进另一只餐盘，注意要将牛排放在餐盘的一边。用煮土豆和炖苦荬菜装饰，并将玛德拉沙司浇在牛排上。

6）菜肴切配表演

烤羊腿

烹调用具：保温炉1个，砧板1块，羊腿抓手1把，剔骨刀1把，切割刀1把，服务匙1个，服务叉1把。

原料配方：烤羊腿1只，炸土豆500克，蒜丸子200克，水芹50克，薄荷调味汁适量。

厨房准备：将烤羊腿及其装饰物放入展示盆内放在保温炉上，配好调味汁。

表演程序：

①将羊腿骨放进羊腿抓手内，拧紧抓手上的螺丝，固定好。提起羊腿，使肉多的一侧朝下，用切割刀将羊腿上的软骨切除。

②翻转羊腿，使肉多的一侧朝上，切除腿关节上的一块小肉。

③再将羊腿翻转180°，开始切割羊腿的外侧，这里肉较少。

④抓紧羊腿，将切割刀从下面插进羊腿，与腿骨平行，由下而上切割肉片。

⑤如果腿骨露出，用剔骨刀在腿骨两侧分别切开一口子，这样下一步切割腿肉时就更容易些。

⑥将羊腿翻转身，使肉多的一侧朝上，抓紧羊腿，按腿骨垂直方向切割腿肉。

⑦沿着腿骨移动切割刀，并且切割出尽可能宽的肉片。

⑧当腿肉全部切下后，用剔骨刀剔下腿骨上剩余的腿肉并切成片。将膝关节肉切成适当形状。

⑨将羊腿前后腿的肉及膝盖骨肉装进餐盘，浇上调味汁，用炸土豆和蒜丸子、水芹装饰。

7）燃焰表演

火焰香蕉

烹调用具：保温炉1个，平底锅1个，服务匙1把，服务叉1把。

食品原料配方：香蕉6片，黄油25克，糖20克，焦糖10克，朗姆酒35克，杏仁片15克。

厨房准备：香蕉去皮，纵向切片；提前熬好焦糖。

表演程序：

①将平底锅预热，放入黄油使其溶化，然后加入糖及焦糖混合成糖浆。

②将香蕉片依次排列于平底锅内，香蕉中心部分朝上，煎制香蕉使其成棕色。

③当香蕉表面变成棕色时，用服务匙和服务叉将香蕉翻身，继续煎另一侧。

④当另一侧也变成棕色后，加入朗姆酒。

⑤点火燃焰，将煎好的香蕉放入餐盘，切面朝下，浇上糖浆，加入杏仁片。

8）奶酪切割表演

奶酪是西餐中的一种特色食品。奶酪通常在甜品前食用，食用时最好与葡萄酒和面包相配。法国奶酪根据其生产方式、成熟程度、坚硬度和其他特征可以分为很多种。下面按照其坚硬度分类进行简单介绍。

①新鲜软奶酪。这类奶酪在生产过程中既不会过分成熟，也不会脱水太多，因此，它们不能长时间存放，必须在生产出来后短时间内食用。

②软奶酪。软奶酪的凝乳被自然风干，而且成熟时间较短。

③白霉软奶酪。这类奶酪表面附着一层白霉菌，呈白金色，奶酪内层呈奶油状，十分松软易切。

④镀金面奶酪。这类奶酪在盐水中冲刷过，其表面为橙色，而且十分光亮，但触摸起来很潮湿，它的味道十分强烈和浓郁。

⑤山羊奶酪。这类奶酪用山羊奶制作而成。

⑥半硬奶酪。这类奶酪是将凝乳在乳清中熬煮、压榨而成的。

⑦硬奶酪。硬奶酪是凝乳在乳清中熬煮和压榨而成的，奶酪成熟时间长，口味温和微甜。

⑧精致奶酪。又称为精制干酪、混合奶酪，它是用加热、溶化和无菌的自然奶酪制成，精制过程中，自然奶酪中的微生物被杀死，使得奶酪的原味丧失不少，但是，其他一些原材料如香料等经常被混合到奶酪中去。精制奶酪可以较好地贮存，价格也比较便宜。

什锦奶酪

烹调用具：切割刀2把。

食品原料配方：各种形状的奶酪各1小块。

厨房准备：准备2把切割刀，1把切淡味的奶酪，1把切浓味的奶酪；将奶酪根据味道排成一圈，从味淡的开始到味浓的结束。

表演程序：

不同形状、不同软硬度的奶酪有不同的切割形式，常见的切割形式如下：

①蛋糕形。圆形和方形，质地较软的奶酪采用蛋糕形切割法，即以奶酪的中心为基准，呈放射状切割。

②半圆形。小块状圆形奶酪如山羊奶酪等，宜采用半圆形切割法切割，即将圆形奶酪从中间一切为二。

③等分形。对于正方形、圆形、梯形等形状的奶酪可以采用等分体切割法切割。等分

体切割要求所切每一份要基本相等，尽量减少大小不均的现象。

④薄片形。薄片形切割法适用于各种形状的奶酪的切割，其切割方法也多种多样，既可以横切、竖切，也可以斜切。

⑤锥形。锥形切法适用于软奶酪和半软奶酪的切割，特别是扇形的薄奶酪，采用锥形切法更合适。

9）甜品烹调表演

苏珊薄饼

烹调用具：酒精炉1个，热碟器1个，平底锅1个，服务匙1个，服务叉1把，餐盘1个。

食品原料配方：4张脆煎饼，白砂糖30克，黄油20克，橘子汁100毫升，橘子利口酒、白兰地酒各少许，橘子皮切成的丝与橘子瓣各适量。

表演程序：

①将平底锅放在酒精炉上稍加热，将白砂糖放入平底锅炒至金黄色，加黄油使它充分溶解，加少量橘子汁搅拌，再加入少量白兰地酒，煮几分钟后，倒入适量橘子利口酒。

②用服务叉的叉尖挑起薄饼，并卷在叉尖，放入平底锅内，均匀沾上调味汁后，将其对折，移至锅边。其他3张薄饼依次做完。

③将2张薄饼放在一个餐盘中，撒上橘子皮切成的丝与橘子瓣，浇上锅中的糖汁即成。

[思考题]

1. 简述西餐烹调表演的要素。
2. 简述西餐烹调表演的程序。
3. 简述西餐烹调表演的标准。
4. 简述燃焰烹调表演。
5. 简述常用的西餐烹调表演的设备及工具。

单元10 西餐菜单设计

【知识目标】

1. 了解西餐菜单的作用；
2. 掌握西餐菜单的种类与特点。

【能力目标】

1. 掌握西餐菜单筹划的原则；
2. 熟悉西餐菜单筹划的步骤；
3. 掌握西餐菜单的设计方法。

本单元主要对西餐菜单筹划与设计进行总结和阐述，通过本单元的学习，可掌握菜单种类与特点、菜单筹划的原则和步骤；了解西餐菜单封面与封底设计、文字设计、纸张选择、形状设计、尺寸设计、页数设计和颜色设计等内容。

任务1　西餐菜单的概述

10.1.1　西餐菜单的含义

人类饮食历史可以追溯到远古时代，在西方国家，以文字形式表现的菜单出现在中世纪，第一份详细记载并列有菜肴细目的菜单出现在1571年一名法国贵族的婚宴上。此后由于法国国王路易十五不但讲究菜色的结构，而且尤其注重菜单的制作，各种典雅的菜单纷纷出现，成为王公贵族及富豪宴请宾客时不可缺少的物品。

欧洲早期的菜单基本上都是被王公贵族们用作向宾客炫耀其奢华和地位的一种宣传品。至于被民间餐饮行业广泛采用，则要推迟到19世纪末，法国一家名为巴黎逊的餐厅第一次把制作精良的商业菜单介绍给世人，此后菜单开始广泛流传开来。

因此，从概念上讲，西餐菜单是指经营西餐的企业如西餐厅、咖啡厅和快餐厅为顾客提供的菜肴种类、菜肴解释和菜肴价格的说明书。菜单是沟通顾客与餐厅的桥梁，是西餐企业的无声推销员。

10.1.2　西餐菜单的作用

西餐菜单是西餐企业经营的关键和基础。西餐经营的一切活动，都应围绕着菜单进行。一份优秀的西餐菜单，既要能反映餐厅的经营方针和特色，衬托餐厅的气氛，同时也是餐厅重要的营销工具，能够为饭店和餐厅带来丰厚的利润。餐饮业的发展实践证明，“餐饮经营成功与失败的关键在于菜单”。由此，菜单的作用主要体现在以下3个方面。

1）菜单是顾客餐饮消费的主要参考依据

餐厅的主要产品是菜肴和食品，产品不宜久存，许多菜肴在客人点菜之前不能事先制作。因此，用餐顾客不太可能在点菜之前看到产品实物，唯有通过菜单的具体介绍来了解产品的颜色、味道和特色等。因此，西餐菜单成为顾客购买西餐的主要工具，发挥着重要的参考作用。

2）菜单是餐厅销售菜肴的主要工具

餐厅主要通过菜单把自己的产品介绍给顾客，通过菜单与顾客沟通，通过菜单了解顾客对菜肴的需求并及时改进菜肴以满足顾客的需求。定期有效的菜单分析能够帮助管理者及时发现餐厅各类菜肴的销售情况，对菜品进行"优胜劣汰"。因而，菜单成为餐厅销售菜肴的主要工具。

3）菜单是餐厅经营管理的重要工具

西餐菜单在西餐经营和管理中发挥着非常重要的作用。不论是西餐原料的采购、西餐成本控制、西餐的生产和服务、西餐厨师和服务人员的招聘，还是西餐厅和厨房的设计与布局等，都要根据菜单上的产品风格和特色而定，违背这一原则西餐企业经营就很难获得成功。因而，西餐菜单是西餐厅、咖啡厅和快餐厅的重要管理工具。

10.1.3 西餐菜单的基本内容

关于西餐菜单的内容，有多种不同的说法，综合来说，西餐菜单还是有一定的规律可循，以下将介绍传统及新式西餐菜单的编排项目。

1）传统西餐菜单

传统西餐菜单结构主要包括冷前菜、汤类、热前菜、鱼类、大块菜、热中间菜和冷中间菜、冰酒、炉烤菜附沙拉、蔬菜、甜点、开胃点心及餐后点心等12个项目。各个项目的具体情况说明如下。

（1）冷前菜

冷前菜也称开胃菜，因其开胃作用而被列为第一道菜。

（2）汤类

汤泛指用汤锅煮出来的食物。汤有清汤与浓汤之分，供客人自由选择。从用途上讲，汤也属于开胃品的一种。国内不少西餐厅习惯将面包随汤上桌的做法是不对的，实际上面包应和主菜一起食用，其作用如同东方人的米饭。而真正随汤而出的应是咸脆饼干。

（3）热前菜

热前菜主要是大排场宴请时放置于大盘菜旁的小盘菜，一般指小盘中分量较小的热菜，诸如以蛋、面或米类为主所制备的菜肴。

（4）鱼类

鱼类排序于家畜肉之前。具体内容除鱼类产品外，还包含用虾、贝类等其他水产原料制作的食品。

（5）大块菜

大块菜主要指对整块的家畜肉加以烹调，并在客人面前进行切割分食的一类菜品。

（6）热中间菜和冷中间菜

这两类菜肴的做法相似，都是将材料切割成小块后再加以烹煮，烹调时都不受数量的限制。上菜顺序在大块菜与炉烤菜之间，并称为“中间菜”。中间菜是西餐的主菜，不可或缺。

（7）冰酒

冰酒是一种果汁加酒类的饮料，并在冷冻过程中予以搅拌，制成形似冰激凌的冰冻物，相当于我们俗称的“雪泥”。冰酒的作用是调节味觉，并让用餐者的胃稍作休息。

（8）炉烤菜附沙拉

炉烤菜是以大块的家禽肉为主的菜肴，搭配沙拉上桌。炉烤菜可以算是大块菜的补充，有人认为它是全餐中味道最好的菜肴。

（9）蔬菜

西餐中的蔬菜一般都被当作主菜盘中的“装饰菜”，其目的是增加主菜的色、香、味，对于均衡营养、搭配主菜颜色也有很大的作用。

（10）甜点

甜点以甜食为主，冰激凌也包含在内，所以有冷热之分。

（11）开胃点心

开胃点心属于英国式的餐后点心，内容和热前菜相似，只是味道更浓。奶酪以及酒会常见的小点心等都属于此类。

（12）餐后点心

餐后点心仅限于水果或者餐馆于餐后奉送给客人的小甜点，如巧克力糖。

2）新式西餐菜单

用餐者在对菜式质与量的选择上的改变，使得西餐菜单的内容不断趋于简化，从而将传统西餐菜单重新归类为7个项目，分别为前菜类、汤类、鱼类、主菜类或肉类、冷菜或沙拉、餐后点心及饮料。

（1）前菜类

前菜类也称为开胃菜、开胃品或头盘，是西餐中的第一道菜肴。一般分量较少，味道清新，色泽鲜艳。前菜具有开胃、刺激食欲的作用。现代欧美常见的开胃菜有鸡尾酒开胃品、法国鹅肝酱、俄国鱼子酱、苏格兰鲑鱼片、各式肉冻、冷盘等。

（2）汤类

汤与其他菜的特性不同，故一直予以保留。汤具有增进食欲的作用，不吃开胃菜的客人往往都要先来一碗汤。

（3）鱼类

鱼类可视为汤类与肉类的中间菜，味道鲜美可口，新式西餐菜单中一直保留。

（4）主菜类或肉类

主菜类或肉类是西餐中的重头戏，烹饪方法较为复杂，口味也最独特。制作材料通常为大块肉、鱼、家禽。同时，以肉食为主的主菜必须搭配蔬菜，有两方面原因，一是减少油腻，二是增加盘中色彩。常用的配菜为各色蔬菜、土豆等。

（5）冷菜或沙拉

冷菜可补充身体所需的植物纤维素和维生素，因此将冷菜做成各式沙拉，符合节食及素食者的需要。冷菜或沙拉同时可当作主菜的装饰菜。

（6）餐后点心

美味香醇的甜点可进一步满足口舌之欲，餐后点心的主要项目包含各色蛋糕、西饼、水果及冰激凌等。

（7）饮料

饮料以咖啡、果汁或茶品为主。需要说明的是，以前饮料供应多以热饮为主，随着人们消费习惯的变化，现如今不少西餐厅同时供应热、冷饮两种。

任务2 西餐菜单的种类

随着餐饮市场需求的多样化，国内外的西餐企业为了扩大销售，都采用了灵活的经营策略。根据西餐的各种类型、制作特点、菜式，及不同的销售地点和销售时间，西餐企业筹划和设计了各种各样的菜单以促进菜肴的销售。这些菜单大致可以按以下4种方式进行分类。

10.2.1 根据顾客用餐需求和供餐性质进行分类

为满足顾客对于菜肴的不同购买方式、不同购买时间、不同口味的需求以及供餐性质而筹划和设计的菜单有以下几种。

1）套餐菜单

套餐，是根据顾客需求将各种营养成分、食品原料、制作方法、颜色、质地、味道及价格不同的菜肴，合理地搭配在一起设计成的一套菜肴，并制定出每套菜肴的价格。因此，套餐菜单上的菜肴品种、数量、价格是固定的，顾客选择的空间很小，只能购买整套菜肴。套餐菜单的优点是，节省顾客点菜时间，价格比零点购买优惠。

2）零点菜单

零点菜单是西餐经营中的最基本菜单。顾客根据菜单上列举的菜肴品种，以单个菜肴购买方式自行选择，组成一套完整的菜肴。零点菜单上的菜肴是分别定价的。西餐零点菜单上的销售品种常以人们进餐的习惯和顺序进行分类和排列，如开胃菜、汤类、沙拉、三明治、主菜、甜点等。

3）宴会菜单

宴会菜单是西餐厅或宴会厅推销产品的一种技术性菜单。宴会菜单通常体现出西餐厅的经营特色，菜单上的菜肴是该餐厅中比较有名的美味佳肴。同时，餐厅还根据不同的季节安排一些时令菜肴。宴会菜单也经常根据宴请对象、宴请特点、宴请标准或宴请者的意见而随时调整。此外，宴会菜单还是餐厅推销自己库存食品原料的主要媒介。根据宴会的形式，宴会菜单又可分为传统式宴会菜单、鸡尾酒会菜单和自助式菜单。

4）节日菜单和混合菜单

节日菜单是根据一些地区和民族节日筹划的传统菜肴的菜单。混合菜单在套餐菜单的基础上，增加了某道菜肴的选择性，这种菜单集中了零点菜单和套餐菜单的共同优点，其特点是在套餐的基础上加入了一些灵活性，如一个套餐规定了三道菜，第一道菜是沙拉，第二道菜是主菜，第三道菜是甜品，其中每一道菜或者其中的两道菜中可以有数个可选择的品种，并将这些品种限制在最受欢迎的那些品种上，而且固定其价格。因此，这种套餐菜单很受顾客的欢迎，它既方便了顾客也有益于餐厅，还为餐厅减少了繁重而复杂的菜肴制作工作和服务工作。

10.2.2 根据西餐经营餐次进行分类

1）早餐菜单

为早餐设计的各种菜肴和点心的菜单，称为早餐菜单。由于现代人的生活节奏加快，人们不希望在早餐上花费许多时间。因此，早餐菜单的菜肴和食品既要丰富又要简单，还要有服务速度快的特点。通常，咖啡厅供应的西式早餐约有30个品种，包括各式面包、黄油、果酱、鸡蛋、谷类食品、火腿、香肠、酸奶酪、咖啡、红茶、水果及果汁等。早餐菜单通常有零点菜单、套餐菜单和自助餐菜单3种形式。早餐的套餐可分为欧陆式早餐套餐和美式早餐套餐。

（1）欧陆式早餐套餐

所谓欧陆式早餐套餐是最为简单清淡的早餐，主要包括各式面包（吐司、牛角面包、松饼、丹麦面包或饼干等）、黄油、果酱或蜂蜜、水果、果汁、咖啡或茶。

（2）美式早餐套餐

美式早餐套餐是内容比较丰富的早餐，主要包括以下内容：

①开胃品，主要有果汁、新鲜水果等。

②谷物类，如麦片粥（热食）或玉米酥片（冷食）等与牛奶搭配食用。

③各种蛋类，如煎蛋、水煮蛋、荷包蛋等。

④肉类，常见的是培根、火腿与香肠。

⑤蔬菜类，常见的是番茄、芦笋及土豆等。

⑥面包类，以吐司附奶油与果酱为主，也可用薄煎饼代替。

⑦奶酪类，种类有数百种。

⑧饮料类，咖啡、茶、巧克力饮料或牛奶等。

需要说明的是，美式早餐套餐分量较多，为方便就餐者，菜单往往也有套餐与零点之分，例如，蛋类、肉类及蔬菜类就可以同装一盘成为早餐的主菜。

2）午餐菜单

午餐是维持人们正常工作和学习所需热量的重要餐次。午餐的销售对象，是购物或旅途中的客人或午休中的企事业单位员工。因此，西餐中的午餐菜单一般都具有价格适中、上菜速度快、菜肴品种实惠等特点。西餐午餐的菜肴通常包括开胃菜、汤、沙拉、三明治、意大利面条、海鲜、禽肉、畜肉和甜点等。

3）晚餐（正餐）菜单

人们习惯将晚餐称为正餐，不论是欧美还是国内的消费者都非常重视正餐，大多数的宴请活动都安排在晚餐中进行。由于大多数顾客的晚餐时间宽裕，因此许多西餐厅都为正餐提供了丰富的菜肴。由于晚餐菜肴的制作工艺比较复杂，制作和服务时间较长，因此其价格也高于其他餐次。传统的西餐晚餐菜单包括以下几项：

①开胃菜，包括各种由熏鱼、香肠、腌鱼子、生蚝、蜗牛、对虾、虾仁和鹅肝制作的冷菜。

②汤，包括各种清汤、奶油汤、菜泥汤、海鲜汤及各种风味汤，如法国洋葱汤等。

③沙拉，由各种蔬菜为主料制作的冷菜，有时配上熟肉或海鲜，配备调味汁。

④海鲜，包括使用炸、扒、水煮等方法制作的鱼、虾、龙虾和蟹等菜肴，带有传统式和现代式的各种调味汁，配上蔬菜、淀粉类菜肴（土豆、米饭或意大利面条）和装饰品。

⑤烤肉，用烤和扒的方法烹调的畜肉、家禽等，配有各种调味汁，再配上蔬菜、淀粉类菜肴。

⑥甜点，包括各种烤制的蓬松小点心、奶油点心、水果冰激凌、慕斯。

⑦各种奶酪，奶酪是由牛奶或羊奶经过凝乳酶浓缩、凝固、熟化和加工成的奶制品。

4）夜餐菜单

从经营时间上讲，西餐厅在晚10点后供应的餐食称为夜餐。夜餐菜单要求具有清淡、份额小等特点，菜肴以风味小吃为主。西餐夜餐菜肴，常安排开胃菜、沙拉、三明治、制作简单的主菜、当地小吃和甜品等5~6个类别，每个类别安排4~6个品种。

5）其他菜单

许多西餐厅和咖啡厅还筹划了早午餐菜单和午茶菜单。早午餐一般是上午10点的一餐，一些旅游的顾客因起得晚没有来得及吃早餐，多会选择早午餐。早午餐菜单，通常具有早餐和午餐合二为一的特点。许多人在下午3点有喝下午茶的习惯，他们在喝下午茶时会吃甜点和水果，因此下午茶菜单都会突出甜点的特色。此外，还有一些专门展示某一类菜肴的菜单，如冰激凌菜单。

10.2.3 根据西餐销售地点进行分类

不同的西餐经营地点对西餐内容的需求不同，咖啡厅菜单的内容需要大众化，扒房菜单的产品需要精细，宴会菜单讲究菜肴的道数，客房送餐菜单需要清淡。因此，按照西餐厅经营方式，西餐菜单分为4种类型。

1）咖啡厅菜单

方便、快速、简洁以及不需要太多的用餐时间为一般咖啡厅所具有的共性特征，所以咖啡厅菜单上的菜式种类有限，售价相对较低，菜品用料较为平实。由于咖啡厅本身的策划与经营与业主的心境及个人爱好有很大的关系，因此菜单的艺术性特征很容易得到淋漓尽致的体现。

2）扒房菜单

扒房菜单的特点是比较庄重，选用高质量的纸张印刷，封皮选用暖色调。该类菜单一般是固定式零点菜单，内容包括开胃菜、汤、沙拉、海鲜、特别风味、扒菜、甜点、各式奶酪及酒水等。扒房只销售午餐和晚餐。

3）快餐厅菜单

这里主要指西式快餐厅菜单。由于快餐厅的宾客普遍要求经济、实惠、快捷，有自我服务的习惯，因此，这类菜单多采用一次性纸张式和固定放置的做法，后者尤为普遍，又称墙挂菜单。

4）客房送餐菜单

客房送餐是酒店餐饮的一大特色。由于客房输送的困难，客房送餐只提供有限的菜单内容。最常见的客房送餐菜单制作成牌型，悬挂于客房门把上，上面注明菜式内容及供应时间，由客人选定菜色并指定用餐时间后，再挂回门把，届时酒店相关工作人员会根据此卡制备、运送食物。

10.2.4 根据西餐用餐服务方式进行分类

按照西餐的服务方式，西餐菜单还可分为传统式服务菜单和自助式服务菜单。传统式服务菜单即一般餐桌式服务菜单，表现形式多种多样，西餐厅中的大多数菜单都属于这一类型。自助式服务菜单的出现源于自助餐本身的特点，自助餐因形式自由灵活，适应性强而深受广大顾客的欢迎。其特色是花色品种多、布置讲究、客人选择性强、形式自由灵活。冰雕摆件、黄油雕刻件、鲜花、水果或其他装饰常常使自助食品颜色缤纷、富丽堂皇。如果每天供应自助餐，消费者又是常客，必须经常改变菜单内容。因自助餐的各种食品均摆放在自助餐台上，所以餐厅一般不再为宾客提供专门的书面菜单，而只做供生产经营用的简易菜单。

任务3 西餐菜单的筹划

10.3.1 概述

西餐菜单是西餐企业主要的营销工具，制作严谨的菜单是餐饮企业经营制胜的先决条件。因此，筹划一份有营销力的西餐菜单，并非简单地把一些菜名罗列在几张纸上，而是要餐厅和厨房管理人员集思广益、群策群力，综合考虑本身的条件、环境等因素，并配合自身特有的风格，以循序渐进的方式逐步制定最适合该餐厅经营形态的菜单。不仅如此，菜单筹划还应将餐厅所有的菜肴信息，包括菜肴的原料、制作方法、风味特点、质量和数量、营养成分和价格及与餐厅有关的其他餐饮信息等反映在菜单上，以方便顾客了解。同时，西餐菜单必须要重视外观设计上的视觉效果，引导顾客消费，才能充分发挥营销尖兵的功能。

一份菜单在使用一段时间之后，出于顾客结构的改变、口味流行的不同、材料采购上的问题等原因，经营者必须对菜单予以部分修正或重新更换菜单。这项事后评估、修正的工作与新拟菜单同等重要，一样要以审慎的态度来完成。

10.3.2 菜单筹划的原则

从吸引客源的角度看，一些星级酒店和西餐厅早期在筹划菜单时，往往采取扩大营业

范围的做法来吸引各种类型的顾客，这种贪大求全的做法也给经营者带来了很大的负担。在现代西餐经营中，为避免食品和人工成本的浪费，降低经营管理费用，人们已改变了过去的筹划原则，而把菜单的内容限制在一定的范围，从而可最大限度地满足本企业的目标顾客。现代西餐与传统西餐相比，已经有了很大变化。随着人们饮食消费行为的不断成熟，现代西餐菜肴正朝着口味清淡、制作程序简化、富有营养的方向发展。因此，菜单筹划人员在筹划前，一定要了解目标顾客的需求，了解餐厅的设备和技术情况，设计出容易被顾客接受而且又能为企业获得理想利润的菜单。菜单筹划要遵循以下几方面原则：

①菜单要能反映和适应目标市场需求。对市场需求进行针对性分析，找准目标市场。同时，一份成功的菜单要能反映出饮食口味的变化和潮流，这样才能完全符合消费者的需求。

②菜单必须反映本餐饮企业的形象和特色。菜单要成为西餐经营企业的“形象代言”。

③菜单设计思路应简单化。菜单应给人一种干净利落、一目了然的印象，最大限度地方便顾客选择。

④菜品内容标准化。西餐菜单尤其要将菜色的内容和分量维持在一定的标准内。

⑤菜单必须为西餐企业带来最佳经济效益。菜单对菜品的选择要将营利能力作为一项重要的考察指标。

10.3.3 制作菜单前应考虑的要素

菜单制作的好坏直接关系到餐厅的经营效果，因此，在菜单制作之前首先要充分考虑餐厅自身所拥有的资源。只有经过慎重详细的调研论证，才能筹划出一个有很强获利能力、营销功能强大的菜单。在菜单形成之前，必须要认真考虑以下几方面的要素：

1）顾客的需求

顾客对菜肴的口味有不同的偏好，在不同地区、城市的不同区域有不同的饮食消费趋势。企业在了解顾客的实际需求时，必须要通过较为详细的调查、统计分类等方法把握餐厅所在地的文化和经济状况。当然，了解顾客的需求还有许多其他的简单方法，如仔细研究附近餐厅的菜单，也可以对市场需求有一个大致的了解。

2）餐厅服务方式

餐厅选择不同的服务方式会对菜单筹划产生直接影响，餐厅是选择传统式服务还是自助式服务，都将影响菜单菜式的选择以及菜单的制作结构。

3）厨房设备状况

设备最能评估餐厅在菜肴制作上的能力和潜力。通常一家新开的餐厅要先设计好菜单，然后才能添购器具。这样一来，菜单和器具才能互相配合创造出最高的效用与利润。

4）市场的需求与利益

市场与营销是决定利润的关键。因此通过选择有卖点、利润高的菜色来吸引顾客，就全靠菜单设计者对消费市场及顾客需求的敏锐掌握。

10.3.4 筹划菜单的步骤

在对筹划菜单的前期要素有了全面的了解后，为保证菜单的质量，菜单筹划人员还应当制订一个合理的筹划计划和筹划步骤，并且严格按照计划和步骤筹划菜单。菜单的筹划步骤通常包括以下几方面内容：

①确定酒店或餐厅的经营策略和经营方针。采取什么样的西餐经营方式，是零点、套餐还是自助餐；制订具体的菜肴品种、数量、质量标准及风味特点；明确食品原料的品种和规格，是否使用半成品原料或方便型原料；明确菜肴的生产设施、生产设备和生产时间要求。

②菜单筹划人员要能全面把握食品原料和燃料的价格及经营成本与相关费用，计算出所经营菜肴的总成本。

③根据市场需求、企业的经营策略、食品原料和设施情况、菜肴的成本和规格及顾客对价格的承受能力等因素设计出菜单，要确保这些菜单上菜品的制作和成品质量的标准化。

④依照菜肴的销售记录、成本费用以及企业的营利情况，对执行中的菜单进行进一步的评估和改进。同时，还要征求顾客和员工对菜单的意见，然后进行有针对性的修改、完善。

10.3.5 筹划菜单的项目

筹划菜单的项目，一般包括菜肴品种、菜肴名称、制作菜肴的食品原料结构、菜肴的味道、菜肴的价格以及其他内容。一个优秀的菜单，它的菜肴品种是紧跟市场需求的，它的菜肴名称是人们喜爱的，菜肴中的原料结构符合人们对营养成分的需求，菜肴的味道是有特色并容易被人们接受的，菜肴的价格是符合餐厅特色和目标顾客消费水平的。综上所述，菜单的内容必须包括以下几点：

①酒店或西餐厅的名称。

②餐厅的经营方式或菜肴的类别。

③菜肴的名称。

④对部分菜肴的解释。

⑤菜肴的价格。

⑥服务的费用。

⑦其他方面的经营信息。

任务4 西餐菜单的设计与制作

西餐菜单设计是西餐厅管理人员、西餐厨师长和美工部员工等人员对菜单的形状、大小、风格、页数、字体、色彩、图案及菜单的封面与封底的构思与设计。实际上，菜单的

设计过程就是菜单的制作过程。由于西餐菜单是沟通西餐厅与顾客的媒介，因此，它的外观必须整洁，色彩应丰富。此外，还应洁净无瑕，吸引顾客的关注。

10.4.1 封面与封底设计

菜单的封面和封底是菜单的外观和包装，它们常作为西餐厅的醒目标志，必须精心设计。菜单封面起着非常重要的作用，它代表餐厅的形象，因此必须反映西餐厅的经营特色、风格和等级，反映不同时段的菜肴特征。菜单封面的颜色应当与餐厅内部环境的颜色相协调，使餐厅内部总体环境的色调更加和谐。菜单封面的颜色也可与餐厅的墙壁及地毯的颜色形成反差，这样，当顾客点菜时，菜单可以作为餐厅的点缀品。餐厅的名称是菜肴的商标，有时是菜肴生产厂家的名称。因此，餐厅的名称一定要设计在菜单的封面上并且要有特色，笔画要简单。同时，餐厅的名称必须易读、易记，以增加餐厅的知名度。菜单封底应当印有餐厅的地址、电话号码、营业时间、经营特色和其他营业信息等。这样，有助于推销西餐厅经营的产品。

10.4.2 文字设计

菜单是通过文字和图片向顾客提供产品和其他经营信息的。因此，文字在菜单设计中起着举足轻重的作用。文字表达的内容一定要清楚和真实，避免使顾客对菜肴产生误解。例如，把菜名张冠李戴，对菜肴的解释泛泛或夸大，甚至出现外文单词的拼写错误等问题，这些都会使顾客对菜单产生不信任感。菜单应选择适合不同需求的字体。其中包括字体的形状、字号的大小。例如，中文的仿宋体容易阅读，适合用于西餐菜肴的名单和菜肴的介绍；而行书字体或草写体有自己的风格，但是它在西餐菜单上用途不大。英语字体包括印刷体和手写体。印刷体比较正规，容易阅读，通常在菜肴的名称和菜肴的解释中使用；手写体流畅自如，并有自己的风格，但是，不容易被顾客识别，偶尔将它们用上几处会为菜单增加特色。英文字母有大写和小写，大写字母庄重，有气势，适用于标题和名称；小写字母容易阅读，适用于菜肴的解释。此外，字号的大小也非常重要，应当选择方便顾客阅读的字号，字号太大浪费菜单的空间，使菜单内容单调；字号太小，不易阅读，不利于菜肴的推销。菜单文字排列不要过密，通常文字与空白处应各占每页菜单的一半空间。文字排列过密，会使顾客眼花缭乱；菜单中空白过多，会给顾客留下产品种类少的印象。不论是西餐厅菜单还是咖啡厅菜单，菜肴名称都应当采用中文和英文两种文字对照的方法。法国餐厅和意大利餐厅的菜单还应当使用法文或意大利文以突出菜肴的真实性，并方便顾客点菜。当然，西餐菜单的文字种类不要太多，否则会给顾客造成烦琐的印象，最多不要超过3种。菜单的字体应端正，菜肴名称字体与菜肴解释字体应当有区别，菜肴的名称可选用较大的字号，而菜肴解释可选用较小的字号。为了加强菜单的易读性，菜单的文字应采用黑色，而纸张应采用浅色。

10.4.3 纸张选择

菜单质量的优劣与菜单所选用的纸张有很大的关系，由于菜单代表了餐厅的形象，是餐厅的推销工具和餐厅的点缀品，菜单的光洁度和纸张的质地与菜单的推销功能有一定的联系，而且菜单纸张的成本在菜单总成本中占有一定的比例。因此，在菜单设计中，纸张的选择应认真考虑。管理人员应从两个方面选择纸张。例如，一些咖啡厅的早餐菜单只是一张纸，摆台时，摆放在餐桌上，既可作为菜单，又可作为盘垫使用。诸如此类的一次性菜单应选用价格较便宜的纸张，只要它的光洁度和质地达到菜单的标准即可，不必考虑它的耐用性。对于使用时间较长的菜单，如固定菜单和零点菜单等，除了考虑它的光洁度和质地以外，还要考虑它的耐用性。因此，应当选用耐用性好的纸张或经塑料压膜处理过的纸张。

10.4.4 形状设计

西餐菜单有多种形状，以长方形为主。儿童菜单和节日菜单常设计成各种样式以吸引儿童和其他类型的顾客。

10.4.5 尺寸设计

西餐菜单有各种尺寸。每日特色菜菜单和循环式菜单的尺寸较小，最小的每日特色菜菜单的尺寸是9厘米宽、12厘米长。这样，可以将它插入零点菜单中的滑道上。一些咖啡厅的零点菜单，在第一页的下半部装有滑道以方便每天更换每日特色菜菜单。通常，零点菜单和固定菜单的尺寸较大，宽度是15～23厘米，长度是30～32厘米。菜单的尺寸太大，不方便顾客点菜；菜单尺寸太小，不利于顾客阅读。咖啡厅零点菜单常是一张一次性使用的纸，服务员摆台时将它摆在餐桌上。这种菜单约为26厘米宽、38厘米长。在零点菜单中，早餐的零点菜单、夜餐的零点菜单的尺寸较小，常见的尺寸约是15厘米×30厘米；午餐和正餐的零点菜单的尺寸较大，常见的尺寸是23厘米×32厘米。

10.4.6 页数设计

菜单的页数一般为1～6页。宴会菜单、每日特色菜菜单、循环式菜单、季节菜单、儿童菜单、快餐厅菜单和零点菜单通常是4～6页纸，包括菜单的封面和封底。菜单是餐厅的销售工具，页数与其销售功能有一定的联系。菜单的内容太多，页数必然多，造成菜单的主题和特色不突出，延长了顾客点菜的时间，从而造成餐厅和顾客的时间浪费。菜单页数太少，使菜单一般化，不利于菜品的推销。

10.4.7 颜色设计

颜色能提升菜单的促销作用，使菜单有趣味、动人，更具吸引力。鲜艳的色彩能够反映餐厅的经营特色，而柔和清淡的色彩使菜单显得典雅。目前，在菜单上使用合适的色彩是西餐厅和咖啡厅营销手段的潮流，呆板和单调的颜色不适应现代人的生活。但是，菜单上的颜色最好不要超过4种，带有图片的菜单除外。菜单的颜色太多会给顾客华而不实的感觉，不利于菜品的营销。

[思考题]

1. 简述西餐菜单的种类与特点。
2. 简述西餐菜单的含义与作用。
3. 简述西餐菜单筹划的原则、步骤及内容。
4. 论述西餐菜单的筹划工作。
5. 论述西餐菜单的设计。

单元11 西餐席间服务

【知识目标】

1. 了解咖啡厅早餐服务程序；
2. 掌握西餐服务方式的特点；
3. 熟悉西餐厅岗位职责。

【能力目标】

掌握西餐正餐服务程序。

本单元主要对西餐席间服务进行总结和阐述。通过学习本单元，可以了解西餐咖啡厅早餐服务程序、西餐正餐服务程序、西餐服务方式、西餐服务组织设计原则、西餐厅岗位职责等内容。

任务1　西餐咖啡厅早餐服务

西餐咖啡厅是销售大众化西餐菜肴和各国小吃的餐厅，在非正餐时间它还是销售咖啡、饮料和甜点的场所。咖啡厅的营业时间比较长，提供的餐次也比较多，此处主要对咖啡厅的早餐服务程序做介绍。

①迎宾员站在餐厅门口，面带笑容等待顾客的光临。见到顾客时要问好，并行30° 鞠躬礼。做一个起步动作，在顾客前方0.5 ~ 1米处带路，引领顾客到餐桌前并询问其对餐桌位置是否满意。

②顾客同意使用迎宾员推荐的餐桌后，迎宾员为顾客拉椅、让座、打开餐巾。这时应有一位服务员协助迎宾员负责这项工作。迎宾员安排好顾客入座后，服务员要呈递菜单，准备为顾客点菜。准备好纸和笔，以便写点菜单。

③服务员问清顾客需要何种果汁饮料，如不需要则替顾客倒冰水；问清顾客是否需先饮咖啡或茶。迅速摆上鲜奶油，手持咖啡壶在顾客右边斟倒咖啡，不要倒得太满，八成满即可。

④服务员迅速把咖啡壶放回备餐间后，立即回来为客人点菜。服务员为顾客点菜时应站在顾客的右边，先女士后男士。当顾客点菜时，服务员要细心听，记下顾客所点的菜肴。反应要迅速，如有不清楚的地方，及时询问顾客。当顾客点菜完毕后，服务员要向顾客复述一遍，以避免错漏。

⑤服务员迅速将顾客所点的菜肴写在点菜单上，通过收银员在点菜单上盖章后，将点菜单一联交收款处准备账单，二联迅速送入厨房，然后根据点菜单上的菜肴上菜。服务员要与厨师配合，注意上菜节奏，不要太快，也不要太慢。

⑥服务员应按菜式准备用具、配料，如为面包、吐司配果酱、黄油，为麦糊配鲜奶、细糖、精盐等。先上谷类食品，再上蛋类吐司。检查顾客是否需要收餐具、添咖啡。顾客

用完餐后，服务员应立即上前询问顾客是否可以收餐具。如果顾客同意，应从顾客的右边用右手将餐具撤走。在撤餐具的过程中要注意安全，轻拿轻放，同时可征求顾客对菜式的意见，这样可转移顾客对撤餐具的注意力。

⑦餐具收完后，需检查顾客是否要更换烟灰缸、加咖啡等。如顾客没有其他需要，就准备好账单。顾客未要求结账时，不可催促，而应问清顾客还需要什么服务。待顾客要求结账时，用账单夹将账单夹好，双手呈上，账单夹应放在顾客的右边。结账时要轻声告诉客人钱数，并向顾客表示感谢。

⑧如顾客要签账单，应询问顾客是否持有本店会员卡。结账时要特别注意礼貌礼节，不能随便。顾客结账后，服务员应留意顾客是否要离座。顾客离座时，服务员应上前拉椅，同时检查顾客是否有遗留物品，如有，应及时送还顾客。最后，对顾客的光临表示感谢并希望他们再来。清理台面并重新摆位，准备迎接下一批顾客。

任务2　西餐正餐服务

11.2.1　扒房简介

扒房是传统的西餐厅，或称为法国餐厅，它是酒店等为体现本企业餐饮菜肴与服务的水准，满足高消费顾客的需求，增加经济收入而开设的高级西餐厅。

扒房的布置要求高雅、富丽、神秘并具有独特的风格，一般的设计主题以欧洲的文化艺术为背景。扒房的色彩多以暖色为基调，地毯、餐椅、墙壁要求色调协调；吸顶灯、吊灯、壁灯亮度均能调节，开餐时所有灯光调得很暗，以餐桌上的烛光照明为主；背景音乐主要播放世界古典名曲，有时扒房会安排钢琴现场演奏或小提琴桌边表演，可由顾客确定演奏曲目，从而营造出一种浪漫、典雅的气氛。扒房入口处或中央设置的展示台，由水果、蔬菜、酒品、服务器具等装饰而成，其目的是突出餐厅的特色和主题。扒房所使用的餐具、服务器具应既高档又专业化，如银制或镀银的餐叉、餐刀、水晶杯，贵重的烹制车、酒车、甜品车、手推车，精致的瓷器等。扒房的家具也较豪华，如羊皮扶手沙发、精致方形或长方形餐桌、法兰绒桌垫、全棉桌布等。

扒房服务员以男性为主，着紧身西装佩戴领结，或穿燕尾服佩戴领结。女引座员一般着西式拖地长裙，以黑色、红色等深色为多。所有服务员能熟练使用英语，有些扒房还要求服务员懂法语。

扒房的菜单、酒单印刷得非常讲究，常常使用皮革封面。菜单中应包括该扒房所经营的菜肴中主要的大菜和风味食品。

扒房酒水品种齐全，特别注重配齐世界各地所产的著名红、白葡萄酒和其他名牌酒品。

11.2.2　西餐正餐服务程序

扒房以提供午餐、晚餐为主，有些扒房只提供晚餐。在欧美，晚餐比午餐更正式，

更受重视。通常午餐时间有限而晚餐时间较长，因此晚餐便成了一日三餐中最重要的一餐——正餐。

扒房服务的专业性较强，它不但要求服务员熟悉菜肴与酒水及服务方式，掌握客前烹饪技能，有娴熟的推销技巧，还要求他们能用外语进行对客服务，并具有较高的礼貌礼仪素养。

1）餐前准备工作

①保持餐厅的整洁卫生，台椅应当摆放整齐和稳固，按照扒房摆台的标准摆好餐台。

②准备好干净的调酒器、咖啡炉具以及各种水杯、酒杯、餐具、银器、酱料，准备好各种酒、饮料和冰水。

③检查并保证音响、照明、空调机等一切设备运转正常。

④熟悉当天的特色菜肴。

2）电话订餐服务

①电话铃响不能超过3次。

②向顾客问好："您好，这里是扒房。您要订餐吗，小姐（先生）？"

③在接受订餐时，必须问清顾客的姓名、订餐人数、选择吸烟区还是非吸烟区、就餐时间及房间号码。如果顾客有特殊要求（如餐桌的位置、特殊的菜式、生日蛋糕等），要认真记录，并将"餐位预订登记表"填写好。

3）餐前会

开餐前半小时，每个服务员都要参加餐厅经理或主管主持的餐前会。会上由经理宣布任务分工，介绍当日特别菜肴及推销、服务，让员工了解当日客情、本餐厅典型事例的处理及分析，并检查员工仪容仪表。服务员接受任务后，回到各自岗位做好开餐准备工作。

4）迎宾服务

①顾客来到餐厅，迎宾员应面带微笑，主动上前问好："晚上好，请问您是否已订座？"

②如果顾客已订座，迎宾员应热情地引顾客入座。如果顾客没有订座，而餐厅已满座或空台没有收拾好，迎宾员应主动介绍顾客到扒房酒吧稍等，并推销饮品。

③迎宾员领顾客入座，并与餐厅服务员合作帮助顾客拉椅子，打开餐巾并点燃蜡烛。

5）席间服务

①顾客入座后，迎宾员点燃蜡烛，然后回到迎宾岗位。看台服务员向顾客问好，为顾客打开餐巾，斟倒矿泉水（有时放进一小片柠檬）。侍酒员或餐厅领班到顾客面前推销饮品，推销饮品时应当对饮品作介绍，并询问客人的喜好。

②推销完餐前饮料后，餐厅领班在顾客的右侧递送菜单，并介绍当日餐厅的特色菜。之后，领班主动上前在顾客的右侧给顾客点菜。先女士后男士。在点菜过程中，要复述客人所点菜肴的名称和数量。

顾客点菜时，领班或接受点菜的服务员应注意：顾客点牛排、羊排时，需问清生熟程度。按照惯例，牛排、羊排生熟程度分为全熟、七成熟、五成熟、三成熟和一层熟5个层次。点沙拉时问顾客配何种沙拉汁，如油醋汁、法式汁、千岛汁等。在客前制作凯撒沙拉时，要将装有各种调料的盆子端给顾客看，征询顾客是否要放全每种调料。

③酒水员送上顾客所点的餐前饮料，在顾客的右侧上餐前饮品，并介绍饮品的名称。餐厅服务员从顾客的左侧上黄油，放在面包碟上方，将面包篮放在顾客左手边的适当位

置。餐厅服务员根据领班记录的点菜单，摆上适当的餐具，根据需要准备烹调车、服务用具、调味品、用料等。

④酒水员从顾客的右边递上酒单，并根据顾客所点的菜主动介绍和推销佐餐酒（常为红、白葡萄酒）。顾客确认了所点的酒水后，酒水员应认真填写“餐厅酒水预订单”。酒水订单一式三联，一联交收银台以备结账，二联到吧台取酒水，三联自留备查。

⑤从顾客的右边上红、白葡萄酒，如顾客已订座，则在顾客未到之前摆上红、白葡萄酒杯。红葡萄酒用银制的酒架或藤制的酒篮盛装，白葡萄酒则用冰桶冷藏，并配一条餐巾。为顾客服务时将酒拿到餐桌边，把葡萄酒的标签出示给顾客，待顾客认可后再打开葡萄酒瓶，并用餐巾抹干净瓶口，将瓶塞给客人鉴赏。

⑥斟少许葡萄酒给主人，待主人品尝并认可后再给其他顾客斟酒。斟酒时，酒液不得超过酒杯的2/3，按逆时针方向斟酒，先女士后男士。斟完酒后，将红葡萄酒瓶连酒架或酒篮一起放在桌面适当的位置，酒的标签朝向主人；白葡萄酒放回冰桶冷藏，冰桶放在桌子旁边适当的位置。扒房上菜的顺序是开胃菜、汤、沙拉、主菜、甜品。上菜时重复顾客所点的菜名，并且应将所有的主菜一起揭开盘盖。

⑦顾客酒杯里的酒少于1/3时，要及时斟上，如酒瓶已空，要出示给顾客并主动推销葡萄酒。得到认可后，方可将空酒瓶或酒具拿走。勤向杯里斟冰水，水杯里的水不能少于1/3。客人吃面包时，当黄油盅里的黄油已少于1/3时，应当添黄油。烟灰缸内不能有两个以上的烟头，或当烟灰缸内有许多杂物时应更换烟灰缸。收撤饮品杯时可推销其他饮品。顾客用完每道菜肴后，撤去用过的餐具并斟倒酒水。

⑧撤餐具时，放在顾客左手边的餐具从顾客的左侧撤下，右手边的餐具从右侧撤下。不可在餐桌上当着顾客的面清理盘内剩菜，或将盘子在餐桌上垒起撤走。在撤下主菜盘、上甜品和水果之前，用一块叠好的干净餐巾把撒落在桌子上的菜和面包屑等扫进一个小盘里，同餐桌上用过的餐具一并撤下，保留水杯、饮料杯、烟灰缸、花瓶、蜡烛等，以保持桌面整洁。

⑨有时顾客在扒房点菜时，没有一次将菜肴点齐，通常仅仅点到主菜为止，再根据用餐的情况点甜品。这时服务员应当主动向顾客推销甜品，适时推上甜品车或从顾客的右边递上甜品单，并推荐时令水果、雪糕、奶酪、各式蛋糕、特式咖啡、茶等。根据顾客需要的甜品摆上相应的餐具。从顾客的右侧送上甜品，摆在餐位的正中，报上甜品的名称，礼貌地请顾客享用。顾客用完甜品后，除留下酒水杯外，将其他餐具撤去。

6）上菜服务

①上菜在顾客的右侧进行。

②配料汁酱、柠檬、面包片、沙拉汁、胡椒瓶等，从顾客左边送上。

③上菜时，重复顾客所点的菜式名称。

④将每道菜的观赏面朝向顾客。

⑤上菜完毕后再一起揭开菜盖，并请顾客慢用。

7）结账服务

当顾客用完主菜后，餐厅领班应主动上前询问菜肴和服务质量。全部菜肴上完后，服务员准备好账单，待顾客餐毕要求结账时，问清付款方式，马上送上账单。此前领班要检查账单是否正确，并用账单夹夹好账单，从顾客的右边递上，此时不需读出金额总数。待

顾客结账后，服务员需向各位顾客表示感谢。

8）送客服务

当顾客准备起身离开时，服务员应为顾客拉开椅子，迅速检查顾客是否有遗留的物品；将顾客送出餐厅门外，向顾客道别并欢迎其再次光临。

送走客人后，服务员使用托盘，按照撤台的标准程序清理台面；将餐椅摆放整齐，更换台布，重新摆台。

任务3 西餐服务方式

经过多年的发展，各国和各地区的西餐服务都形成了自己的特色。西餐服务常采用的方式有法式服务、俄式服务、美式服务、英式服务等。

11.3.1 法式服务

1）法式服务的特点

传统的法式服务在西餐服务中是最豪华、最细致和最周密的服务。通常，法式服务用于法国餐厅，即扒房。法国餐厅装饰豪华、高雅，以欧洲宫殿式为特色，餐具常采用高质量的瓷器和银器，酒具常采用水晶杯。通常采用手推车或旁桌现场为顾客提供加热和调味菜肴及切割菜肴等服务。在法式服务中，服务台的准备工作很重要。通常餐厅服务人员在营业前就已做好服务台的一切准备工作。法式服务注重服务程序和礼节礼貌，注重服务表演，注重吸引顾客的注意力，服务周到，每位顾客都能得到充分的照顾。但是，法式服务节奏缓慢，需要较多的人力，用餐费用高，餐厅利用率和餐位周转率都比较低。

2）法式服务的方法

（1）摆台

餐桌上先铺上海绵桌垫，再铺上桌布，这样可以防止桌布与餐桌间的滑动，也可以减少餐具与餐桌之间的碰撞声。摆装饰盘，装饰盘常采用高级的瓷器和银器等。将装饰盘的中线对准餐桌的中线，装饰盘距离餐桌边缘1～2厘米。装饰盘上放餐巾。装饰盘的左边放餐叉，餐叉的左边放面包盘，面包盘上放黄油刀。装饰盘的右边放餐刀，刀刃朝向左方。餐刀的右边常放一个汤匙。餐刀的上方放各种酒杯和水杯。装饰盘的上方摆放甜品刀和甜品匙。

（2）传统的两人合作式的服务

传统的法式服务是最周到的一种服务方式，由两名服务员共同为一桌客人服务。其中一名为经验丰富的正服务员，另一名是助理服务员，也可称为服务员助手。服务员负责的工作主要有请顾客入座，接受顾客点菜，为顾客斟酒上饮料，在顾客面前烹制菜肴，为菜肴调味，分割菜肴，装盘，递送账单等。助理服务员负责的工作主要有帮助服务员现场烹调，把装好菜肴的餐盘送到顾客面前，撤餐具和收拾餐台等。在法式服务中，服务员在客人面前做一些简单的菜肴烹制表演或提供切割菜肴和装盘服务。而助理服务员用右手从顾

客右侧送上每一道菜。通常，面包、黄油和配菜从顾客左侧送上，因为它们不属于一道单独的菜肴。用右手从顾客右侧斟酒或上饮料，从顾客右侧撤出空盘。

（3）上汤服务

顾客点汤后，助理服务员将银制汤盆端进餐厅，然后把汤置于熟调炉上加热和调味，其加工的汤一定要比顾客需要量多些，以方便服务。助理服务员把热汤端给顾客时，应将汤盆置于垫盘的上方，并使用一条叠成正方形的餐巾，这条餐巾能使服务员端盘时不被烫手，同时可以避免服务员把大拇指压在垫盘的上面。正服务员用大汤勺从银盆将汤舀入顾客的汤盆后，再由助理服务员用右手从顾客右侧服务。

（4）主菜服务

主菜服务与上汤服务大致相同，正服务员将现场烹调的菜肴分别盛入每一位客人的主菜盘内，然后由助理服务员端给顾客。为顾客提供牛排时，助理服务员从厨房端出烹调半熟的牛肉及蔬菜等，由正服务员在顾客面前调配作料，把牛肉再加热烹调，然后切肉并将菜肴放在餐盘中，正服务员这时应根据顾客的要求，为他提供相应大小的牛排。同时，应该配上沙拉，助理服务员应当用左手从顾客左侧将沙拉放在餐桌上。

11.3.2 俄式服务

1）俄式服务的特点

俄式服务是西餐普遍采用的一种服务方法。俄式服务的餐桌摆台与法式的餐桌摆台几乎相同。但是，它的服务方法不同于法式。俄式服务讲究优美文雅的风度，将装有整齐和美观菜肴的大浅盘端给所有顾客过目，让顾客欣赏厨师的装饰和手艺，也可刺激顾客的食欲。在俄式服务中，每一个餐桌只需要一个服务员，服务的方式简单快速，服务时不需要较大的空间。因此，它的效率和餐厅空间的利用率都比较高。由于俄式服务使用了大量的银器，并且服务员将菜肴分给每一个顾客，使每一位顾客都能得到尊重和较周到的服务，因此增添了餐厅的和谐气氛。由于俄式服务是大浅盘里分菜，因此，可以将剩下的、没分完的菜肴送回厨房，从而减少不必要的浪费。俄式服务中的银器投资很大，如果使用和保管不当会影响餐厅的经济效益。在俄式服务中，最大的问题是最后分到菜肴的顾客，看到大银盘中的菜肴所剩无几，总有一些影响食欲的感觉。

2）俄式服务的方法

（1）分发餐盘

服务员先用右手从顾客右侧送上相应的空盘，如开胃菜盘、主菜盘、甜菜盘等。冷菜上冷盘，即未加热的餐盘；热菜上热盘，即加热过的餐盘，以便保持食物的温度。上空盘依照顺时针方向操作。

（2）运送菜肴

菜肴在厨房全部制熟，每桌的每一道菜肴放在一个大浅盘中，热菜须盖上盖子，然后服务员从厨房中将装好的菜肴大银盘用肩上托的方法送到顾客餐桌旁。

（3）分发菜肴

服务员用左手使用胸前托盘的方法端起菜肴，用右手操作服务叉和服务匙从客人的左侧分菜。分菜时以逆时针方向进行。斟酒、斟饮料和撤盘都在顾客右侧进行。

11.3.3 美式服务

1）美式服务的特点

美式服务是简单和快捷的餐饮服务方式，一名服务员可以看数张餐台，餐具和人工成本都比较低，空间利用率及餐位周转率都比较高。美式服务是西餐零点和西餐宴会理想的服务方式，广泛用于咖啡厅和西餐宴会厅。

2）美式服务的方法

在美式服务中，菜肴由厨师在厨房中烹制好，并装好盘。餐厅服务员用托盘将菜肴从厨房运送到餐厅的服务桌上。热菜要盖上盖子，并且在顾客面前打开盘盖。传统的美式服务中，上菜时服务员用左手从顾客左侧送上菜肴，从顾客右侧撤掉用过的餐盘和餐具，从顾客的右侧斟倒酒水。目前，许多餐厅的美式服务用右手从顾客的右侧进行上菜服务，按顺时针方向操作。

①美式服务的餐桌上先铺上海绵桌垫，再铺上桌布，这样可以防止桌布在餐桌上滑动，也可以减少餐具与餐桌之间的碰撞声。桌布的四周至少垂下30厘米。但是，台布不能太长，否则影响顾客入席。有些咖啡厅在台布上铺上较小的方形台布，这样重新摆台时，只要更换小型的台布即可，可以减少大台布的洗涤次数。同时，也起着装饰餐台的作用。通常，每两个顾客使用一份糖盅、盐盅和胡椒瓶。

②将叠好的餐巾摆在餐台上，它的中线对准餐椅的中线，餐巾的底部离餐桌的边缘1厘米。两把餐叉摆在餐巾的左侧，叉尖朝上，叉柄的底部与餐巾对齐。在餐巾的右侧，从餐巾向外，依次摆放餐刀、黄油刀、两个茶匙。刀刃向左，刀尖向上，刀柄的底部朝下，与餐巾平行。面包盘放在餐叉的上方。水杯和酒杯放在餐刀的上方，距刀尖1厘米，杯口朝下，待顾客到餐桌时，将水杯翻过来，斟倒凉水。

11.3.4 英式服务

英式服务又称家庭式服务。其服务方法是服务员将烹制好的菜肴从厨房传送到餐厅，由顾客中的主人亲自动手切肉装盘，并配上蔬菜，服务员把装盘的菜肴依次端送给每一位客人。调味品、沙司和配菜都摆放在餐桌上，由顾客自取或相互传递。英式服务的家庭气氛很浓，许多服务工作由客人自己完成，用餐的节奏较缓慢。在美国，家庭式餐厅很流行，这种家庭式的餐厅采用英式服务。

任务4 服务组织管理

11.4.1 西餐服务组织特点

西餐服务组织结构受餐厅营业规模、营业时间、营业额等因素影响。通常，餐厅规模越大，其组织层次越多。营业额越多，营业时间越长，其组织层次越多。当然，层次越多

的服务组织通常需要的服务员和管理人员越多。

11.4.2 西餐服务组织设计原则

1）经营任务与目标原则

西餐企业的目标是实现经营效果。因此，服务组织设计的层次、幅度、任务、责任和权利等都要以经营目标为基础。

2）分工与协作原则

现代餐饮企业经营专业性强，服务组织应根据专业性质、工作类型设置岗位，做到合理分工。此外，所有工作岗位应加强协作和配合，岗位设置应利于横向协作和纵向分工的管理。

3）统一指挥原则

服务组织必须保证统一指挥的效果，可以实行领班或业务主管负责制以避免多头领导或无人负责现象，实行一级管理一级的制度，避免越权指挥。餐厅服务员只接受本部门的领班或主管人员指挥，其他管理人员只有通过该领班或主管人员才能对餐厅服务员进行协调管理。

4）有效的管理幅度原则

由于餐饮服务人员的业务知识、工作经验都有一定的局限性。因此，组织分工应注意管理幅度。通常，按照具体工作时间、工作位置和专业特点进行分工。

5）责权一致的原则

科学的服务组织应明确层次、岗位责任及权利以保证工作有序，赋予不同岗位人员不同的责任和权利。责任制的落实必须与相应的经济利益挂钩，使服务人员尽职尽责。

6）适应性原则

服务组织的人数、层次应根据营业时间、淡季或旺季、不同的餐饮等特点安排。各岗位都应随着市场变化和企业经营策略而变化。

7）精简和专业的原则

服务组织的设计与工作岗位的安排应遵循精简和专业的原则。组织形式和组织结构应有利于提高工作效率，利于提高服务质量，利于降低人工成本，利于增强企业竞争力。

11.4.3 西餐厅岗位职责

1）餐厅经理任职要求及岗位职责

餐厅经理应具备饭店管理或餐饮管理等专业大专以上学历，至少有3年工作经验；熟悉西餐服务的方法、程序和标准；熟知西餐菜单和酒单，具有西餐客前表演能力；熟悉餐厅财务管理、主要国家的货币；善于沟通，有较强的语言能力，至少掌握汉语及英语阅读和会话能力，善于使用英语推销；具有处理顾客投诉和解决实际问题的能力。

指导和监督餐厅每天的业务活动，保证服务质量。巡视和检查营业区域，确保服务高效。检查餐厅的物品摆放、摆台和卫生状况。组织安排所有的工作人员，制订服务排班表并监督执行情况，选择新职工，培训职工，评估职工的业绩，观察和记录职工的服务情况，提出职工升职、降职和辞退的建议。执行餐厅的各项规章制度。发展良好的客际关

系，欢迎顾客，为顾客引座。需要时，向顾客介绍餐厅的产品。及时处理顾客的投诉。安排餐厅的预订业务，根据顾客预订及顾客人数制订出一周的工作计划。与厨房密切合作，共同提供优质的西餐菜肴。研究菜单的销售情况，保管好每天的服务记录，编制餐厅服务程序。签发设备维修单，填写服务用品和餐具申请单。

①营业前，检查餐厅的温度、灯饰、布局、摆台、瓷器、玻璃、器皿、清洁卫生。熟悉菜单，选用音乐，与服务人员讲清楚需特别注意的事项，安排座位，检查服务员仪表仪容，检查服务员工作。

②营业中，迎接顾客，引座，推荐菜肴和酒水，控制餐厅服务质量。及时处理顾客投诉。妥善处理醉酒者，照顾特殊顾客，及时发现顾客的欺骗行为和不诚实的服务员。保持餐厅的愉快气氛。保管好餐厅预订的业务资料。

③营业后，应检查餐厅的安全，预防火灾。关灯，关空调，锁门，用书面形式为下一班留下信息。按工作程序处理现金与单据，登记需要维修的设施和家居，查看第二天的业务计划和菜单，把顾客的批评和建议转告上级管理部门。

2）领班任职要求及岗位职责

领班应具备饭店管理或相关专业大专以上学历，有3年以上的餐厅工作经验。熟悉西餐服务的方法、程序和标准。熟知菜单和酒单，具有西餐客前服务表演能力。熟知财务知识、结账程序，能熟练使用各种票据和各国货币等。善于沟通，有较强的语言能力，具有使用英语服务的能力及处理顾客投诉并解决服务当中出现的问题的能力。善于服务推销和服务管理。

餐厅领班应作服务员的表率，认真完成餐厅的各项服务工作。检查职工的仪表仪容，保证服务规范。对所负责的服务区域保证服务质量。正确使用订单，按餐厅规定的标准布置餐厅和餐台。了解当日业务情况，必要时向服务员详细布置当班工作。检查服务柜中的用品和调味品准备情况。开餐时，监督和亲自参加餐饮服务，与厨房协调，保证按时上菜。接受顾客投诉，并向餐厅经理汇报。为顾客点菜，推销餐厅的特色产品，亲自为重要顾客服务。下班前为下一班布置好餐台。核对账单，保证在客人签字之前账目无误，负责培训新职工与实习生。当班结束后填写领班记录。

①营业前，检查餐桌的摆台，确保花瓶中的花新鲜，花瓶中的水新鲜、干净，灯罩干净，台布、餐巾、餐具、玻璃杯、调味品、蜡烛、地毯等物品清洁卫生。保证服务区域存有足够的餐具、用品和调料。保证菜单的清洁和完整。检查桌椅是否有松动；若有，及时处理。召开餐会前，传达服务员当班的注意事项，如当天的特色菜肴、菜单的变化、服务遇到的问题及需要修改的事宜等。

②营业中，协助餐厅经理或主管迎接顾客，给顾客安排合适的桌椅，递送菜单，接受点菜并介绍菜单与风味，督促服务员为客人上菜、添酒水，协助服务员服务，注意服务区域的安全与卫生。及时处理客人投诉。

③营业后，监督服务员收尾工作，为下一餐摆台，撤换用过的桌布，检查服务员的工作台卫生和重新装满各种物品，检查废物堆中是否有未熄灭的烟头，关灯、空调等电器，并锁门。

3）服务员任职要求及岗位职责

①优秀的餐饮服务员必须身体健康，在一个封闭的环境中能连续并高效地工作几个小

时，还要表现得轻松优雅，不让顾客看出疲倦和不耐烦，这并非只有工作热情就可以承受得了。因此，餐饮服务员必须具有健康的身体。

②热爱本职工作，性格开朗，乐于助人，能够给顾客带来喜悦。自己从服务中可以感受到乐趣的人才可能胜任服务工作。相反，沉闷的性格和面容会影响顾客的情绪。必须培养主动为顾客服务，并且能够从顾客的愉快中使自己也享受到愉快的心理素质。

③善于克制自己的情绪，保持礼貌和冷静，尽量缓和矛盾，使自己的情绪少受影响，以饱满的热情接待顾客。善于调整自己的情绪，克制个人的不快，在岗位上总以饱满、热情的态度出现。永远保持整洁的仪表和仪容。

④具有饭店服务专业中等专科学历，熟悉菜单和酒单，掌握西餐服务的各种方法和程序。具有大方、礼貌、得体地为顾客服务的能力，在餐厅服务中能够使用英语。

守时、有礼貌，服从领班的指导。负责擦净餐具、服务用具和保持餐厅卫生。负责餐厅棉织品送洗、点数、记录工作。负责餐桌摆台，保证餐具和玻璃器皿的清洁，负责装满调味盅及补充工作台餐具和服务用品。按餐厅规定的服务程序和标准为客人提供尽善尽美的服务。将用过的餐具送到洗涤间分类摆放，及时补充应有的餐具并做好翻台工作。做好餐厅营业结束工作。餐厅服务员的具体工作有时很难确定，主要根据企业的经营目标、管理模式而定。许多餐厅派实习生或服务员助手协助服务员工作。如为服务台摆放用具，装满饮料、调味品等，摆桌椅，摆台，准备冰桶，准备冰块，清理餐桌等。

4）迎宾员任职要求及岗位职责

具有饭店服务专业中等专科学历。熟悉菜单和酒单的全部内容，熟悉西餐服务的程序和标准。具有较好的语言能力和英语会话能力及沟通能力。具有微笑服务、礼貌服务和交际能力。

接受顾客电话预订并准确记录。为顾客安排餐台，保证提供顾客喜欢的餐台。吸引顾客来餐厅就餐，欢迎顾客到来，为顾客引座，拉椅，打开餐巾。向顾客介绍菜肴、饮品。顾客用餐后主动征求顾客的意见，与顾客道别，欢迎顾客再次光临。为了表示对第二次来用餐的顾客的尊重，尽量称呼他们的姓名。

[思考题]

1. 简述西餐服务程序设计原则。
2. 简述咖啡厅早餐服务程序。
3. 简述正餐服务程序。
4. 论述西餐服务组织管理。

西餐礼仪

【知识目标】

1. 了解就餐的基本礼仪；
2. 熟悉西餐的上菜顺序与饮酒礼仪。

【能力目标】

掌握餐具的摆放与使用。

本单元主要对西餐礼仪进行总结和阐述。通过学习本单元，学生可以了解西餐就餐礼仪、餐具的摆放与使用以及西餐的上菜顺序与饮酒礼仪等内容。

任务1　就餐礼仪

就餐礼仪在不同的国家或文化间常存在着许多差异，你认为礼貌的举动，如代客夹菜、劝酒，欧洲人可能感到很不文雅。尽管有许多不同，但还是有许多规则是大多数国家通用的礼节。吃西餐在很大程度上来说，是在“吃”情调，一般的西餐厅都很别致、高雅，即使小馆子也各具特色，或古典，或现代，或前卫，不拘一格。厅堂内的绿色植物，有艺术气质的墙砖和壁灯，使人感到仿佛身处异邦，舒适、温暖，让人放松陶醉。高级餐厅更有华美的大理石壁炉、熠熠闪光的水晶灯、银色的烛台、美艳的鲜花、缤纷的美酒、抒情的萨克斯，再加上人们优雅迷人的举止，这本身就是一幅动人的油画。

12.1.1　预订餐厅或接受赴宴邀请的礼节

提早预约餐厅。在西方，去餐厅吃饭一般都要事先预约，越高档的餐厅越需要事先预约。在预约时，有几点要特别注意：首先要说明人数和时间；其次要表明是否要吸烟区或视野良好的座位等；如果是生日或其他特别的日子，可以告知宴会的目的和预算；在预定时间到达是基本的礼貌。

接受他人邀请时，应尽早回复，这是最起码的礼节，特别是指定了席位的宴会，如不及早告知你将缺席，主办方来不及补充人员，造成席位的空缺，既不礼貌，又很浪费。现在一般采用电话答复，简单快捷。用书信的形式，婉转地说明一下不能出席的理由则更好。

12.1.2　着装的礼节

在餐厅就餐时穿着得体、整洁是欧美人的常识。去高档的餐厅，男士要穿着整洁的上衣和皮鞋；女士要穿套装和有跟的鞋子。如果主人指定穿正式服装，男士必须打领带。再昂贵的休闲服，也不能随意穿着上餐厅。此外最重要的是手一定要保持干净，指甲修剪整齐。在进餐过程中，不要解开纽扣或当众脱衣。如主人请客人宽衣，客人可将外衣脱下搭在椅背上，不要将外衣或随身携带的物品放在餐台上。

12.1.3　入座的礼节

进入餐厅时，男士应先开门，请女士进入，应请女士走在前面。进入西餐厅后，需由侍应带领入座，不可贸然入位。入座、餐点端来时，都应女士优先。特别是团体活动，更别忘了让女士们走在前面。最得体的入座方式是从左侧入座。当椅子被拉开后，在身体几乎要碰到桌子处站直，领位者会把椅子推进来，腿弯碰到后面的椅子时，就可以坐下来。手肘不要放在桌面上，不可跷二郎腿，不可在进餐时中途退席。如有事确需离开，应向左右的客人小声打招呼。用餐时，坐姿端正，背挺直，脖子伸长。上臂和背部要靠到椅背，腹部和餐桌保持约一个拳头的距离，以便于使用餐具为佳，两脚交叉的坐姿最好避免。记得就餐时应抬头挺胸，把面前的食物送进口中时，要以食物就口，而非弯下腰以口就食物。餐台上已摆好的餐具不要随意摆弄。

12.1.4　使用餐巾的礼节

西餐餐巾一般用布，餐巾布方正平整，色彩素雅。经常放在膝上，在重礼节场合也可以放在胸前，平时的轻松场合还可以放在桌上，其中一个餐巾角正对胸前，并用碗碟压住。餐巾布可以用来擦嘴或擦手，对角线叠成三角形状，或平行叠成长方形状，擦拭时脸朝下，以餐巾的一角轻按几下。污渍应全部擦在餐巾内侧，外表看上去应仍是整洁的。若餐巾脏得厉害，请侍者重新更换一条。离开席位时，即使是暂时离开，也应该取下餐巾布随意叠成方块或三角形放在自己的座位上。暗示用餐结束，可将餐巾放在餐桌上。一定要注意这一点，否则你中途去洗手间时将餐巾放在桌子上，等你回来时侍者可能已经把你还未吃完的菜收走了。使用餐巾过程中，千万要注意不要有如下行为：

①把餐巾当成围兜般塞在衣领或裤头。

②用餐巾擦拭餐具、桌子，这样有看不起主人家之意。

③用餐巾拭抹口红、鼻涕或吐痰；用餐巾擦眼镜、抹汗（应改用自己的手帕）。

④在离席时将餐巾掉落在地上。

⑤把餐巾用得污迹斑斑或者皱皱巴巴。

⑥将吃剩的食物放到餐巾上。

12.1.5　取食的礼节

取食时不要站立起来，坐着拿不到的食物应请别人传递。有时主人劝客人添菜，如有胃口，添菜不算失礼，相反主人会引以为荣。对自己不愿吃的食物也应要一点放在盘中，以示礼貌。当参加西式自助餐时，切记多次少取的原则，不要一次就把食物堆满整个盘子。盘子上满满的食物让你看起来非常贪得无厌。每次拿少一点，不够再取。

12.1.6 招呼侍者

在一流餐厅里，客人除了吃以外，诸如倒酒、整理餐具、捡起掉在地上的刀叉等事，都应让侍者去做。侍者会经常注意客人的需要。若需要服务，可用眼神向侍者示意或微微把手抬高，他会马上过来。在国外，进餐时侍者会来问："How is everything?（一切都好吗？）"如果没有问题，可用"Good"来表达满意。即使掉了餐具也不算出丑，但是自己弯下腰去捡就很丢脸。所以东西掉了的时候最好请服务生过来替你捡起。服务生随时都在注意客人的情况，所以会很快地再拿新的餐具过来。万一服务生没有注意到，可以面向服务生稍微地将手抬高一下，尽量不要引起其他人侧目注视。服务生的工作是为了使客人能更愉快地用餐，所以尽管可向他们提出要求。如果对服务满意，想付小费时，可用签账卡支付，即在账单上写下含小费在内的总额再签名。最后别忘记口头致谢。

12.1.7 其他礼节

①在餐厅吃饭时就要享受美食和社交的乐趣，沉默地各吃各的会很奇怪。所以进餐时应与左右客人交谈，不要只同几个熟人交谈，左右客人如不认识，可先自我介绍。别人讲话不可搭嘴插话。音量要保持对方能听见的程度，小心别影响到邻桌。切忌大声喧哗。

②在高级餐厅中用餐时，别使用手机。必要时也要长话短说，否则就应该暂时离开到外面打电话。女士们则切记补妆要到化妆室，在餐桌上梳头发或补妆，是非常不礼貌的。在进餐尚未全部结束时，不可抽烟，直到上咖啡表示用餐结束时方可。如左右有女客人，应有礼貌地询问一声："您不介意吧？"

③吃东西时别把盘子拿起来，以及在吃东西时用手端着盘子也是不礼貌的。吃完面前的食物后，也记得别把盘子推开。不要把东西吐在桌上，吃到坏的食物非吐出来不可时，也别吐在盘子里，最好在别人不注意时，吐在餐巾上，然后包起来，并要求更换一块新的餐巾。用餐时打嗝是最大的禁忌，万一发生此种情况，应立即向周围的人道歉。就餐时不可狼吞虎咽。每次送入口中的食物不宜过多，咀嚼食物时，记得闭上嘴，别说话，大多数的人都会认为让对方看见自己满嘴的食物是非常粗俗的表现。打喷嚏时，转过脸，用餐巾遮住嘴巴，然后说，"Excuse me（不好意思，打扰了）"，以示抱歉。

④赴家宴时，在女主人拿起她的匙子或叉子以前，客人不得食用任何一道菜。女主人通常要等到每位客人都拿到菜后才开始。她不会像中国人习惯的那样，请客人先吃。当她拿起匙或叉时，那就意味着大家也可以那样做了。

⑤西餐菜中比较难掌握的是以地名、人名或外文音译命名的菜。这部分菜肴各具独特风味，有些味道还比较古怪，一般人难以接受。所以，对于初次进餐者来说，应尽可能少点这类菜。西餐中其他菜肴的名称还是比较有规律的，像中餐一样，一般以烹调方法或配料、调料来命名，只要掌握了它们的规律，就能选到比较适口的西餐菜。

⑥在餐桌礼仪上，有所谓"左面包，右水杯"的说法，千万不要将两者侧转摆放。面包要放在伸手可及的地方，若想涂牛油，先把牛油碟移至自己的碟边，再涂抹到面包上。很多人喜欢将面包蘸汤，这种食法甚不好看，应尽量避免。

12.1.8 优雅吃西餐

西餐大致可分为法式、英式、意式、俄式、美式等几种，不同国家的人有着不同的饮食习惯，有种说法非常形象：“法国人夸奖着厨师的技艺吃，英国人注意着礼节吃，德国人考虑着营养吃，意大利人痛痛快快地吃……”下面介绍一些西餐菜肴的吃法。

1）肉类的吃法

①从左边开始切食。法国菜中所使用的肉有牛肉、猪肉、羊肉、鸡肉、鸭肉等，种类相当多，又依调理方式分为烧、烤、蒸、煮等。一打开菜单，烤小羊排、烤鸭、焖牛肉等各种各样的肉类料理名称琳琅满目地排列在一起，而且吃法千奇百样，令人垂涎三尺。

首先必须记住的是排餐的用餐方法。排餐可说是自古至今的肉类烹饪代表，排餐的吃法自然也就成为其他肉类烹饪的基本形式，所以最好下点功夫研究。点用烤肉和牛扒时，服务员首先会询问烧烤程度，餐厅可依顾客所喜欢的烹饪方式供应。按照烧烤程度，烤肉大致可分为半熟、略生、生熟适中、略熟、熟透等多种。

牛扒应从左往右吃。用餐时，以叉子从左侧将肉叉住，再用刀沿着叉子的右侧将肉切开。千万不要从右侧开始切。如果太用力切，在切开时会因与盘子碰撞而发出很大的声音。身体向前倾的姿势很难使用刀子。如切下的肉无法一口吃下，可直接用刀子再切小一些，切开刚好一口大小的肉，然后直接以叉子送入口中。将牛扒切成小小一块来吃，不但样子不好看，而且还会溅出肉汁，若牛扒凉得较快，将会失去其应有的味道。不可一开始就将肉全部切成一块一块的，否则好吃的肉汁就会全部流出来了。如果用叉子叉住左侧却从肉的右侧开始切，会很难将肉切开。因左手拿叉子，所以从左侧开始切才是最佳方法。

②重点在于利用刀压住肉时的力度。为了轻松地将肉切开，首先要耸肩膀，并用叉子把肉叉住。再以刀轻轻地慢慢地前后移动，用力点是在将刀伸出去的时候，而不是将刀拉回时。

③将取得的调味酱放在盘子内侧。点排餐时，会附带一杯调味酱。在正式的场合中，调味酱应该是自行取用，而非麻烦服务员服务。首先将调味酱钵拿到盘子旁边，以汤勺取酱料时应注意不要滴到桌巾上，调味酱不可以直接淋在牛排上，应取适当的量放在盘子的内侧，再将肉切成一口大小蘸酱料吃。调味酱约两汤匙为适量，取完调味酱后，将汤勺放在调味酱钵的内侧侧边，并传给下个人。

④点缀的蔬菜也要全部吃完。放在牛排旁的蔬菜不只是为了装饰，同时也是基于营养均衡的考虑而添加的。中国人大都会把水芹留下，如果不是真的不爱吃，最好不要剩下。利用汤勺取酱料并将汤久放在盘餐内侧，放在旁边的蔬菜与肉互相交替着吃完。

2）喝汤

勺子横拿，由外向内轻舀，不要把勺很重地一掏到底。勺的外侧接触汤，喝时用嘴唇轻触勺子内侧，不要端起汤盆来喝，也不能吸着喝。汤将喝完时左手可轻轻将汤盆内侧抬起，使汤汁集中于汤盆的一侧，再用右手握勺舀汤。如果汤用有握环的碗装，可直接拿住握环端起来喝。饮汤时，尽量不要发出声音。如果汤菜过热，可待稍凉后再吃，不

要用嘴吹。

3）面包的吃法

先用两手将面包撕成小块，再一手拿面包，一手撕下一小块放入口里，不要拿着整个面包咬。吃硬面包时，用手撕不但费力而且面包屑会掉满地，此时可用刀先将面包切成两半，再用手撕成块来吃。避免像用锯子似的割面包，应先把刀刺入一半。切时可用手将面包固定，避免发出声音。吃面包时可蘸调味汁，吃到连调味汁都不剩，是对厨师的礼貌。注意不要把面包盘子"舔"得很干净，而要用叉子叉住已撕成小片的面包，再蘸一点调味汁来吃，这才是雅观的做法。若想涂牛油，先把牛油碟移至自己的碟边，再涂抹到面包上。

4）鱼的吃法

鱼肉极嫩易碎，因此餐厅常不备餐刀而备专用汤匙。这种汤匙比一般喝汤用的稍大，不但可切分菜肴，还能将调味汁一起舀起来吃。若要吃其他混合的青菜类食物，还是使用叉子为宜。吃鱼时先用刀叉把鱼头和鱼尾割下，放在盘边。然后用刀尖顺着鱼骨把鱼从头到尾劈开，这时有3种选择。第一，将鱼骨划出。首先用刀在鱼鳃附近刺一条直线，刀尖不要刺开，把针骨剔掉并挪到盘子的一角。再把鱼尾切掉。由左面至右面，边切边吃。第二，将鱼平着分开，取出鱼骨。第三，揭去上面一片，不要将鱼翻身，在吃完上层后，用刀叉将鱼骨剔掉后再吃下层。吃肉时，要切一块吃一块，不可将块切得过大，或一次将肉都切成块。如果嘴里吃进了小骨头，不要将它直接从嘴里吐出，最好的办法，是用舌头尽量把鱼骨顶出来，用叉子接住，再放到碟子的一角。若不幸鱼骨卡进牙缝间，就用餐巾掩着嘴，利用拇指和食指将其拔出。使用牙签时，也要用餐巾掩着嘴来进行。爱吃鱼的人会连小鱼头吃掉，而吃到鱼的脸颊是很幸运的事。

5）乳酪的吃法

高级餐厅上甜点之前，会送上一个大托盘，摆满数种乳酪，挑多少种都可以，但应以吃得下的数量为准。

6）甜点的吃法

服务员上甜点时大都会附上汤匙和叉子。冰激凌之类的甜点容易滑动，可以用叉子固定并集中，再放到汤匙里吃。

7）喝咖啡

喝咖啡的方式通常是在桌上摆好咖啡杯，再倒入咖啡。喝咖啡时如愿意添加牛奶或糖，应轻轻加入。如果要加糖，有两种，一种是方糖，先把方糖放在汤匙上，再将汤匙轻轻放入杯内，如此才可避免加方糖时把咖啡溅出杯外；另一种是奶汤，可直接添加，同时，为避免咖啡溅出，添加时位置要尽量低。添加后要用小勺搅拌均匀，将小勺放在咖啡的垫碟上。喝时应右手拿杯把，左手端垫碟，直接用嘴喝，不要用小勺一勺一勺地舀着喝。搅过咖啡的汤匙，上面都会沾有咖啡，应轻轻顺着杯子的内缘，将汁液擦掉，决不能拿起汤匙甩动，试图将咖啡甩出。拌好牛奶或糖的汤匙，应横放在托盘的内侧。若放在靠己侧，在端起咖啡杯时，极易碰落。原则上，托盘不能端起来，与享用其他菜肴的情形一样，端起托盘是违反礼节的行为。替别人的咖啡加牛奶或糖是多此一举的行为。

8）水果的吃法

时令新鲜水果可以作为一道甜品或者甜品之前的一道菜。吃水果时，不要拿起整个水果咬着吃，应先用水果刀切成四瓣，去掉皮、核，用叉子叉着吃。削掉的果皮和果核要放在盘子边上。吃新鲜水果时使用的餐具包括一把尖刃的水果刀、叉子和洗手碗。

（1）葡萄

吃葡萄时，不能从一整串葡萄中一粒粒摘下来，要从大串葡萄中割下或掰下一小串，放在盘子上，一颗颗掰着吃。如果是无核葡萄，就可以整个连皮带肉吃下去，不必担心果核。如果是有核葡萄，可以首先将一颗葡萄放在一边，借助刀尖用一只手从中间切开并且去核；或者把葡萄放入口中咀嚼，然后把籽吐到手中。要想容易地剥去葡萄皮，则要持其茎部放在嘴边，用中指和食指将肉汁挤入口中。最后把剩在手中的葡萄皮放在盘里。皮厚的葡萄要先用嘴唇将葡萄压扁，在汁水和果肉进入口中之后将果皮丢掉。

（2）香蕉

香蕉不要整只咬着吃。如果是在餐桌上吃香蕉，要先剥皮，再用刀切成段，然后用叉子叉着吃。如果是在非正式场合如野餐、海滩等，要把香蕉剥出一半，然后把香蕉一口一口吃掉。

（3）猕猴桃

猕猴桃有毛茸茸的表皮，在被端上桌时没有去皮的话，要使用尖刃的水果刀将表皮剔除，然后将猕猴桃十字交叉切成块，然后再切成小块用叉子食用。猕猴桃的籽可以食用，没有必要去除。

（4）油桃

油桃食用之前要一分为二，去核后再切成两块。去不去皮均可，依照个人偏好而定。

（5）橄榄

如果橄榄只是作为菜内的调味品出现，可以用手拿着吃。若橄榄带核，先咬去果肉，但是不要将果核一点点啃干净，可以将果核先从口中吐到手上，或者吐到勺子中。如果是大橄榄，要分两口吃完；如果是小橄榄则可一口吞下。如果橄榄是沙拉中的一道配菜，则要用叉子而不能用手来吃。

（6）柚子和橙子、橘子

吃柚子时，要先把它切成两半，然后用茶匙或尖柚子匙挖出食用。在非正式场合，可以把柚子汁小心地挤到茶匙中。

吃橙子时，有两种剥皮方法，两者都要使用尖刀。一种方法是螺旋式剥皮；另一种方法是先用刀切去两端的皮，再竖直将皮一片片切掉。剥皮后，可以把橙肉掰下来。如果掰下的部分不大，可一口吃掉；如果太大，要先使用甜食刀叉切开，后食用。如果橙子是切好的，也可以像吃柚子那样使用柚子匙或茶匙挖着吃。橙子也可以用刀子切开，用刀尖将核去掉，然后用手拿着吃。如果吃橙子时还有未剔除干净的核，可以用拇指、食指及中指从口中拿出。

吃橘子要先用手剥去皮，再一片一片地吃。剥皮后应去除白色覆盖膜，尤其是当膜很厚的时候，可以先切开两头的皮，然后切片食用。如果皮厚且松散，则可用手将皮剥去。橘子可以剥成橘瓣食用。

（7）苹果和梨

在宴席上，要用手拿取苹果或梨，放在盘里。可以用螺旋式方法将其削皮。如果这样做很困难，可将水果放在盘上，先切成两半，再去核切块，然后用叉或水果刀食用。如果场合更加随意，可以用手拿着吃。

（8）鳄梨

带壳的鳄梨需要用勺来吃，如果鳄梨被切成片装在盘子里或拌在沙拉里，要用叉子吃。

（9）无花果

鲜无花果作为开胃品与五香火腿一起吃时，要用刀叉连皮一起吃下。若上面有硬柑，用刀切下（否则会嚼不动）。作为饭后甜食吃时，要先把无花果切成四瓣，在橘汁或奶油中浸泡后，用刀叉食用。

（10）杧果和木瓜

整个杧果要先用锋利的水果刀纵向切成两半，然后再切成1/4块。用叉子将每一块放入盘中，皮面朝上，并剥掉杧果皮。也可以像吃鳄梨那样用勺握着吃。还可把杧果切成两半，挖食核肉，保留皮壳。吃木瓜像鳄梨和小西瓜一样，先切成两半，抠出籽，然后用勺挖着吃。

（11）桃李

将桃李先切成两半，再切成1/4块，用刀去核。皮可以剥下来，但如果带着皮切成小块，用甜食刀叉食用也是不错的。

（12）柿子

吃柿子有两种方法：一是先切成两半，然后用勺挖出柿肉；二是将柿子竖直放在盘中，柄部朝下，切成四块，然后再借助刀叉切成适当大的小块。食用时将柿核吐在勺中，放到盘子的一边。不要吃柿子皮，因为其太苦太涩。

（13）菠萝（果肉）

吃鲜菠萝片时，始终使用刀和叉。

（14）草莓

大草莓可以用手拿柄部，蘸着白砂糖（自己盘中的）整个吃。然后将草莓柄放入自己的盘中。如果草莓是拌在奶油里的，则要使用勺子。

（15）西瓜

切成块的西瓜一般用刀和叉来吃，吃进嘴里的西瓜籽要及时清理，并吐在紧凹的手中，然后放入自己的盘子。

（16）浆果和樱桃

浆果和樱桃的吃法很多，可视情况而定。一般来说，吃浆果时，不管有无奶油，都要用勺子；吃樱桃要用手拿，将樱桃核文雅地吐在紧凹的手中，然后放入自己的盘子。

9）蔬菜的吃法

（1）芦笋

如果要吃的芦笋菜中有汤汁，先将其切成小块，再用刀叉食用。如果芦笋很大而且需要蘸汁，可先把头切下，然后分开食物以防滴汁和掉渣。也可以用手拿着茎柄，蘸汁吃。对于小的芦笋，可以直接用手拿着蘸汁食用。

（2）番茄

除做沙拉以外，番茄都可以用手拿着吃。挑个头小的，正好放入嘴中。咀嚼时应紧闭嘴唇，不要张嘴咀嚼，因为这样汁液才不会溅出来。如果盘中只有一个大的番茄，用牙轻轻将皮剥掉，先咬下一半慢慢吃完，再吃另一半。

（3）玉米棒

鲜玉米棒大多是在非正式场合吃的，可以先把它掰成两半，以方便拿取。值得注意的是，不要一次抹太多的黄油或调料。横着吃还是转圈吃，两种方法可自行选取。先集中数排或一部分抹黄油，撒盐。吃完后再换地方，这样手和面部就不会过多沾染调料。

（4）土豆

土豆片和土豆条是用手拿着吃的。如果土豆条里有汁，则要使用叉子。小土豆条可拿着吃，但用叉会更好。如果土豆条太大，不好取用，就用叉子叉开，不要挂在叉子上咬着吃。把番茄酱放在盘子边上，用手拿或用叉子叉着小块蘸汁吃。烤土豆在食用时往往已被切开。如果没有用刀从上部切入，用手或叉子将土豆掰开一点，加入奶油或酸奶、小青葱、盐和胡椒粉，每次加一点。可以带皮食用。

10）沙拉的吃法

按照传统，沙拉要用叉子来吃，但是如果沙拉的块太大，就应切开以免从叉子上掉下来。以前吃沙拉和水果用的钢刀又锈又黑。现在不锈钢刀的使用改变了这种情况。吃冰山莴苣一般要使用刀和叉。当沙拉作为主食吃时，不要把它放在餐盘里，要放在自己的黄油盘里，靠在主盘旁。通常用一块面包或蛋卷把叉子上的沙拉推在盘子里。

将大片的生菜叶用叉子切成小块，如果不好切可以刀叉并用。一次只切一块，不要一下子将整盘沙拉都切成小块。如果沙拉是一大盘端上来的，则使用沙拉叉。如果沙拉和主菜放在一起，则要使用主菜叉来吃。如果沙拉是主菜和甜品之间的单独一道菜，通常要与奶酪和炸玉米片等一起食用。先取一两片面包放在沙拉盘上，再取两三块玉米片。奶酪和沙拉要用叉子食用，而玉米片则用手拿着吃。如果主菜沙拉配有沙拉酱，很难将整碗的沙拉都拌上沙拉酱，则需先将沙拉酱浇在一部分沙拉上，吃完这部分后再加酱。直到只剩碗底的生菜叶部分，这样浇汁就容易多了。

11）如何用手拿着吃

如果不知道该不该用手拿着吃，就跟着主人做。记住，食物用浅盘盛上来时，先将要吃的食物放入自己的盘子。下面是一些可以用手拿着吃的食物：带芯的玉米、肋骨，带壳的蛤蚌和牡蛎，龙虾，三明治，干蛋糕，小甜饼，部分水果，脆熏肉，鸡翅和排骨（非正式场合），土豆条或炸薯片，小萝卜，橄榄和芹菜等。

小的三明治和烤面包是用手拿着吃的，大的三明治吃前先切开。配卤汁吃的热三明治需要用刀和叉。往面包或蛋卷上抹黄油之前，先将其切成两半或小块。小饼干无须弄碎。

使用盘中的黄油刀抹油，应在盘子里或盘子上部进行。把黄油刀稍靠右边放，刀柄放在盘子外面以保持清洁，热吐司和小面包要马上抹油。不必把面包条掰碎，可在其一面抹黄油。把丹麦糕点（甜蛋卷）切成两块或四块，随抹随吃。

吃带肥肉的熏肉要使用刀和叉，如果熏肉很脆，则先用叉子将肉叉碎，再用手拿着吃。

任务2 餐具的摆放与使用

12.2.1 餐台、餐具的摆放

在正宗的西餐文化中，餐台、餐具的摆放很有讲究，这既是一种礼仪，更是一种习惯。大致上，摆在中央的称为摆饰盘，用来装一般料理。餐巾一般置于装饰盘的上面或左侧。盘子旁摆刀、叉、汤匙等。可依用餐顺序，如前菜、汤、料理，视自己所需而由外侧至内侧摆放刀、叉、汤匙等。右上角会摆设玻璃杯类的餐具，最大的是装水用的高脚杯，次大的是红葡萄酒所用的玻璃杯，而细长的玻璃杯是白葡萄酒所用的，也可视情况摆上香槟或雪利酒所用的玻璃杯。左手边是面包盘和奶油刀，装饰盘对面则放喝咖啡杯或吃点心所用的小汤匙和刀叉。有的菜用过后，会撤掉一部分刀叉。

刀叉放的方向和位置都有讲究。用餐中为“八”字形，如果在用餐中途暂时休息片刻，可将刀叉分放盘中，刀头与叉尖相对成“一”字形或“八”字形，刀叉朝向自己，表示还需要继续吃。如果要与他人谈话，可以拿着刀叉，无须放下，但若需作手势，则应放下刀叉，千万不可手执刀叉在空中挥舞摇晃。应当注意，不管任何时候，都不可将刀叉的一端放在盘上，另一端放在桌上。刀与叉除了将料理切开送入口中之外，还有另一项非常重要的功用：刀叉的摆置方式传达出“用餐中”或“结束用餐”的信息。而服务生是根据这种方式，判断客人的用餐情形，以及是否收拾餐具准备接下来的服务等，所以要记住正确的餐具摆置方式。特别要注意的是，刀刃侧必须面向自己。用餐结束后，可将叉子的下面向上，刀子的刀刃侧向内与叉子并拢，平行放置于餐盘上。接下来的摆置方式又分为英国式与法国式，不论哪种方式都可以，但最常用的是法国式。尽量将柄放入餐盘内，这样可以避免因碰触而掉落，也方便服务生收拾。如果是可以直接用叉子叉起食用的料理，如前菜或甜点等，没有必要刻意地使用刀子。

出席结婚宴会时，不论怎么将餐具摆成“用餐中”的位置，只要主要宾客用餐结束，就应立即把所有的料理收起。所以宴会中，都以主要宾客为中心进行。在家庭内的宴会或是与朋友之间的轻松聚餐，像沙拉或蛋包饭之类较软的料理也可以只使用叉子进餐。但是在正式的宴席上使用刀叉，能给人较为优雅利落的感觉。另外，在欧洲等地，常可看见有人右手拿叉子，左手则拿着面包用餐。不管吃得怎么利落优雅，这样用餐也只能在家里或大众化的店里，在高级餐厅内是绝对行不通的。没用过的刀子，放在桌上即可，服务生会自动将它收走。虽说将刀与叉放在餐盘上并拢是代表结束用餐的信息，但是没有必要把干净刀子特地放入弄脏的餐盘内。没有用过的餐具保持原状放在原处即可。硬要追求形式的规则反而显得奇怪。随机应变，依当时的状况处理才是最正确的。

已放置好的餐具不可随意改变位置，不过如果是左撇子，在吃的时候可将刀叉互相更换使用。但在用餐完毕后，餐具必须按正常用法放置，将刀叉的柄向右放置于餐盘上，主要是为了不造成服务人员的困扰。

席间，有用手取用的食品上桌时，服务员会送上一只洗指碗。玻璃或水晶做的碗里盛着水，水上漂着柠檬片或玫瑰花瓣（不能误认为是饮料）。可以拿起洗指碗，放在左侧，将手指浸入水中，然后用铺在腿上的餐巾拭干。

12.2.2 使用餐具的历史背景

西方餐具中无论是刀子、叉子、汤匙还是盘子，都是手的延伸，例如盘子，它是整个手掌的扩大和延伸；而叉子则更是代表了整个手上的手指。随着人类文明的进步，许多餐具逐步合并简单化，例如，在中国最后就只剩下盘子、碗、筷子和汤匙，有时还有小碟子。而在西方，到现在为止，在进餐时仍然会摆满桌的餐具，例如大盘子、小盘子、浅碟、深碟、吃沙拉用的叉子、叉肉用的叉子、喝汤用的汤匙、吃甜点用的汤匙等。

大约在13世纪以前，欧洲人还都用手指头吃东西。在使用手指头进食时，还有一定的规定：罗马人以使用的手指头的多寡来区分身份，平民是五指齐下，有教养的贵族只用三个手指，无名指和小指是不能沾到食物的。这一进餐规则一直延续到16世纪仍为欧洲人所奉行。

1）叉子

进食用的叉子最早出现在11世纪的意大利塔斯卡尼地区，只有两个叉齿。当时的神职人员对叉子并无好评，他们认为人类只能用手去触碰上帝所赐予的食物，有钱的塔斯卡尼人创造餐具是受到撒旦的诱惑，是一种亵渎神灵的行为。据意大利史料记载：一个维纳斯贵妇人在用叉子进餐后，数日内死去，其实很可能是感染瘟疫而死去，而神职人员则说，她是遭到天谴，警告大家不要用叉子吃东西。

12世纪，英格兰的坎特伯爵大主教把叉子介绍给盎格鲁-撒克逊王国的人民。据说，当时贵族们并不喜欢用叉子进餐，但却常常把叉子拿在手里，当作决斗的武器。对于14世纪的盎格鲁-撒克逊人来说，叉子仍只是舶来品，像爱德华一世就有7把用金、银打造成的叉子。当时的大部分欧洲人都喜欢用刀把食物切成块，然后用手指头抓住放进嘴里。如果一个男人用叉子进食，那就表示他是个挑剔鬼。

18世纪法国因革命爆发战争，由于法国的贵族偏爱用4个叉齿的叉子进餐，于是叉子变成了地位、奢侈、讲究的象征，随后逐渐变成必备的餐具。

2）餐刀

西方餐具中至今保留刀子，其原因是许多食物在烹调时都被切成大块，而享用者在吃的时候需要根据个人的意愿，把它分切成大小不一的小块。这一点与东方人特别是中国人在烹调开始前，将食物切成小块的丝、片等然后再进行加工的方法不同。

餐刀很早便在人类的生活中占有重要地位。在很久以前，人类的祖先就开始用石刀作为工具，刀子挂在他们的腰上，有时用来割烤肉，有时用来御敌防身。只有有地位、有身份的头领们，才能有多种不同用途的刀子。

法国国王路易十三在位期间，一位主教不仅为法国跻身于欧洲的主要强国之列做出了贡献，即便是对于一般生活细节，他也很注意。当时餐刀的顶部并不是人们今天所熟悉的那样呈椭圆形，而是锋利的刀尖。很多法国的官僚政要，在用餐之余，把餐刀当牙签使用，用它来剔牙。黎塞留大公因而命令家中的仆人把餐刀的刀尖磨成椭圆形，不准客人当着他的面用餐刀剔牙。在他的影响下，法国也吹起了一阵将餐刀刀尖磨钝的旋风。

3）汤匙

汤匙的历史更是源远流长。早在旧石器时代，亚洲地区就出现过汤匙，在古埃及的墓穴中也发现了曾经用木、石、象牙、金等原料制成的汤匙。

希腊和罗马的贵族则使用铜、银制成的汤匙。15世纪的意大利，在为孩童举行洗礼时，最流行的礼物便是送洗礼汤匙，也就是把孩子的守护天使做成汤匙的柄，送给接受洗礼的儿童。

4）餐巾

希腊人和罗马人一直保持用手指进食的习惯，所以在用餐完毕后用一条毛巾大小的餐巾来擦手。更讲究一点的则在擦完手之后捧出洗指钵来洗手，洗指钵里除了盛着水之外，还漂浮着点点玫瑰的花瓣。埃及人则在钵里放入杏仁、肉桂和菊花。

将餐巾放在胸前，是为了不把衣服弄脏，西方人常有先喝汤的习惯，一旦喝汤时弄脏了衣服，便常会让人吃得很不愉快。

餐巾发展到17世纪，除了实用意义之外，人们还更注意其观赏性。1680年，意大利已有26种餐巾的折法，如教士僧侣的诺亚方舟形，贵妇人用的母鸡形，以及一般人喜欢用的小鸡、鲤鱼、乌龟、公牛、熊、兔子等形状，美不胜收。

任务3　西餐的上菜顺序与饮酒礼仪

12.3.1　西餐的上菜顺序

法国菜和意大利菜是西餐中的主流，其在西餐中的地位就如中餐的川粤菜。传统的法式菜单上通常有超过12道菜，是传统习惯下的一份丰盛大餐。而现代西式菜单越来越简化，现今较流行的西餐菜式通常分为5道菜——冷菜（头盘）、汤、热菜（主菜）、副菜、甜品。

冷菜是西餐桌上的第一道菜，通常有4种。

①素菜，包括一些生的凉拌菜，如番茄、生菜、黄瓜、葱头、圆白菜等。这类菜的口味比较淡，很少放调料，是西餐中最清淡的一种冷菜。

②成品原料，是指罐头、香肠、火腿、鱼子酱及清烤、焖的动物性原料。这类菜基本都是荤菜，但不太油腻。

③沙拉类，泛指一般凉拌菜，其中以马乃司和奶油做调料的凉菜为主。口味比较单一。

④烩菜，主要是用番茄、奶油为调料烤、焖、烩、瓤馅制作的各种菜。这部分菜的口味偏重，较油腻，其中以番茄为调料的菜均呈红色，味酸甜；以奶油为调料的菜呈白色，味咸鲜。烩菜都有汁。

汤是西餐菜中的第二道，有清汤、奶油汤和浓汤3种。

①清汤是用母鸡、牛肉、牛骨煮成的，色清亮，味鲜爽口。

②奶油汤是用油炒面加入牛奶、清汤并配上其他原料做成的，味鲜香，但较油腻。

③浓汤是用清汤加入少量的炒面，再兑入其他原料做成的。浓汤品种较多，味道各不

相同，酸、甜、鲜、咸均有，是西餐汤中范围最广的一种。

热菜是西餐菜中的第三道。热菜是西餐的主要组成部分。根据烹调方法不同，西式热菜可以分为5类。

①炸菜。这类菜是用鸡肉、鸭肉、鱼肉、猪肉等原料沾上鸡蛋液，再包裹一层面包渣炸制而成的。这类菜口味比较单一，没有杂味，色泽金黄，只是油腻比较大。

②煎、烧、铁扒菜。这类菜与炸菜相比，味显得清淡一些，并带有少量原料本身所有的汤汁。这类菜以原料的原味为主，呈自然色，味咸鲜。

③烤菜。这类菜是西餐菜中最富有特色的菜肴。以奶汁烤最为突出，其次为烤整鸡、烤整鸭、烤整猪、烤整羊和烤整牛。外焦里嫩，香脆可口。烤菜的色泽都很漂亮，根据不同的原料，有金黄色、琥珀色和枣红色等。这类菜肴油腻适中。

④烩焖菜。这类菜包括红烩菜、奶油烩、酒焖、素菜焖、罐焖和咖喱菜等。其味最杂，特点是口味浓重，色艳，有较多的汤汁。

⑤蒸煮菜。这是西餐中最清淡的一类热菜，比较讲究原汁、原味、原色，适合老年人吃。

副菜是西餐菜中的第四道。

副菜是对主菜起衬托作用的一道菜，同样有刺激食欲的功能，分量也不会太多，如海鲜与贝类水产菜肴、田园沙拉等。现今西餐中副菜常被归纳到头盘的概念之中。

甜品是西餐菜中的最后一道菜。

甜味食品食用后可增加人们心中整个饭局的完美感。西餐甜品基本上可分为4种，即冰淇淋类、烩水果类、布丁类及干点。

①冰淇淋：主要在夏季食用，并常配以鲜水果和罐头水果，以甜味为主。

②烩水果类：是用糖汁、葡萄酒和水果一起烩熟后放凉再食用的一种甜点。味以甜酸为主。

③布丁类：包括冷热布丁、冰糕、冻子、慕斯等。这是西餐中食用最广的一类甜品，春夏秋冬均可食用，味杂，外形新颖美观。

④干点：西餐中的各种点心，一般冬季食用得比较多，因为这类点心的热量比较高。

西餐菜肴用完后，就餐者往往要喝咖啡。饮咖啡一般要加糖和淡奶油。

12.3.2 西餐宴会配酒常识

西餐不论是便餐还是宴会，都十分讲究以酒配菜。总的来说，就是口味清淡的菜式与香味淡雅、色泽较浅的酒品相配；深色的肉禽类菜肴与香味浓郁的酒品相配。餐前选用旨在开胃的各式酒品；餐后选用各式甜酒以助消化。在西餐厅点酒时不要硬装内行，在高级餐厅里，会有精于品酒的调酒师拿酒单来。对酒不大了解的人，最好告诉调酒师自己挑选的菜色、预算、喜爱的酒类口味，请调酒师帮忙挑选。俗话说，只看拿酒杯的姿势如何，即可判断其人是否懂得品酒。如果以西餐待客，配酒则绝不可随随便便。一般酒类可按色泽分红酒、白酒和玫瑰色酒；按性质可分低度酒和高度酒，无甜味酒、中性酒和甜酒，无汽酒和汽酒。主菜若是畜肉类应搭配红酒，鱼类则搭配白酒。上菜之前，不妨来杯香槟、雪利酒或吉尔酒等口味较淡的酒。饮过味浓的酒之后再饮较清淡的酒，味觉便容易混淆，所以不妨先由较清爽的白酒开始，再喝口感较浓和丰富的红酒。正宗的西餐用酒习惯如下：

①餐前酒用具有开胃功能的味美思酒和鸡尾酒，如法国和意大利生产的仙山露起泡酒、马提尼酒、味美思酒、血玛丽鸡尾酒。

②开胃品。吃开胃品时要根据开胃品的具体内容选用酒品。如鱼子酱要用俄国或波兰生产的伏特加酒。虾味鸡尾杯则用白葡萄酒，口味选用干型或半干型。

③汤类。与汤类相配的有西班牙生产的雪利葡萄酒。有的客人喜欢用啤酒来配汤。也有人认为不同的汤应配用不同的酒，如牛尾汤配雪利酒，蔬菜汤配干味白葡萄酒等。

④鱼类及海味菜肴。吃鱼和壳鲜时相配的酒品为干白葡萄酒、淡味玫瑰葡萄酒，如德国的莱茵白葡萄酒、法国的布多斯白葡萄酒、美国的加州葡萄酒、中国的王朝白葡萄酒。一般选用半干型的口味。

⑤畜肉类、禽肉类。在酒品相配上有多种讲究：各式牛排或烤牛肉，最适合选用法国浓味干型布多斯红葡萄酒、美国加州红葡萄酒和玫瑰葡萄酒；猪肉类如火腿、烤肉，适宜配香槟酒、德国特级甜白葡萄酒；家禽类菜肴宜选用玫瑰红葡萄酒、德国特级甜白葡萄酒、美国加州红葡萄酒。

⑥奶酪。吃奶酪时可用红葡萄酒或配用香味浓烈的白葡萄酒，有些品种的奶酪可配用波特酒。

⑦甜品。吃甜品时一般配用甜葡萄酒或葡萄汽酒，如德国莱茵白葡萄酒、法国的香槟酒等。

⑧餐后酒。西餐讲究进餐完毕后要饮用咖啡、茶等，与其相配的餐后酒可选用各种餐后的甜酒、白兰地酒等。

12.3.3 饮酒的餐桌礼仪

酒是西方人常用的佐餐饮料，所以他们一般先点菜，再根据菜的需要点酒。按照通常的惯例，开酒前，应先让客人阅读酒标，确认该酒在种类、年份等方面与所点的是否一致，再看瓶盖封口处有无漏酒痕迹，酒标是否干净，然后开瓶。开瓶取出软木塞，让客人看看软木塞是否潮湿，若潮湿则证明该瓶酒采用了较为合理的保存方式，否则，很可能会因保存不当而变质。客人还可以闻闻软木塞有无异味，或进行试喝，以进一步确认酒的品质。在确定无误后，才可以正式倒酒。

请人斟酒时，客人将酒杯置于桌面即可，如果不想续酒，只需用手轻摇杯沿或掩杯即可。需要注意的是，喝酒前应用餐巾抹去嘴角上的油渍，以免有碍观瞻，且影响对酒香味的感觉。

西方各国的宴会敬酒一般选择在主菜吃完、甜品未上之时。敬酒时将杯子高举齐眼，并注视对方，且最少要喝一口酒，以示敬意。白兰地酒杯需以整只手掌包住杯子底部，以保持温度，增加芳香。而葡萄酒或雪利酒宜以室温喝，因此必须拿住高脚的部分，避免碰触杯身。当然，酒杯不能拿得颤颤巍巍。正确的握杯姿势是用手指握杯脚。为避免手的温度使酒温升高，应用大拇指、中指、食指握住杯脚，小指放在杯子的底台固定，不可让手纹留在酒杯上，以免影响观瞻。有人拿住杯脚时会翘起小指，这种习惯十分不雅，应避免。

在上酒的品种上，应按先轻后重、先甜后干、先白后红的顺序安排；在品质上，则一般遵循越饮越高档的规律，先上普通酒，最高级酒在餐末敬上。需要注意的是，在更换酒的品种时，一定要换用另一种酒杯，否则会被认为是服务的严重缺陷。

我国的饮酒礼仪大体上按照国际上的做法，只是在服务顺序上有所区别。斟酒等服务一般以主宾、主人、陪客、其他人员的顺序进行。在家宴中则先为长辈，后为小辈；先为客人，后为主人。而国际上较流行的服务顺序是先女宾后主人，先女士后男士，妇女处于绝对的领先位置。另外，我国在酒宴上常有劝酒的习惯，而世界上不少国家却以此为忌，对此，我们应酌情处理。

12.3.4 品酒三部曲

品酒要用眼、鼻和口来鉴别酒液的色、香与味。简单来说，品酒可分为以下3个主要步骤：

①先用眼睛观赏酒液的颜色。试饮酒前，先要微微举起酒杯，轻轻打圈摇晃，先欣赏酒液的“挂杯”情况，再于灯光下观赏其色泽，并要留意酒中是否清澈无杂质。若肉眼可看到酒渣，则应换酒。

②用眼观赏过后，就要用鼻子去感受酒香。先握紧杯脚，将酒杯轻轻打圈，让红酒在杯内晃动，跟大量空气接触，释放香气，然后将酒杯凑近鼻子，慢慢享受酒香。只要多试几次，慢慢就能分辨出酒液中的果味、木味、花味、泥土味，以及橡木味，也可凭味道分辨出酒的等级。

③喝一口酒，让酒香在口腔中慢慢散开。一般需执行转酒、闻酒、尝酒3个动作，以示懂得品酒及礼貌。饮用餐酒时，咕噜吞下是一种浪费和失仪；应先喝一口，让味蕾感受酒的味道，然后才慢慢咽下，如咽得太急，根本没有机会用味觉去感受酒的质感和味道。而一瓶优质佳酿，喝后酒香会留在口腔之中，久久不散，为晚餐带来丰富的味觉享受。喝酒时应倾斜酒杯，轻轻摇动酒杯让酒与空气接触以增加酒味的醇香，但不要猛烈摇晃杯子。一饮而尽，边喝边透过酒杯看人，都是失礼的行为。不要用手指擦杯沿上的口红印，用面巾纸擦比较好。饮酒干杯时，即使不喝，也应该将杯口在唇上碰一碰，以示敬意。当别人为你斟酒时，如不需要，可简单地说一声“不，谢谢！”或以手稍盖酒杯，表示谢绝。

[思考题]

1. 简述西餐就餐礼仪。
2. 举例说明如何优雅吃西餐。
3. 简述西餐餐具的摆放与使用。
4. 简述西餐上菜顺序。
5. 简述西餐饮酒礼仪。

单元13

中西饮食比较

【知识目标】

1. 了解西餐沙司与中国调味汁的差异；
2. 熟悉中西饮食营养的差异。

【能力目标】

掌握中国烹饪对西方烹饪的借鉴方法。

本单元主要对中西饮食比较进行总结和阐述。通过学习本单元，可以了解西餐沙司与中国调味汁的差异、中西饮食营养的差异、中国烹饪对西方烹饪的借鉴方法等内容。

任务1 西餐沙司与中国调味汁

从定义上讲，西餐的沙司和中国的调味汁，都用于促进和增加菜肴和点心的味道。因此，从主要作用来看，沙司相当于调味汁。

然而，仔细分析沙司和调味汁之后我们发现，两者之间存在很大的差异。这些差异主要表现在以下4个方面。

13.1.1 从制作过程看，沙司和调味汁各不相同

中国调味汁与菜肴主辅原料多同时烹制，比如鱼香肉丝，辅料莴苣丝和鱼香调料同时在锅中加热，并且在成熟后同时装入盘中。而西餐沙司则多与菜肴的主料分开制作，装盘时，再将制作好的沙司淋到盘中的主料上。以酸奶油芦笋的制作过程为例，第一步，芦笋在锅中煮熟，同时，酸奶油沙司在沙司锅中调好；第二步，芦笋放在盘中，淋上酸奶油沙司。

13.1.2 在构成元素上，沙司和调味汁各有不同

中餐的调味汁，通常是以各种调味料为主体。以鱼香味型为例，它主要由盐、糖、醋、酱油、泡辣椒、姜、葱、蒜等调料构成。而沙司则以各种液态原料为主体。沙司除了主体原料以外，还有增稠料、调料。

西餐沙司的主体原料一般有三种：基础汤、牛奶或油脂。基础汤，也叫底汤，如中国烹调中的鲜汤、毛汤一类。西餐的基础汤，按照颜色的不同分为两类：白色基础汤和褐色基础汤。以这两种汤为主体原料，可以分别制作数十种不同口味的沙司。牛奶也是构成沙司的主要原料，以其为主要原料制作的沙司，一般具有奶香浓郁、色彩淡雅的特点。除了基础汤、牛奶之外，油脂也是制作沙司的主体原料之一。制作沙司的油脂可以是液体，如各种植物油，也可以是固体，如黄油。以油脂为主要原料制作的沙司，最为我们熟悉的

是“沙拉酱”，因为这种沙司常用于调拌各种沙拉，所以大家便通俗地称它为“沙拉酱”了。

增稠料用来增加主体原料稠度。无论是基础汤、牛奶还是油脂，质地都比较稀薄，只有增加它们的浓稠度，使其变成具有一定稠度的调味汁才能制作成沙司。因此，西方人常常将沙司定义为“稠的，有味道的，用于与菜肴相配的调味汁”。而增加稠度的最常用方法就是在基础汤、牛奶、油脂等主体原料中加入增稠料。西餐传统的增稠料是黄油面酱，将不同分量的黄油面酱放入基础汤或牛奶中，可以制作不同稠度的沙司，搭配不同的菜肴。除了黄油面酱以外，淡奶油、蛋黄也常用于沙司的增稠，沙拉酱便是以蛋黄为增稠原料，以沙拉油为主料，搅打制成的。中餐菜肴的烹调中，也常常需要增稠，比如勾芡、收汁、做汤等，最常使用的增稠原料是淀粉。淀粉在西餐中，也是一种增稠料，但它的应用没有在中餐中普遍，通常用于搭配甜点的沙司中。

有了主体料、增稠料，沙司就基本成型了。不过，这时的沙司，只有基本的味道。构成沙司的第三个部分是调味料。西餐的调味料品种繁多，仅用于调味的酒就有几十种之多。因此，西餐沙司的种类和味道都非常丰富。

13.1.3 在主料配合上，沙司和调味汁呈现不同的倾向性

中国调味汁偏重于为主辅原料调味，而西餐的沙司偏重于与主辅原料全面配合。沙司是一种具有各种味道、颜色、光泽、浓稠度和光滑度的调味汁，如何使用不同风格的沙司与主料在味道、颜色、光泽等各个方面和谐搭配，是制作西餐时需要考虑的问题。例如，主料“炸饺”配的是稀薄的柠檬沙司。选择柠檬沙司，是因为“炸饺”口感比较油腻，用微酸的柠檬汁与之配合，可以降低油腻感。而沙司稠度较稀薄，也基于减腻的原因。此外，将沙司调成浅黄色，还可以衬托炸饺色彩的美丽。中餐在运用调味汁时，则将考虑重点放在如何与辅料在味道方面和谐搭配上。搭配偏重于味，是中餐调味汁的重要特点。因此，中餐在味道上比西餐更加诱人。

13.1.4 在分类上，沙司和调味汁各有不同

中餐的调味汁比较独立，味型与味型之间，关联较少，派生较少。沙司则与之不同。它虽然有上百种之多，但许多沙司之间有着千丝万缕的联系。许多西餐中的沙司，可以归于一些基础沙司之下。每个基础沙司都是一个沙司体系的源头，居于领导和统治的地位。举例来说，白色沙司是西餐的基础沙司之一，通过增加其他原料等方法，可以演变出阿勒曼德沙司、欧罗沙司、西北沙司等。西方的美食家在20世纪末曾总结道，随意在白色沙司中加入任何调味品，番红花或者是菠菜泥，都可以导致现代调味品中一些最具创新的变化。同样，基础沙司的每个变化，无论多有个性，都可以找到它的源头。将风格迥异的鞑靼沙司、千岛汁、绿色沙司、俄罗斯沙司等放在一起，谁也想不到它们之间有多少联系，然而，追溯根源，它们都是在沙拉酱的基础上变化而来的。将黑鱼子加入沙拉酱中制作出的沙司，颜色淡绿，称为绿色沙司；而将黑鱼子加入沙拉酱中，就可以制成俄罗斯沙司。

总的来讲，尽管西餐的沙司和中餐的调味汁有很大差异，但两者之间的共性仍是主要的。这是因为，无论是中餐还是西餐，调味汁和沙司担当着同样的职责——为菜肴调味，

而它们的差异，则是存在于这一共同目标之下的。

任务2 中西饮食营养比较

13.2.1 中西饮食营养观念的比较

1）西方饮食营养观念：着重从微观上，看待饮食中的营养问题

西方研究饮食中的营养问题，主要着重从微观方面，对饮食原料的营养成分进行探索。因此，通过分析和研究，西方的营养学，明确指出了食物中含有6大营养素：水、蛋白质、脂肪、碳水化合物、无机盐、维生素。并由此得出结论，只有全面摄入这6大营养素，才能维持人体健康与生命。

2）中国饮食营养观念：着重从宏观上，看待饮食中的营养问题

对饮食中的营养问题，从古至今，中国也在一直进行探索。不同的是，中国着重从宏观上研究饮食，提出了饮食原料的4个基本作用——“养、助、益、充”，即由《黄帝内经》总结的：“五谷为养，五果为助，五畜为益，五菜为充。气味合而服之，以补精益气。”这种饮食与营养关系的观念，从宏观上划分了不同种类原料在饮食中的功用，同时也强调只有这四大原料合理搭配，才能“补精益气”，维持健康的生命。

尽管在研究饮食与营养上，中国与西方采取了不同的研究方法，但是，研究的目标是一致的，探索的都是饮食与营养的关系，而且在饮食与营养的核心上，两者的观念是相同的，即平衡膳食，才是健康的保证。

13.2.2 中西烹调中的营养比较

1）原料选择

（1）西方饮食以动物原料为主，选料精

以畜牧文化为背景的西方，饮食中非常注重蛋白质的摄入。在这个观念的指导下，西方烹饪十分重视动物性原料。

①从公元前后的文字记载来看，作为欧洲文明中心的希腊，其贵族的日常饮食中，羊肉、牛肉、奶酪、鱼类等是饮食摄入的主体。

②在漫长的饮食历史中，西方创造了大量的奶类制品而不是植物制品，例如奶油、奶酪、炼乳、黄油、酸奶等，这正是西方在餐饮中注重蛋白质摄入的结果。

③从现代的西方饮食来看，以蛋白质为主体的菜肴，仍然是宴席的主体。其他菜肴，甚至酒水，也都围绕着这个主菜，进行合理的搭配。而且，在刀工与装盘上，以蛋白质为主的原料，一般形状上是大块，并且在盘中占有绝对的地位。

（2）中国传统饮食以植物原料为主，选料广泛

在以农耕文化为背景的中国，人们注重碳水化合物的摄入。因此，在中古传统的饮食结构中，谷物位列第一位。在这个观念的指导下，中国人十分注重谷物的摄取。

①从公元前后中国的文字记载来看，相比欧洲的希腊贵族饮食，在中国贵族饮食中，

即使有许多肉类原料，谷类原料仍占有相当的比重。以“周代八珍”为例，“周代八珍”是周朝烹饪达到的最高峰。“八珍”就是8种提供给贵族们食用的最珍贵的菜肴。这8种菜肴，以“淳熬”“淳母”为首。而“淳熬”“淳母”，翻译成现代文字，就是两种以谷物为主，以肉类为辅的盖浇饭。其后的汉代，据史料记载，皇帝们的饮食也以粮食为主，以肉类为辅。谷物提供的主要是碳水化合物，因此，从历史的角度来看，中国与西方，很早就在饮食原料的选择上，呈现出了不同的特征，从而在主要营养元素的摄入上，也呈现出不同的特征，即西方饮食以摄入蛋白质为主，而中国饮食则以摄入碳水化合物为主。

②中国人在漫长的饮食历史中，虽然也创造了许多原料，但因为饮食着重点的不同，制造了大量以谷类原料为主体的谷物制品，例如豆腐、豆浆等豆制品，糯米粉、米线、面筋等米面制品，以及以粮食为主体的调料，如面酱、豆瓣酱、酱油等。而这些谷类制品原料和调料，在西方饮食中，是很少见到的。

③与西方菜肴不同的是，虽然中餐里也有许多以肉类为主的菜肴，但在刀工与装盘上，以蛋白质为主的原料，常常切成小块形状，并与辅料的形状十分相似，而在装盘上，也不会像西餐一样特别突出，单独占有盘中五分之三以上的位置。

2）调味与烹调

（1）西方饮食追求原料的“本味”“淡味”，营养的组合常在烹调之后

在调味上，西方饮食注重原料本身的味道，即“有味使其出”。因此，在原料的选择上，很少选择味道怪异或者没有鲜味的原料，例如中国饮食推崇的鱼翅、燕窝以及畜类的内脏等。

由于在饮食中讲究原料的本味，因此西方人在烹调中，采取了许多保护原料味道的方法，这些方法在客观上，也防止了营养素的流失，增加了菜肴的营养。

①肉类原料的烹调，以能否保汁作为质量的标准之一。

②烹调中，少用油，特别不能有明油。西方人认为，油多会影响菜肴的味道。

③烹调中大量使用新鲜柠檬汁，以增鲜、除腥、调味。酸的存在，不仅有利于无机盐的吸收，还有利于维生素的稳定，并且新鲜柠檬汁还含有大量维生素。

④偏于食用生料。在西方的烹饪原料中，许多几乎用于生吃。例如，近些年引进中国的生菜家族，在中国常常被水煮或炒制，而在西方几乎都用于生吃。至于一些肉类，特别是牛肉，也以没有被烹调成熟为好。

（2）中国饮食追求原料的“调味”，营养的组合常在烹调前进行

在调味上，中国饮食注重原料烹调以后的味道，即“无味使之入”。因此，在原料的选择上，与西方不同的是，选择面很宽，即便是味道怪异或者没有鲜味的原料，也能调出鲜美的滋味。

在“调味”思想的指导下，中餐的烹调方式，与西餐很不一样，西餐为了追求原料本味，常常分别制作主料、配料和调料，单独烹调后，再将它们于盘中进行组合。因此，西餐菜肴的营养搭配，常常在烹调以后进行。而在中餐烹调中，为了追求独特的味道，菜肴的主料、配料、调料常常同时烹制，以期通过加热的作用，将主料、配料、调料的味道融合在一起，从而产生新的味道。在这种思维的指导下，一道菜肴中原料的营养味道的组合，就常常在烹调前进行。

3）就餐形式

西餐实行的是分餐制。菜肴有开胃菜、沙拉、汤、主菜、甜品等品种。不同的就餐者，可以根据各自的爱好与需要，选择不同的菜肴。从营养的角度上讲，营养元素的摄入，以个体为单位进行计算，很容易准确定量和测量。

中餐以聚餐形式为主，以10个人吃10份菜肴为例，营养元素的摄入，通常只能以整体，即10人、10道菜肴为计算单位，计算出的是每位就餐者营养摄入的平均值。相比西餐的分餐制，中国聚餐形式中计算出的数值，与个体实际营养的摄入，在准确性上有一定差异。因此中国的聚餐制，与西方分餐制相比，不仅在卫生方面有欠缺，在准确计算个体营养摄入量上，也增加了难度。

13.2.3 西方营养观念对中餐的影响

1）西方营养观念的进入，使得中国烹饪更加注重饮食中的养生问题

现今中国烹饪对菜肴质量的评价，从传统的"色、香、味、形"转变成了"色、香、味、形、养"。

就烹调而言，中餐考虑比较多的是烹调的技术，特别是调味的技术。而西餐考虑的重点与中餐有差异，它们着重于烹调的目的。

西方的营养观念在中国广泛传播后，中国烹饪逐渐注重饮食中的营养问题，并将菜肴的营养价值和搭配，作为评判菜肴质量的标准之一。

2）烹饪大赛的评判、厨师等级考试，也都加入了对厨师营养知识掌握的考核

在营养观念逐渐普及的情况下，近些年，在中国的烹饪大赛上，特别是全球性的中国烹饪大赛，菜肴提供的营养素，是必须明确的。而厨师等级考试，特别是高等级的笔试中，也必须有营养方面的试题。

此外，在菜肴的创新上，从营养的角度进行创新，也成为当今创新菜肴一个不可缺少、必须考虑的要素。而分餐制在我国的兴起也为人体营养摄入量的准确计算，提供了便利。

任务3 中国烹饪对西方烹饪的借鉴

对西方烹饪的借鉴，可以从多方面进行。既可以是某种具体原料、技法，也可以是某种思想和观念。例如，采用西方的一些原料或者某种特色的烹调技法，借鉴西餐调味体系的树状结构，来扩展味型。此外，还可以学习现代西方烹饪的理念，即注重菜肴中人的技术和思维的含量，将厨师从可以由机器完成的简单而笨重的体力劳动中解脱出来，让他们有更多的时间从事创造性的工作。在菜肴装盘和服务方面，西方烹饪也有可取之处，他们的装盘简洁明快，虽然没有人工雕刻的花鸟鱼虫之类，菜肴仍令人赏心悦目；他们的服务更是有高技术含量，与菜肴的完美相得益彰。总之，虽然西餐在某些方面不如中餐，但它仍有许多独到之处。这些独到之处，正是我们要学习和借鉴的。

13.3.1 西餐原料的引进

说起中国，人们会用地大物博来形容；谈到中国菜，人们会用用料广泛来赞美它。的确，中国地域广博，物产丰富而独特，为中国菜在世界烹饪界中地位的确立，奠定了雄厚的物质基础。

然而，在我们为中国原料品种众多而自豪时还应想到，这些林林总总的原料，并非都原产于中国，中外历史上的多次交流，先辈们对外来原料采用的“拿来主义”指导思想，是今天中国原料繁荣的原因之一。资料表明，中国早就从西方国家和地区引进原料或种子，并逐渐演变为自己的烹饪原料来增加菜肴品种。其中，汉魏晋年间引进的有黄瓜、大蒜、芝麻、核桃、石榴、无花果、葡萄、胡椒、杨桃等；南北朝至唐代引进的有茄子、菠菜、洋葱、莴苣、苹果、丝瓜等；五代到明代，引进的有辣椒、玉米、笋瓜、花生、胡萝卜、土豆、苦瓜等；20世纪以来，特别是改革开放以后，中国又从西方引进了许多新的原料品种，并引入种植业和养殖业的新技术，使原料品种更加丰富多彩。如陆续引进了朝鲜蓟、番茄、芦笋、花菜、西蓝花、孢子甘蓝、玉米笋、牛蛙、珍珠鸡、肉鸡等。此外还引进了许多调味品，如八角、荜拨、草果、豆蔻、丁香、罗勒、砂仁等。以上所列举的这些原料，只是众多引进原料中的一部分。其中有些也不是原种引进，而是良种引进，如西瓜、大蒜等。这些原料的引入进一步增加了中国原料的品种，为中国菜肴的不断创新，奠定了雄厚的物质基础。

今天，随着中外交流的日益频繁，特别是中国加入世界贸易组织后，大量的外来原料涌向中国。面对这些琳琅满目的原料，当代厨师可以继承先辈的“拿来主义”精神，将它们大胆地引入菜肴中，制作出新的菜肴品种。

可喜的是，许多勇于创新的厨师正在做这方面的尝试，在对外来原料的引进上，他们大胆地采用“变料法”——用引进的原料替代菜肴的原有原料，使菜肴出新。比如用牛蛙替代牛肉等干煸菜式的传统原料，制作出干煸牛蛙；又如，西芹、西蓝花、生菜等也被广泛地应用于菜肴中。

西方的农业和畜牧业科技十分发达，在动植物培育和开发方面，有其先进之处。因此，就其烹饪原料的品种而言，与我们是可以互补的。对于这些已经引进以及即将引进的品种，我们应该采取“量体裁衣”的方法，根据原料的具体性质，如色泽、味道、口感、形态，使用不同的烹饪方法。比如芦笋，原产于地中海沿岸及小亚细亚，约在20世纪初传入中国，引入川菜中，既可以做冷菜，也能做热菜。因其味淡，可以以麻辣味等重味调之；而其味又鲜，也适合咸鲜等味型。芦笋形状美观，西餐常以之造型，或平面或立体，在美化菜肴的同时，其自身也可以食用，一举两得。中国菜喜好造型，因此，也可以在利用芦笋造型方面，从西餐中进行有益的借鉴。又如肥鹅肝，它是西餐原料的珍品，其地位有如中餐的鱼翅燕窝之类。但与鱼翅燕窝不同的是，它被列入珍品之列，不仅因为稀少，更因为其自身无与伦比的美味。肥鹅肝本身味道十分鲜美，西餐厨师在调制时，多以保持其原味为主。不选用香料增香，求精不求滥，绝不能压制主味，这样才能使顾客充分享受到至美本味。目前，肥鹅肝在中国的应用还仅限于少数的高级西餐厅，中餐应用极少。将此珍贵原料引进，制作一些与燕窝鲍鱼等并驾齐驱的高档菜肴，无疑会丰富高档菜肴的品种，为中国烹饪又增一抹浓香。不过，在以中国之法烹调肥鹅肝时，味型应以清淡为主，忌重油、重味，务必使其鲜味呈现出来。

13.3.2 西餐味型的借鉴

目前，中国各个菜系之间味型的借鉴较为常见。比如，川菜向粤菜等菜系的调味进行借鉴，改变已有的一些味型，也增加了一些新味型等。直接借鉴西餐味型似乎还并不普遍。西方在物产、风俗、习惯、喜好等人文地理方面与中国的差异实在太大。尤其是人们对菜肴口味的偏好也各不相同，比如，四川、湖南等地的人喜欢麻辣，而西方人倾向于清淡；中国人调味多用酱油，油脂以菜籽油、大豆油等为主，西方人则多用奶油、黄油之类。

这就需要厨师深入研究西餐，从中获取本质的东西，进而学习和利用。无论是中餐还是西餐，都是东方或西方文化的一部分，而文化是相通的。因此，中西烹饪必有许多本质上的相同之处。

举例来说，原广泛使用于西餐的番茄酱，能够制作成具有中国特色的茄汁味型，就说明了这一问题。番茄酱是西餐主要的调味料，也是传统调料之一。20世纪前后，番茄酱随着西餐和工业化进入中国以后，中国厨师发现它具有色泽鲜红、口味酸甜的特点，若加一些糖调制，正合许多中国人对酸甜味的偏爱，但又与中国由醋和糖调成的传统酸甜味不同。于是便将番茄酱引入菜肴之中，以其为主要调料，调制出了一种新的味型——茄汁味型。由此创造出了许多茄汁菜，比如茄汁大虾、茄汁鱼、茄汁牛肉饼等一批深受国人喜爱的新菜式。

番茄酱在中国的广泛应用，是西餐的调味料或味型可以应用于中餐的一个有力证明。它说明，对西餐的调味，如果善于学习，并结合中国的菜式特点，完全能够为我所用，为中餐增加新的菜肴品种。对于西餐调味方面的借鉴，有如下两个方面的创新思路。

1）引进适合中国人口味的调味料

除了番茄酱以外，厨师还可以根据中国人的口味特点，引进一些其他品种的调味料，扩展味型的种类，为人们提供更多的味觉选择。以辣味为例，除了四川人、湖南人、贵州人嗜辣外，其他地区喜欢辣味的人也不少。目前，调制辣味的调味品以辣椒、豆瓣等为主。比较而言，西餐虽然偏重清淡，但带有辣味的味型也不少。不过，西餐的辣味调料更多集中于胡椒、芥末和咖喱等。胡椒和芥末，中国的味型有所涉及。热菜的酸辣味，多用胡椒调之，而芥末味也是中国的传统味型之一。但用咖喱调味的则较少。咖喱是西餐的调味料之一，特别在英美等国应用普遍。事实上，咖喱是东方的调料，它原产于印度，是印度人最喜欢的传统调料。它是一种用姜黄、胡椒、辣椒、茴香、肉桂、生姜等十多种香辛料制成的混合调味品，现在，有些餐厅也正在试着以咖喱调味。将其应用于中国菜，若使用得当，会受到偏爱辛辣味的人的喜爱。

再如，西餐中种类繁多的烹调用酒，也可以作为酒香味调料引入中国。西方人对酒的使用很有研究，这是他们从几百年的烹调实践中总结出来的。比如，制作牛肉类菜肴，用红葡萄酒调味，会使菜肴味道更加香浓；用白葡萄酒为海鲜增香，会使其味更加高雅宜人。什么时候放酒，使用什么品种的酒，同一种酒的不同品牌对菜肴有什么影响，酒在锅中烹制的时间和火候等酒的使用技巧，西方人对此有很好的经验。将这些品种繁多的西洋酒引入中式烹饪，扩展原有的酒香味型，增加新的口味，可以为爱好酒香的顾客提供更广泛的选择空间。

此外，西餐调料中风味独特的辣酱油，酸香的鲜柠檬汁、酒醋以及有异域风味的迷迭香、百里香、罗勒等，也独具特色。可以根据中国人的口味，将它们引入中国菜中，进一步扩展中餐的味型。

2）借鉴西餐的调味体系，使中餐的味型核心化、系列化

西餐将味型称为调味汁，即沙司。沙司是西餐菜肴最重要的组成部分之一，决定着菜肴的口味。与中国的味型不同的是，西餐的沙司和菜肴的主料是分别制作的。比如，做一道牛肉菜肴，中餐通常将牛肉和调味料混在一起，在锅中烹调；而西餐是先将牛肉用简单的调料（比如盐和胡椒粉）码味，烹调到合适的火候后装盘，再在盘中淋上单独调制的沙司。这是一种与中餐完全不同的调味方式。

西餐味型，既有系列又有核心的体系，不仅为厨师创新味型提供了广阔的空间，而且在味型创新的总体把握上，能够做到既继承传统又高于传统。这样的体系值得借鉴。

中国的传统味型有几十种，如荔枝味、白油味、酸甜味、鱼香味、家常味、咸鲜味、红油味、酸辣味等。这些相对独立的味型，如果采用西餐的调味体系，将其看作核心——树干，那么这些味型，通过增加、减少或是改变其中的一种或几种原料，就可以分别衍变出新的味型。这样的味型，既继承了传统，又高于传统，是崭新的味型。

有了这种指导思想，我们的味型就会形成一个核心、多个分支、系列化的体系。这个体系的建立，将有助于中餐调味味型的系统化，为中餐味型的发展以及厨师对中餐味型的整体掌握大有裨益。

13.3.3 西餐烹调技法与先进理念的借鉴

西餐的烹饪技法，总体来说，与中餐相差不大，如双方都有煎、炸、烤、蒸、煮、烩等常用烹饪方法。不过，两者也有各自特别的技法，像中国的单锅小炒、西方的铁扒。目前，西方各国在拓展菜肴时，除了学习其他西方国家的烹饪方法以外，也积极地向东方国家借鉴。

对西餐的借鉴，已有一些成果，“吉利炸”即是其一。这种技法最早应用在香港。香港的中餐厨师最先将一些适合中国人口味的西餐方法引进中餐中，而后传到广东等沿海省市，然后再传遍中国南北。有些内地人认为吉利炸是粤菜的传统技法，实际并非如此，这是西餐典型的技法之一。这种方法目前在中国较为流行，许多地方根据它的基本流程，按照各自不同的思维，创造了许多新颖的菜式，像香酥鸡柳、双味鸡卷等。这些菜肴因为具有色泽金黄、外酥里嫩的特点，而受到国人的欢迎。

除了吉利炸以外，铁扒也是一个很有特色的烹调方法。这种方法目前在中餐中应用较少。制作铁扒菜需要一种特别的烹饪工具——铁扒炉。我们将鲜嫩的原料放在铁扒炉上，在交换角度时，原料表面将形成网状条纹，增加菜肴的观赏效果。此外，这种烹饪方法，还特别适合在顾客面前制作，使得顾客感到更加亲切。不过，用铁扒制作中餐菜肴有一个局限性，那就是这种技法适合制作体积比较大的原料，否则，达不到好的效果。对此，可

先将大块原料铁扒后，拿到桌上让顾客观看，然后像北京烤鸭当场片制一样，将铁扒菜肴切成适合筷子夹起的大小。这种方法可用于猪脊肉、牛脊肉、鱼肉等各种鲜嫩的原料。

除了具体的烹饪技法可以学习外，西方的一些烹饪思想也值得我们学习，如注重菜肴的营养。当今的西方在提倡食用高蛋白、低脂肪的基础上，又刮起了“素食”之风。许多人少吃或者不吃肉类菜肴，而以素食为主。西方的各种素食菜谱和素食餐厅就是在这种趋势下产生的。及时把握世界饮食潮流并进行创新，也是菜肴出新的一个思路。此外，使用现代化的机械设备代替厨师的简单劳动，也是值得我们学习的。这样，才能让厨师从简单、机械的工作中解放出来，让他们有更多的空间和时间放飞他们的思想，为顾客创造更多更好的美食。

[思考题]

1. 简述西餐沙司与中国调味汁的差异。
2. 简述中西饮食营养的差异。
3. 简述中国烹饪对西方烹饪的借鉴方法。

单元14

西餐营销策略

【知识目标】

1. 了解西餐营销原理；
2. 熟悉西餐市场竞争的内容。

【能力目标】

掌握西餐营销策略。

西餐营销指西餐企业为满足顾客需求，实现经营目标而进行的一系列商务活动，包括市场调研，选择目标市场，开发菜肴和酒水，为餐饮产品定价，选择销售渠道及促销等。本单元主要对西餐营销策略进行总结和阐述，包括西餐营销原理、西餐市场竞争、西餐营销策略等。通过本单元的学习，读者可了解西餐营销理念发展、西餐企业营销原则、西餐市场细分、西餐市场定位，以及西餐市场在价格、价值、品种、服务、技术、决策、应市时间、广告、信誉、信息、人才等方面的竞争，同时掌握各种营销策略。

任务1 西餐营销原理

14.1.1 营销理念的发展

1）传统生产理念

在西餐经营的早期市场，西餐产品品种较少，饭店或西餐企业处于市场主导地位。那时企业只要扩大销售，增加营业面积就会增加销售，获得利润。因此，以扩大经营为中心的西餐销售观称为传统生产理念。

2）传统质量理念

管理人员仅强调菜肴、酒水和服务质量的经营观。这种营销理念忽视了市场和顾客的需求，仅以质和量取胜。

3）传统推销观念

随着饭店业和西餐企业的扩大和发展，各种经营模式的企业迅速增加，企业更加重视推销技术，强调加强推销使顾客购买产品的营销观念。

4）现代营销理念

由于西餐更新换代的周期不断缩短，消费者购买力大幅度提高，顾客对各种西餐、酒水和服务的需求不断发展与变化。顾客对产品有了很大的选择性，企业之间的竞争不断加剧，顾客占主导地位。企业在充分了解市场需求的情况下，根据顾客需求确定西餐菜肴和酒水的营销观念。

14.1.2 西餐营销原则

现代西餐营销原则主要包括扭转性营销、刺激性营销、开发性营销、恢复性营销、同步性营销、维护性营销、限制性营销和抵制性营销。

1）扭转性营销

当大部分潜在顾客讨厌或不需要某种西餐、酒水或服务时，管理人员采取措施，扭转这种趋势称为扭转性营销。例如，老式和陈旧的西餐菜肴已经销售几十年了，许多顾客都品尝了多次，企业营业额不断下降，企业改进了这些菜肴的特色和风味，并且增加了其他特色菜肴，经广告宣传和营销人员的努力，入座率不断上升。

2）刺激性营销

当某地区大部分顾客不了解某种西餐产品时，企业采取措施，扭转这种趋势称为刺激性营销。例如，某地区的一个西餐快餐厅开业，开业时经营情况很不理想，人们不理解这些产品。但是，企业通过科学的菜单设计，不断地宣传，制订优惠的价格，营业收入开始不断提高。

3）开发性营销

当某地区顾客对某种西餐产品有需求，而行业尚未提供这种产品时，企业及时地开发这些产品满足市场需求称为开发性营销。例如，近些年来，有些企业新开发了西班牙烧烤菜肴。

4）恢复性营销

当大部分顾客对某种西餐产品兴趣衰退时，企业可采取措施，使衰退的需求重新兴起称为恢复性营销。例如，一些传统的西餐，经过工艺调整，成为受市场欢迎的菜肴等。

5）同步性营销

根据经验，西餐需求存在着明显的季节性和时间性等特点，因此，许多企业调节需求和供给之间的矛盾，使二者协调同步的经营方法称为同步性营销。一些饭店根据顾客不同时段用餐需求筹划不同种类的菜单。例如，早餐菜单、早午餐菜单、午餐菜单、下午茶菜单、晚餐菜单和夜餐菜单等。

6）维护性营销

当某地区某种西餐需求达到饱和时，饭店或西餐企业保持合理的售价，严格控制成本，采取措施稳定产品销售量策略称为维护性营销。

7）限制性营销

当西餐企业某种产品的需求过剩时，企业应采取限制性营销措施，保证产品质量和信誉。主要的方法有提高产品价格，减少服务项目等。

8）抵制性营销

企业禁止销售不符合本企业质量标准的产品称为抵制性营销。这种策略可保持企业的信誉和声誉。

14.1.3 西餐市场细分

西餐市场细分也称为西餐市场划分，是根据顾客的需求、顾客购买行为和顾客西餐消

费习惯的差异，把西餐市场划分为不同类型的消费者群体。每个消费者群体就是一个西餐分市场或称西餐细分市场。

1）地理因素细分

西餐市场可根据不同的地理区域划分。例如，南方与北方、国内与国外等。因为地理因素影响顾客对西餐的需求，各地长期形成的气候、风俗习惯及经济发展水平不同，形成了不同的西餐消费需求和偏好。目前，我国经济发达的大城市和沿海城市对传统西餐和西式快餐有较高的要求，而其他大城市和中小城市对西餐快餐有部分需求，对传统西餐有少量需求或无需求。

2）人文因素细分

人文因素细分市场是按人口、年龄、性别、家庭人数、收入、职业、教育、宗教、社会阶层、民族等因素把西餐市场细分为不同的消费者群体。人文因素与西餐消费有着一定的联系。通过调查发现不同年龄、性别、收入、文化和宗教信仰的人们对西餐的原料、风味、工艺、颜色、用餐环境和价格有着不同的需求。

3）心理因素细分

很多消费者在收入水平及所处地理环境等相同的条件下有着截然不同的西餐消费习惯。这种习惯通常由消费者心理因素引起。因而，心理因素是西餐细分市场的一个重要方面。

①理想心理。人们理想中的西餐消费会因人、因事、因地而异。理想的西餐代表菜肴可能是沙拉，也可能是牛排；可能是在高星级饭店，也可能是在大众西餐厅。

②不定心理。通常人们初到一地，对餐饮消费，总表现出一种无所适从的不确定心理。这是由人们对餐饮环境、食物、价格以及供应方式等不了解造成的。

③时空心理。某地区人想吃另一个地区的风味菜肴是时空心理在消费中的反映。目前，由于信息与交通的发达，西餐消费的时空界限在逐步缩小。

④怀旧心理。怀旧心理在中老年人中普遍存在，老年食客常抱怨目前的某些菜肴制作不如从前，味道不如过去等，用餐时总喜欢寻找“老字号”西餐厅。

⑤求新心理。求新心理人皆有之。一个时期在一个地方常吃某种风味，就会想换换胃口。这既有心理需要，又是生理需要。尤其是对年轻人求新心理的强烈反映。

⑥实惠心理。通常，人们都想以较少的支出获取理想的商品，西餐消费更是如此。因此，价格策略对西餐促销起着一定的作用。

⑦雅静心理。西餐业不同于中餐业，顾客常希望在优雅和安静的地方用餐，不愿在噪声大和拥挤的餐厅消费。

⑧舒适心理。顾客享受西餐时仅有优雅和恬静的环境还不够，还要求舒适的心理。因此，服务中的礼节礼貌非常重要。

⑨卫生心理。顾客要求餐饮场所干净、整洁和卫生。菜肴符合卫生要求、安全可靠、食之放心等是消费者心理要求的最基本内容。

4）行为因素细分

行为因素细分西餐市场是指根据顾客对菜肴和酒水的购买目的和时间、购买频率、对企业的信任程度、购买态度和方式等将顾客分为不同购买者群体。例如，按照消费者购买目的、时间和方法可以将西餐市场分为休闲和宴请，早餐、午餐、下午茶、晚餐，零点和套餐等市场。

5）其他因素细分市场

除以上因素细分市场外，西餐企业还根据其他因素细分市场，包括顾客的地理位置，如商业区、校园、居民区等。同时，还可根据顾客的类型细分，如散客、旅游团队、工商企业、社会团体和政府机关等。

14.1.4 目标市场选择

西餐目标市场选择是对西餐目标消费群体的选择，指饭店在细分西餐市场的基础上确定符合本企业经营的最佳市场，即确定本企业的西餐服务对象的过程。饭店为了实现自己的经营目标，在复杂的西餐市场需求中寻找自己的目标市场，选择那些需要本企业西餐产品的消费者群体并为选中的目标市场策划产品、价格、销售渠道和销售策略等。

西餐企业应首先收集和分析各细分市场的销售额、增长率和预期利润等信息。理想的西餐细分市场应具有预计的收入和利润。根据调查，一个西餐细分市场可能具有理想的规模和增长率，但是，不一定能提供理想的利润。这说明企业在选择西餐目标市场时必须评价一些细分因素。通常包括5个因素：

1）竞争者状况

如果在一个细分市场上已经存在许多强有力的和具有进攻性的竞争者，这一细分市场就不太具有吸引力。例如，在某城市已有多家国际著名的西餐快餐公司：麦当劳、肯德基和必胜客等，如果在该地区再计划创建一家西餐快餐公司，很难保证进入这一市场后企业会获得理想的营销效果。

2）替代产品状况

如果在一个细分市场上目前或将来会存在许多替代产品，那么，进入这一细分市场时，企业应当慎重。例如，某一地区开设了过多的大众化西餐厅，如果这些餐厅的产品特点不突出，那么，这些餐厅的餐饮产品都是可以互相替代的。

3）购买者消费能力

购买者消费能力会影响一个细分市场的吸引力。在一个细分市场上，购买者的消费水平和可随意支配的收入等都会影响一个西餐细分市场的形成和发展。根据调查，目前我国的西餐市场主要分布在国内的直辖市、省会城市和一些沿海的经济发达地区。

4）食品原料状况

在某一西餐细分市场，如果所需的食品原料的数量和质量得不到充分的保证，那么，说明这一细分市场的经营效果和产品质量都得不到保证。所以，这一细分市场缺乏吸引力。

5）饭店资源状况

饭店决定进入某一西餐的细分市场时应考虑，这一市场是否符合本企业的经营目标、人力资源状况和设施的水平等情况。尽管一个细分市场可能具有较高的吸引力，然而，企业在这一细分市场上不具有所需的技术和资源也不会取得成功。

14.1.5 西餐市场定位

市场定位不仅是西餐营销不可缺少的环节，也是西餐企业规划自己最佳目标市场的具

体工作。西餐企业常根据产品的前景预测和规划其市场位置。因此，西餐市场定位的实质是企业在顾客面前树立自己产品特色和良好形象的策略。

1）实体定位原则

实体定位是通过发掘产品差异，开发本企业的特色菜肴、酒水、服务、环境和设施，与其他企业的产品形成差异，为本西餐企业找到合适的市场位置的原则。

2）概念定位原则

当西餐市场高度发达时，经营人员通过市场细分找到尚未开发的市场的机会比较少。市场营销的关键在于改变顾客的消费习惯，将一种新的消费理念打入顾客心里，这种方法称为概念定位原则。

3）避强定位原则

避强定位是一种避开强有力的竞争对手的市场定位。在竞争对手的地位非常牢固时，最明智的选择就是创建自己的产品特色。这种定位最大的优点是企业能迅速在市场上站稳脚跟，在消费者心目中迅速树立形象。由于这种定位方式风险较小，成功率较高，常为西餐企业采用。近年来，一些西餐企业引进西班牙烧烤而不经营传统西餐或西餐快餐就是具有代表性的案例。

4）迎头定位原则

这是一种与在市场上最强的餐饮竞争对手“对着干”的定位方式。迎头定位是一种比较危险的策略，但不少有经验的西餐专家认为这是一种更能激励自己奋发上进且可行的定位尝试，一旦成功就会取得巨大的市场优势。

5）逆向定位原则

逆向定位原则即把自己的餐饮产品与名牌企业联系起来并反衬自己，从而引导消费者关注本企业的定位原则。这种定位方法难度相当大，企业的产品质量、特色和价格必须与名牌企业有可比性。

6）重新定位原则

对销售能力差，市场反映差的西餐企业进行重新定位称为重新定位原则。重新定位的关键是可以摆脱困境，获得新的增长与活力。这种困境可能是由管理人员决策失误引起的，也可能是由竞争对手的有力反击或出现了新的竞争对手造成的。例如，一些传统名牌企业，由于经营理念落后，菜肴和用餐环境落后于新建的西餐企业，入座率和营业收入不断下降。但是，只要管理人员认识到问题的关键，勇于改正，重新定位，企业完全可以恢复正常经营。

任务2 西餐市场竞争

竞争是商品经济的特性，只要存在商品生产和交换就存在着竞争。当代西餐营销的一切活动都是在市场竞争中进行的。实际上，当代的西餐营销管理就是西餐竞争管理。西餐竞争的内容主要包括价格竞争、价值竞争、品种竞争、服务竞争、技术竞争、决策竞争、应市时间竞争、广告竞争、信誉竞争、信息竞争和人才竞争。

14.2.1 价格竞争

企业常以比竞争对手更实惠的价格销售称为价格竞争。当市场上出现销售质量相同或相近的西餐产品时，价格较低的产品被顾客选中的机会较多，反之就少。尽管企业因餐饮价格竞争会损失一些利润，但是因低价销售会提高销售量，从而带来规模效益和更多的利润。

14.2.2 价值竞争

西餐企业以同等价格销售比竞争对手质量更好的西餐菜肴和酒水称为价值竞争。这里的价值指产品的功能与价格的比值。当然，功能的衡量标志是它的质量水平和用途。价值竞争关键在于关注顾客期望值的因素，使产品质量高于顾客的期望值。价值竞争内容包括地理位置，便利的交通，停车场，外部环境，餐厅级别和声誉，菜肴和酒水的质量、数量、工艺、味道和特色等。通常产品质量越高，就越能满足顾客的需要。这样，不仅能持续地吸引顾客，而且能在竞争中保持有利地位。因此，管理者必须不断地调查顾客对企业的满意程度、与本企业继续交易的可能性及将本企业推荐给其他顾客的可能性。

14.2.3 品种竞争

西餐企业销售比竞争对手更适合市场、更有特色的菜肴和酒水称为品种竞争。在市场经济不断发展的前提下，菜肴和酒水的品种、规格和特色要考虑不同目标顾客的需求。这样，企业取得优势的机会和营利的可能性就更多。

14.2.4 服务竞争

服务是无形产品，是西餐质量的重要组成部分。提高西餐质量，不仅取决于优质的菜肴和酒水，还取决于优雅的用餐环境、独特的餐具文化和较高的服务效率等。随着顾客需求的发展和变化，企业必须不断地开发新的服务模式。

14.2.5 技术竞争

西餐企业使用比竞争对手更先进的生产和服务设备、更先进的工艺，创造出更优质的餐饮产品称为技术竞争。技术竞争最终表现在产品质量上，因此，技术竞争是产品质量竞争的基础条件，是在西餐竞争中立于不败之地的重要保证。

14.2.6 决策竞争

决策是指为达到某一特定目标，运用科学方法对客观存在的各种资源进行合理配置并从各方案中选出最佳方案的过程。决策是西餐经营管理的基础，它关系到经营的成功或失败。正确的决策可使企业的人力、财力和物力得到合理的分配和运用，创造和改善企业内部条件，提高经营应变能力。决策竞争通常包括产品决策、价格决策、营销渠道决策、营

销活动决策和营销组织决策等。

14.2.7 应市时间竞争

西餐企业以比竞争对手更快的速度生产出新的菜肴并抢先进入市场销售称为应市时间竞争。应市时间竞争可使产品早于其他企业被顾客了解和接受。当然其他企业的同类产品上市后，该企业产品的深远影响仍然占据主导的地位。

14.2.8 广告竞争

西餐企业比竞争对手更广泛、更频繁地向顾客介绍本企业的环境、菜肴、酒水和服务，以期在顾客心目中留下更深刻的产品形象称为广告竞争。广告竞争在推动西餐产品销售方面具有强大的作用。

14.2.9 信誉竞争

西餐企业的信誉表现为取得社会和顾客信任的程度，它是企业竞争取胜的基础。西餐经营者比竞争对手更讲究文明、信誉、质量和特色，这样才能在经营中取得成功。

14.2.10 信息竞争

当今，信息在餐饮经营中占有重要作用。西餐企业具有比竞争对手更强的搜集、选择、分析和利用信息的能力称为信息竞争。根据调查，企业及时地运用准确的信息指导经营必然会在竞争中取得更有利的地位。

14.2.11 人才竞争

西餐竞争归根到底是人才的竞争。西餐企业拥有比竞争对手更全面的管理和技术人才，称为人才竞争。西餐经营必须任用专业人才和有能力的管理人员，没有专业人才的西餐企业将失去竞争力。

任务3 西餐营销策略

西餐营销策略是西餐企业运用各种营销手段和方法，激励顾客购买西餐产品的欲望并最终实现购买行为的一系列活动。

14.3.1 广告营销

广告指西餐企业的招牌、信函和各种宣传册等。广告在西餐营销中扮演着重要的角色。广告可以树立企业的形象，使顾客明确产品特色，增加购买的信心和决心。

1）餐厅招牌

西餐厅招牌是最基本的营销广告，它直接将产品信息传送给顾客。因此，餐厅招牌的设计应讲究它的位置、高度、字体、照明和可视性，并方便乘车的人观看，使他们从较远的地方也能看到。招牌必须配有灯光照明，使它在晚上也能起到营销效果。招牌的正反两面应写有企业名称。在夜间，霓虹灯招牌提高了其在夜间的可视度，同时使企业灯火辉煌，营造朝气蓬勃和欣欣向荣的气氛。

2）信函广告

信函是营销西餐的一种有效的方法。这种广告最大的优点是阅读率高，可集中目标顾客。运用信函广告应掌握适当的时机。例如，西餐企业新开业，重新装修后的开业，举办周年庆典和其他营销活动，推出新的西餐产品和新的季节到来等。

3）交通广告

交通广告是捕捉流动顾客的好方法。许多顾客都是通过交通广告的宣传到饭店消费。交通广告的最大优点是宣传时间长，目标顾客明确。

14.3.2 名称营销

一个有特色的西餐厅，它的名称只有符合目标顾客的需求，符合企业的经营目标，符合顾客的消费水平才能有营销力。因此，企业名称必须易读、易写、易听和易记。名字必须简单和清晰，易于分辨。名称字数要少而精，以2～5个字为宜。企业名称的文字排列顺序应考虑周到，避免将容易误会的文字或同音字排列在一起。餐厅名称必须容易听懂，方便记忆，避免使用容易混淆的文字、有谐音或可产生负面联想的文字。名称字体设计应美观，容易辨认，容易引起顾客的注意，易于加深顾客对企业的印象和记忆。

14.3.3 外观营销

企业外观必须突出建筑风格，重视建筑色调。餐厅门前的绿化、园林设施和装饰品在营销中起着重要的作用。橱窗是西餐营销不可或缺的地方。许多企业的橱窗设计非常美观，橱窗内种植或摆放着各种花木和盆景，透过橱窗，可以看到餐厅的风格和顾客用餐的情景。停车场是西餐经营的基本设施。由于个人汽车拥有率越来越高，因此，餐厅必须有停车场，由专职或兼职人员看管。这既方便了顾客的消费，又加强了西餐营销的效果。

14.3.4 环境营销

餐厅是用餐的地方，但是人们消费的目的有多种。例如，对环境的需求，对情调的需求，对文化的需求，对音乐的需求，对交际的需求，对卫生的需求等。一些西餐企业满足顾客对环境的需求，为顾客提供轻松、舒适、宽敞和具有独特风格的环境，往往能起到良好的营销效果。例如，高高的天花板中透过自然的光线，大厅内的绿树郁郁葱葱，鲜花灿烂夺目。有些西餐厅设计和建造了几间开放式的、雅致恬静的小单间以增加餐厅气氛，满足了顾客的商务、聚会和休闲需求。

14.3.5 清洁营销

清洁已成为衡量餐饮产品质量的标准之一。清洁不仅是餐饮业的形象，也是产品。清洁不仅含有它本身的含义，还代表着尊重和高尚。清洁是顾客选择餐厅的重要因素之一。西餐厅清洁营销内容包括外观和装饰的清洁，大厅环境、灯饰和内部装饰的清洁，餐厅设施的清洁，洗手间及卫生设施的清洁，餐具及菜肴的清洁等。企业应制定清洁质量标准，按时进行检查。例如，招牌的清洁度、文字的清晰度、招牌灯光是否完好无损；盆景是否生长杂草、叶子是否有尘土、花卉是否枯萎；大厅地面是否干净光亮，餐厅墙面、玻璃门窗、天花板是否清洁、无尘土等。洗手间是企业的基本形象之一。现代洗手间再也不是人们传统观念中的不洁之处，而成为休息处。洗手间讲究装饰与造型，配备冷热水、卫生纸、抽风装置、空气调节器、明亮的镜子和液体香皂等。

14.3.6 全员营销

全员营销在西餐营销中很有实际效果。所谓全员营销指西餐企业中的每一个成员都是营销员，他们的生产和服务、服装和仪表、语言和举止行为都要与企业营销联系在一起。工作服是西餐企业的营销工具，反映了企业的形象和特色。工作服必须整齐、干净、得体并根据各岗位的工作特点精心设计和制作。工作服既要体现企业风格，又要突出实用和营销等功能。工作人员的仪容仪表是企业营销的基础，不严肃和不整洁的仪容仪表会严重影响营销水平。因此，管理人员要培训全体员工，使他们重视自己的仪容仪表，重视其外表和形象。

礼貌和语言是营销的基本工具，工作人员见到顾客应主动问好。服务员服务时应面带微笑，对顾客使用正确的称呼，尊重顾客，对顾客一律平等，使用欢迎语、感谢语、征询语和婉转否定语等。服务员应从顾客的利益出发，为顾客提建议，不要强迫顾客购买，更不要教训顾客。除此之外，还应讲究营销技巧，从中等价格的产品开始推销，视顾客消费情况，再推销高价格产品或低价格产品。同时，多用选择疑问句。

14.3.7 促销活动

当今，西餐市场的竞争非常激烈，其表现形式为产品生命周期不断地缩短。因此，适时举办促销活动，不断开发新的产品是西餐营销的策略之一。然而，举办任何促销活动都应具备新闻性、新潮性、简单性、视觉性和参与性，突出产品的特色，简化活动程序，使促销活动产生话题，并能引起人们的兴趣和注意。企业举办促销活动应有周密的计划和安排，保证促销活动成功。同时，应明确促销活动的目标，使顾客能慕名而来。此外，要选好促销活动的管理人员，安排好促销活动的主题、场所、时间、资金和目标顾客等。

14.3.8 赠品营销

西餐企业常采用赠送礼品的方式来达到促销目的。但是，赠送的礼品一定要使企业和顾客同时受益才能达到理想的营销效果。通常，赠送的礼品有菜肴、酒水、生日蛋糕、水果盘、贺卡和精致的菜单等。贺卡和菜单属于广告性赠品。贺卡上应有企业名称、宣传品和联系电话。菜单除了餐厅名称、地址和联系电话外，应有特色的菜肴。这种赠品主要起到宣传企业的产品特色和风味，使更多的顾客了解企业，提高企业知名度的作用。菜肴、蛋糕、水果盘和酒水等属于奖励性赠品。奖励性赠品应根据顾客的消费目的、消费需求和节假日有选择地赠送以满足不同顾客的需求，使他们真正得到实惠并提高西餐企业的知名度，从而提高顾客消费次数和消费数额。采用赠品营销必须明确营销是为了扩大知名度，还是为了增加营业额等。只有明确赠品营销的目的，才可以按各种节日和顾客消费目的对赠品做出详细的安排以使赠品发挥营销作用。赠品营销应注意包装要精致，赠送气氛要热烈，赠品的种类、内容和颜色等要符合赠送对象的年龄、职业、国籍和消费目的。

14.3.9 菜肴展示

菜肴展示是通过餐厅门口和内部陈列新鲜的食品原料、半成品菜肴或成熟的菜肴、点心、水果及酒水等增加产品的视觉效应，使顾客更加了解餐厅销售的产品特色和质量并对产品产生信任感，从而增加销售量。一些咖啡厅将新鲜的面包摆在餐厅门口以显示其经营特色和菜肴的新鲜度。一些西餐厅在其内部设置沙拉柜台以展示其产品的质量与特色。

14.3.10 地点营销

餐厅地点在营销中具有重要的作用。许多西餐企业其内部装潢非常有特色，餐饮质量也非常好。但是，其经营状况并不乐观，原因在于地点。西餐业与制造业不同，它们不是将产品从生产地向消费地输送，而是将顾客吸引到餐厅购买产品。因此，餐厅地点是经营的关键。西餐企业应建立在方便顾客到达的地区。同时，所在地区与市场范围有紧密的联系。在确定西餐企业的经营范围时，要注意该地区的地理特点。如果餐厅设在各条道路纵横交叉的路口，会从各方向吸引顾客。它的经营区域是正方形。如果设在公路上，它可以从两个方向吸引顾客，其经营区域为长方形。当然，设在路口的餐厅比设在公路上的餐厅更醒目。在选择西餐厅地点时，必须调查附近是否有与本企业经营有关的竞争者并应调查该企业的经营情况。此外，必须慎重对待各地区的经营费用等。

14.3.11 绿色营销

绿色营销指西餐企业以健康、无污染食品为原料，通过销售有利于健康的工艺制成的菜肴，达到保护原料自身营养成分，杜绝对人体伤害以及控制和减少各种环境污染的目的。

绿色营销从原料采购开始。作为食品采购人员，首先要控制食品原料的来源，采购自然且无污染原料，尽可能不购买罐装、听装及半成品原料。大型企业可建立无污染、无公害原料种植基地和饲养场所。在生产中，应认真区别各种原料的质地、营养和特征，合理搭配原料，均衡营养。合理运用烹调技艺，减少对原料营养的破坏，不使用任何添加剂，致力于原料自身的美味。尽量简化生产环节，精简服务程序，使菜肴和服务更加清新和自然。

14.3.12 网上营销

网上营销是以互联网络为媒体，以新的营销方法和理念实施营销活动，从而有效地进行西餐销售。网上营销可视为一种新兴的营销方法，它并非一定要取代传统的销售方式，而是利用信息技术重组营销渠道。相较于传统媒体，互联网的表现更丰富，可发挥营销人员的创意，超越时空。同时，信息传播速度快，容量大，具备传送文字、声音和影像等多媒体功能。例如，网上餐饮广告可提供充分的背景资料，随时提供最新的信息，可静可动，有声有像。面对竞争日益激烈的西餐市场，企业要在竞争中生存，必须了解和满足目标顾客的需要，树立以市场为中心、以顾客为导向的经营理念。而网络营销可与顾客进行充分的沟通，从而提供个性化的产品和服务，而这是传统的营销方法难以做到的。目前，我国一些西餐企业建立了自己的网站，进行产品介绍。还有一些大型西餐企业已经开始网络营销。如必胜客公司可网上订餐、下载优惠券。目前，国外的西餐企业普遍采用网上订餐和网上点菜等营销方法。

[思考题]

1. 简述西餐企业营销原则。
2. 简述目标市场选择。
3. 如何基于消费者的心理因素细分西餐市场?
4. 论述西餐市场竞争。
5. 论述西餐营销策略。

R E F E R E N C E S

参考文献

[1] 江永丰.西餐烹饪工艺[M].北京：中国劳动社会保障出版社，2012.

[2] 李荣耀，洪锦怡，曾淑凤.西餐烹饪实务[M].天津：南开大学出版社，2005.

[3] 牛铁柱，林粤，周桂禄.西餐烹调工艺与实训[M].北京：科学出版社，2013.

[4] 高海薇.西餐烹调工艺[M].北京：高等教育出版社，2005.

[5] 王天佑，王碧含.西餐概论[M].3版.北京：旅游教育出版社，2010.

[6] 高海薇.西餐工艺[M].3版.北京：中国轻工业出版社，2016.

[7] 高海薇.西餐烹饪技术[M].北京：中国纺织出版社，2008.

[8] 李丽，严金明.西餐与调酒操作实务[M].北京：清华大学出版社，北京交通大学出版社，2006.

[9] 倪华，李杰.西餐烹调技术与工艺[M].北京：中国商业出版社，2006.

[10] 李祥睿.西餐工艺[M].北京：中国纺织出版社，2008.

[11] 闫文胜.西餐烹调技术[M].北京：高等教育出版社，2004.

[12] 郭亚东.西餐工艺[M].北京：高等教育出版社，2003.

[13] 李晓.西餐烹饪基础[M].北京：化学工业出版社，2014.